高职高专教育国家级精品规划教材
普通高等教育"十一五"国家级规划教材
中国水利教育协会策划组织

水利工程施工监理

（第3版）

主　编　桂剑萍　钟汉华
副主编　汪文萍　单长河　夏建勇
　　　　冷　涛　杨如华　于淳蛟
主　审　鲁立中

黄河水利出版社
·郑州·

内容提要

本书是高职高专教育国家级精品规划教材，是普通高等教育"十一五"国家级规划教材，是按照教育部对高职高专教育的教学基本要求和相关专业课程标准，在中国水利教育协会的精心组织和指导下编写完成的。本书按照高等职业教育水利类专业的教学要求，以国家现行水利工程建设标准、规范和规程为依据，根据编者多年工作经验和教学实践，在前两版教材基础上修改、补充编纂而成。本书对水利工程施工监理理论、程序、方法等做了详细的阐述，坚持以就业为导向，突出实用性、实践性；吸取了水利工程施工监理的新技术、新方法，其内容的深度和难度按照高等职业教育的特点，重点讲授理论知识在工程实践中的应用，培养高等职业学校学生的职业能力；内容通俗易懂，叙述规范、简练。全书共分11章，包括工程建设监理基本知识、工程建设合同、工程质量控制、工程进度控制、工程资金控制、施工安全监理与文明施工监理、施工合同管理的其他工作、工程建设项目的信息管理、工程建设项目的组织协调、工程建设监理系列文件、工程建设监理招标与投标等。

本书具有较强的针对性、实用性和通用性，既可作为高等职业教育水利类专业的教学用书，也可供水利工程建设管理单位、建筑安装施工企业工程技术人员学习参考。

图书在版编目(CIP)数据

水利工程施工监理/桂剑萍，钟汉华主编. —3版.
郑州：黄河水利出版社，2015.12
高职高专教育国家级精品规划教材
ISBN 978-7-5509-1259-5

Ⅰ.①水… Ⅱ.①桂… ②钟… Ⅲ.①水利工程-工程施工-施工监理-高等职业教育-教材 Ⅳ.①TV523

中国版本图书馆CIP数据核字(2015)第237886号

组稿编辑：王路平　电话：0371-66022212　E-mail：hhslwlp@163.com
　　　　　简　群　　　　　66026749　　　　w_jq001@163.com

出 版 社：黄河水利出版社
地址：河南省郑州市顺河路黄委会综合楼14层　邮政编码：450003
发行单位：黄河水利出版社
发行部电话：0371-66026940、66020550、66028024、66022620(传真)
E-mail：hhslcbs@126.com
承印单位：河南承创印务有限公司
开本：787 mm×1 092 mm　1/16
印张：19
字数：440千字　　印数：1—4 100
版次：2015年12月第1版　　印次：2015年12月第1次印刷

定价：42.00元

第 3 版前言

本书是贯彻落实《国家中长期教育改革和发展规划纲要(2010～2020 年)》、《国务院关于加快发展现代职业教育的决定》(国发〔2014〕19 号)、《现代职业教育体系建设规划(2014～2020 年)》和《水利部教育部关于进一步推进水利职业教育改革发展的意见》(水人事〔2013〕121 号)等文件精神,在中国水利教育协会的精心组织和指导下,由中国水利教育协会职业技术教育分会高等职业教育教学研究会组织编写的高职高专教育国家级精品规划教材。该套教材以学生能力培养为主线,体现出实用性、实践性、创新性的教材特色,是一套理论联系实际、教学面向生产的精品规划教材。

本书根据高等职业教育水利类专业人才培养目标,遵循高等职业院校学生的认知规律,以专业知识和职业技能、自主学习能力及综合素质培养为课程目标,紧密结合职业资格证书中相关考核要求,在前两版使用的基础上确定本书的内容。本书按照工程建设监理基本知识、工程建设合同、工程质量控制、工程进度控制、工程资金控制、施工安全监理与文明施工监理、施工合同管理的其他工作、工程建设项目的信息管理、工程建设项目的组织协调、工程建设监理系列文件、工程建设监理招标与投标等进行内容安排,根据编者多年工作经验和教学实践,在前两版教材基础上修改、补充编纂而成。

水利工程施工监理是一门实践性很强的课程。为此,本书始终坚持“素质为本、能力为主、需要为准、够用为度”的原则进行编写。本书对工程建设监理基本知识、工程建设合同、工程质量控制、工程进度控制、工程资金控制、施工安全监理与文明施工监理、施工合同管理的其他工作、工程建设项目的信息管理、工程建设项目的组织协调、工程建设监理系列文件、工程建设监理招标与投标等做了详细阐述。本书结合我国水利工程施工监理的实际精选内容,力求理论联系实际,注重实践能力的培养,突出针对性和实用性,以满足学生学习的需要。本书建议安排 40～60 学时进行教学。

本书编写人员及编写分工如下:第 1 章、第 9 章由湖北水利水电职业技术学院钟汉华编写;第 2 章、第 4 章由湖南水利水电职业技术学院汪文萍编写;第 3 章由湖北水利水电职业技术学院桂剑萍编写;第 5 章、第 6 章由河北工程技术高等专科学校单长河编写;第 7 章由湖北水利水电职业技术学院冷涛编写;第 8 章由江西水利职业学院夏建勇编写;第 10 章由湖北水利水电职业技术学院杨如华和江西水利职业学院张颖编写;第 11 章由湖北水利水电职业技术学院于淳蛟编写。本书由桂剑萍、钟汉华担任主编,由汪文萍、单长河、夏建勇、冷涛、杨如华、于淳蛟担任副主编。全书由桂剑萍负责统稿,由湖北卓越工程监理公司鲁立中担任主审。主审对书稿认真把关,在审阅过程中提出了许多宝贵的意见,在此深表感谢!

本书引用了大量有关专业文献和资料，未在书中一一注明出处，在此对有关文献和资料的作者表示感谢！

由于编者水平有限，加之时间仓促，本书难免存在错误和不足之处，诚恳地希望读者批评指正。

编　者

2015 年 5 月

目　录

第 1 章 工程建设监理基本知识

工程建设监理是监理单位受项目法人委托进行的建设项目管理。工程建设监理是指针对工程项目建设,社会化、专业化的工程建设监理单位接受业主的委托和授权,根据国家批准的工程项目建设文件、有关工程建设的法律法规和建设工程委托监理合同以及其他建设工程合同所进行的旨在实现项目投资目标的微观监督管理活动。

1.1 建设监理的目标、任务和依据

1.1.1 建设监理的目标

就整个建设项目全过程监理而言,工程建设监理的目标就是力求在计划的质量、进度、投资和安全目标内实现建设项目的总目标;阶段监理要力求实现本阶段建设项目的目标。

1.1.2 建设监理的任务

工程建设监理的中心任务是控制工程项目目标,也就是控制合同所确定的质量、进度、投资和安全目标。中心任务的完成是通过各阶段具体的监理工作任务的完成来实现的。

工程建设监理的内容主要是对建设项目进行质量控制、进度控制、投资控制、安全控制、合同管理、信息管理、组织协调等,简称“四控制、两管理、一协调”。

1.1.2.1 工程质量控制

(1)原材料、构配件及设备的质量控制。工程所需的主要原材料、构配件及设备应由监理单位进行质量认定,其主要控制内容一般有:审核工程所用原材料、构配件及设备的出厂合格证或质量保证书;对工程原材料、构配件及设备在使用前需进行抽检或复试其试验的范围,按有关规定、标准的要求确定;凡采用新材料、新型制品,应检查技术鉴定文件;对重要原材料、构配件及设备的生产工艺、质量控制、检测手段等进行检查,必要时应到生产厂家实地进行考察,以确定供货单位;所有设备在安装前,应按相应技术说明书的要求进行质量检查,必要时还应由法定检测部门检测。

(2)单位、分部工程的质量控制。在一般情况下,主要的分部工程施工前,施工单位应将施工工艺、原材料使用、劳动力配置、质量保证措施等基本情况填写施工条件准备情况表报监理单位,监理单位应调查核实,经同意后方可开工。

在分部工程施工过程中,应对关键部位随时进行抽检,抽检不合格的应通知施工单位整改,并要做好复查和记录。

所有分部工程施工,施工单位应在自检合格后,填写分项工程报验申请表,并附上分

项工程评定表。属隐蔽工程的，还应将隐蔽工程报验单报监理单位，监理工程师必须严格按每道工序进行检查。经检查合格的，签发分项工程认可书；不合格的，给施工单位下达监理通知指明整改项目，整改合格后，重新报验。

1.1.2.2 工程进度控制

工程进度控制的工作内容一般包括：

(1)审核施工单位编制的工程项目实施总进度计划。

(2)审核施工单位提交的施工进度计划，审核施工进度计划与施工方案的协调性和合理性等。

(3)审核施工单位提交的施工总平面布置图。

(4)审定材料、构配件及设备的采购供应计划。

(5)工程进度的检查，主要检查计划进度与实际进度的差异，实际工程量与计划工程量指标完成情况的一致性。

1.1.2.3 工程投资控制

监理单位审核施工单位编制的工程项目各阶段及各年、季、月度资金使用计划，并控制其执行，熟悉设计图纸、招标文件、标底(合同价)，分析合同价构成因素，找出工程费用最易突破的部分，从而明确投资控制的重点，预测工程风险及可能发生索赔的原因，制定防范性对策，严格执行付款审核签订制度，及时进行工程投资实际值与计划值的比较、分析，严格履行计量与支付程序，及时对质量合格工程进行计量，及时审核签发付款证书等。

工程未经监理工程师签证，不得进行下一道工序的施工。设计单位的设计变更通知，应通知监理单位，监理工程师应核定费用及工期的增减，列入工程结算。

严格审核施工单位提交的工程结算书，公正地处理施工单位提出的索赔。

根据施工合同拟定的工程价款结算方式，由施工单位按已完工程进度填制工程价款等有关账单并报送监理单位，由总监理工程师对已完工程的数量、质量核实签证后，经建设单位同意，送开户银行作为支付价款的依据。

1.1.2.4 安全控制

国务院颁布的《建设工程安全生产管理条例》明确规定监理单位对建设工程安全生产承担三大职责：审核查验职责、安全检查职责和督促整改职责。建设工程安全控制是建设工程监理的重要组成部分，也是建设工程安全生产管理的重要保障。建设工程安全监理的实施，是提高施工现场管理水平的有效方法，也是建设管理体制改革中加强安全管理、控制重大伤亡事故的一种有效手段。

1.1.2.5 合同管理

合同管理是监理工作的主要内容。广义地讲，监理工作可概括为监理单位受项目法人的委托，协助项目法人组织工程项目建设合同的订立、签订，并在合同实施过程中管理合同。狭义的合同管理指合同文件管理、会议管理、支付、合同变更、违约、索赔及风险分担、合同争议协调等。

1.1.2.6 信息管理

信息管理是项目建设监理的重要手段。只有及时、准确地掌握项目建设中的信息，严格、有序地管理各种文件、图纸、记录、指令、报告和有关技术资料，完善信息资料的接收、签发、归档和查询等制度，才能使信息及时、准确和可靠地为建设监理提供工作依据，以便及时采取有效的措施，有效地完成监理任务。

1.1.2.7　组织协调

在工程项目实施过程中，存在大量的组织协调工作，项目法人和承包商之间由于各自的经济利益和对问题的不同理解，会产生各种矛盾和冲突；在项目建设过程中，多部门、多单位以不同的方式为项目建设服务，难以避免地会发生各种冲突。因此，监理工程师及时、准确地做好协调工作，是建设项目顺利进行的重要保证。

1.1.3　建设监理的依据

建设监理的依据是国家颁布实施的《中华人民共和国建筑法》和《建设工程质量管理条例》、《水利工程施工监理规范》、国家规范和验评标准以及工程建设监理合同、施工合同、设计合同、勘察合同、设计文件等。具体来说，主要有以下几个方面：

(1)技术规范标准方面：设计规范、施工规范、建筑材料的质量标准及检验方法等。

(2)招标投标管理方面：招标投标法、工程建设施工招标投标管理办法等。

(3)合同管理方面：合同法、建设工程施工合同、监理合同等。

(4)质量、安全管理方面：建设工程质量管理条例、安全技术操作规程、工程质量检验评定标准等。

1.2　监理单位

1.2.1　监理单位的资质要素

监理单位是指取得监理资格证书、具有法人资格从事工程建设监理的单位，如监理公司、监理事务所、监理中心、咨询中心。监理单位按照经济性质分为全民所有制企业、集体所有制企业、私有企业；按照组建方式分为股份公司、合资企业、合作企业以及合伙企业等；按照经济责任分为有限责任公司和无限责任公司两种；按照资质等级分为甲级、乙级、丙级三种；按照从事的主要业务范围不同，可分为不同专业类别的监理单位。

监理单位必须具有自己的名称、组织机构和场所，有与承担监理业务相适应的经济、法律、技术及管理人员，完善的组织章程和管理制度，并有一定数量的资金和设施。符合条件的单位经申请取得监理资格等级证书，并经工商行政管理部门注册取得营业执照后，才可承担监理业务。

1.2.1.1　监理人员的素质要求

(1)要具备较高的与工程技术或建筑经济有关的理论知识和实际运用技能。

(2)要具有较强的组织协调能力。

(3)要具有高尚的职业道德。

(4)要拥护中国共产党的领导、热爱社会主义祖国。

(5)身体健康，能胜任监理工作的需要。

对监理单位负责人的素质要求则更高一些：在技术方面，应当具有高级专业技术职称;应具有较强的组织协调和领导才能;应当取得国家确认的监理工程师资格证书。

1.2.1.2 专业配套能力

一个监理单位,按照它所从事的监理业务范围的要求,配备的专业监理人员是否齐全,在很大程度上决定了它的监理能力的强弱。根据承担的监理工程业务的要求,配备专业齐全的监理人员,这是专业配套能力的起码要求。另外,专业配套能力的重要标志,在于各主要专业的监理人员当中应有2人以上具有高级专业技术职称,这些人员同时还应取得监理工程师岗位证书。达不到这个标准,就视为该监理单位配套能力不强,就应该限制其承接监理业务的范围。

1.2.1.3 监理单位的技术装备

监理单位的技术装备也是其资质要素之一,监理单位的技术装备一般有计算机、工程测量仪器和设备、检测仪器和设备、交通、通信设备、照相、录像设备等。

1.2.1.4 监理单位的管理水平

对于企业来说,管理包括组织管理、人事管理、财务管理、设备管理、生产经营管理、科技管理以及档案文书管理等多方面的内容。考察一个监理单位管理工作的优劣,一是要考察其领导的能力,二是要侧重考察其规章制度的建立和贯彻执行情况如何。

1.2.1.5 监理单位的经历和成效

监理单位的经历是指监理单位成立之后,从事监理工作的历程。监理成效主要是指监理活动在控制工程建设投资、工期和保证工程质量等方面取得的效果。

此外,监理单位要有一定的经济实力,即要有一定数额的注册资金。

1.2.2 水利工程建设监理单位资质等级标准

水利监理单位资质分为水利工程施工监理、水土保持工程施工监理、机电及金属结构设备制造监理和水利工程建设环境保护监理四个专业。其中,水利工程施工监理专业资质和水土保持工程施工监理专业资质分为甲级、乙级和丙级三个等级,机电及金属结构设备制造监理专业资质分为甲级、乙级两个等级,水利工程建设环境保护监理专业资质暂不分级。

1.2.2.1 甲级监理单位资质条件

(1)具有健全的组织机构、完善的组织章程和管理制度。技术负责人具有高级专业技术职称,并取得总监理工程师岗位证书。

(2)专业技术人员。监理工程师以及其中具有高级专业技术职称的人员、总监理工程师,均不少于表1-1规定的人数。水利工程造价工程师不少于3人。

(3)具有五年以上水利工程建设监理经历,且近三年监理业绩分别为:

①申请水利工程施工监理专业资质,应当承担过(含正在承担,下同)1项Ⅱ等水利枢纽工程,或者2项Ⅱ等(堤防2级)其他水利工程的施工监理业务;该专业资质许可的监理范围内的近三年累计合同额不少于600万元。

承担过水利枢纽工程中的挡、泄、导流、发电工程之一的,可视为承担过水利枢纽工程。

②申请水土保持工程施工监理专业资质,应当承担过2项Ⅱ等水土保持工程的施工监理业务;该专业资质许可的监理范围内的近三年累计合同额不少于350万元。

③申请机电及金属结构设备制造监理专业资质,应当承担过4项中型机电及金属结构

设备制造监理业务；该专业资质许可的监理范围内的近三年累计合同额不少于300万元。

(4)能运用先进技术和科学管理方法完成建设监理任务。

(5)注册资金不少于200万元。

表1-1 各专业资质等级配备监理工程师一览表 (单位:人)

监理单位资质等级	水利工程施工监理专业资质			水土保持工程施工监理专业资质			机电及金属结构设备制造监理专业资质			水利工程建设环境保护监理专业资质		
	监理工程师	其中高级职称人员	其中总监理工程师	监理工程师	其中高级职称人员	其中总监理工程师	监理工程师	其中高级职称人员	其中总监理工程师	监理工程师	其中高级职称人员	其中总监理工程师
甲级	40	8	7	25	5	4	25	5	4	—	—	—
乙级	25	5	3	15	3	2	12	3	2	—	—	—
丙级	10	3	1	10	3	1	—	—	—	—	—	—
不定级	—	—	—	—	—	—	—	—	—	10	3	1

注:1. 监理工程师的监理专业必须为各专业资质要求的相关专业。

2. 具有两个以上不同类别监理专业的监理工程师，监理单位申请不同专业资质等级时可分别计算人数。

1.2.2.2 乙级监理单位资质条件

(1)具有健全的组织机构、完善的组织章程和管理制度。技术负责人具有高级专业技术职称，并取得总监理工程师岗位证书。

(2)专业技术人员。监理工程师以及其中具有高级专业技术职称的人员、总监理工程师，均不少于表1-1规定的人数。水利工程造价工程师不少于2人。

(3)具有三年以上水利工程建设监理经历，且近三年监理业绩分别为：

①申请水利工程施工监理专业资质，应当承担过3项Ⅲ等(堤防3级)水利工程的施工监理业务；该专业资质许可的监理范围内的近三年累计合同额不少于400万元。

②申请水土保持工程施工监理专业资质，应当承担过4项Ⅲ等水土保持工程的施工监理业务；该专业资质许可的监理范围内的近三年累计合同额不少于200万元。

(4)能运用先进技术和科学管理方法完成建设监理任务。

(5)注册资金不少于100万元。

首次申请机电及金属结构设备制造监理专业乙级资质，只需满足第(1)、(2)、(4)、(5)项；申请重新认定、延续或者核定机电及金属结构设备制造监理专业乙级资质，还须该专业资质许可的监理范围内的近三年年均监理合同额不少于30万元。

1.2.2.3 丙级和不定级监理单位资质条件

(1)具有健全的组织机构、完善的组织章程和管理制度。技术负责人具有高级专业技术职称，并取得总监理工程师岗位证书。

(2)专业技术人员。监理工程师以及其中具有高级专业技术职称的人员、总监理工程师,均不少于表 1-1 规定的人数。水利工程造价工程师不少于 1 人。

(3)能运用先进技术和科学管理方法完成建设监理任务。

(4)注册资金不少于 50 万元。

申请重新认定、延续或者核定丙级(或者不定级)监理单位资质,还须专业资质许可的监理范围内的近三年年均监理合同额不少于 30 万元。

1.2.3 资质的申请、受理和认定

申请监理单位资质,应当具备"水利工程建设监理单位资质等级标准"规定的资质条件。

监理单位资质一般按照专业逐级申请。申请人可以申请一个或者两个以上专业资质。

申请人应当向其注册地的省、自治区、直辖市人民政府水行政主管部门提交申请材料。但是,水利部直属单位独资或者控股成立的企业申请监理单位资质的,应当向水利部提交申请材料;流域管理机构直属单位独资或者控股成立的企业申请监理单位资质的,应当向该流域管理机构提交申请材料。

省、自治区、直辖市人民政府水行政主管部门和流域管理机构应当自收到申请材料之日起 20 个工作日内提出意见,并连同申请材料转报水利部。水利部按照《中华人民共和国行政许可法》规定办理受理手续。

1.2.3.1 首次申请监理单位资质

首次申请监理单位资质,申请人应当提交以下材料:

(1)水利工程建设监理单位资质等级申请表;

(2)企业法人营业执照或者工商行政管理部门核发的企业名称预登记证明;

(3)验资报告;

(4)企业章程;

(5)法定代表人身份证明;

(6)水利工程建设监理单位资质等级申请表中所列监理工程师、造价工程师的资格证书和申请人同意注册证明文件(已在其他单位注册的,还需提供原注册单位同意变更注册的证明)、总监理工程师岗位证书,以及上述人员的劳动合同和社会保险凭证。

1.2.3.2 申请晋升、重新认定、延续监理单位资质等级

申请晋升、重新认定、延续监理单位资质等级的,除提交前款规定的材料外,还应当提交以下材料:

(1)原水利工程建设监理单位资质等级证书(副本);

(2)水利工程建设监理单位资质等级申请表中所列监理工程师的注册证书;

(3)近三年承担的水利工程建设监理合同书,以及已完工程的建设单位评价意见。

申请人应当如实提交有关材料和反映真实情况,并对申请材料的真实性负责。

水利部应当自受理申请之日起 20 个工作日内作出认定或者不予认定的决定;20 个工作日内不能作出决定的,经本机关负责人批准,可以延长 10 个工作日。决定予以认定的,应当在 10 个工作日内颁发水利工程建设监理单位资质等级证书;不予认定的,应当书

面通知申请人并说明理由。

水利部在作出决定前，应当组织对申请材料进行评审，并将评审结果在水利部网站公示，公示时间不少于7日。

水利部应当制作水行政许可除外时间告知书，将评审和公示时间告知申请人。

水利工程建设监理单位资质等级证书包括正本一份、副本四份，正本和副本具有同等法律效力，有效期为5年。

资质等级证书有效期内，监理单位的名称、地址、法定代表人等工商注册事项发生变更的，应当在变更后30个工作日内向水利部提交水利工程建设监理单位资质等级证书变更申请并附工商注册事项变更的证明材料，办理资质等级证书变更手续。水利部自收到变更申请材料之日起3个工作日内办理变更手续。

资质等级证书有效期届满，需要延续的，监理单位应当在有效期届满30个工作日前，按照规定，向水利部提出延续资质等级的申请。水利部在资质等级证书有效期届满前，作出是否准予延续的决定。

1.2.4　监理单位的业务范围

监理单位必须在核定的监理范围内从事监理活动，不得擅自越级承接建设监理业务。工程监理企业资质相应许可的各专业资质等级可以承担的业务范围如下：

1.2.4.1　水利工程施工监理专业资质

甲级可以承担各等级水利工程的施工监理业务。

乙级可以承担Ⅱ等（堤防2级）以下各等级水利工程的施工监理业务。

丙级可以承担Ⅲ等（堤防3级）以下各等级水利工程的施工监理业务。

1.2.4.2　水土保持工程施工监理专业资质

甲级可以承担各等级水土保持工程的施工监理业务。

乙级可以承担Ⅱ等以下各等级水土保持工程的施工监理业务。

丙级可以承担Ⅲ等水土保持工程的施工监理业务。

同时具备水利工程施工监理专业资质和乙级以上水土保持工程施工监理专业资质的，方可承担淤地坝中的骨干坝施工监理业务。

1.2.4.3　机电及金属结构设备制造监理专业资质

甲级可以承担水利工程中的各类型机电及金属结构设备制造监理业务。

乙级可以承担水利工程中的中、小型机电及金属结构设备制造监理业务。

1.2.4.4　水利工程建设环境保护监理专业资质

可以承担各类各等级水利工程建设环境保护监理业务。

1.2.5　监督管理

水利部建立监理单位资质监督检查制度，对监理单位资质实行动态管理。

水利部履行监督检查职责时，有关单位和人员应当客观、如实反映情况，提供相关材料。

县级以上地方人民政府水行政主管部门和流域管理机构发现监理单位资质条件不符

合相应资质等级标准的，应当向水利部报告，水利部按照《水利工程建设监理单位资质管理办法》核定其资质等级。

违反《水利工程建设监理单位资质管理办法》应当给予处罚的，依照《中华人民共和国行政许可法》、《建设工程质量管理条例》、《水利工程建设监理规定》的有关规定执行。

监理单位被吊销资质等级证书的，三年内不得重新申请；被降低资质等级的，两年内不得申请晋升资质等级；受到其他行政处罚，受到通报批评、情节严重，被记入不良行为档案，或者在审计、监察、稽察、检查中发现存在严重问题的，一年内不得申请晋升资质等级。法律法规另有规定的，从其规定。

1.2.6 工程建设监理费

1.2.6.1 监理费的构成

作为企业，监理企业要负担必要的支出，监理企业的活动应达到收支平衡，且略有节余。所以，概括地说，监理费的构成是指监理企业在工程项目建设监理活动中所需要的全部成本（包括直接成本和间接成本），再加上应交纳的税金和合理的利润。

1. 直接成本

直接成本是指监理企业在完成某项具体监理业务中所发生的成本。它主要包括：

（1）监理人员和监理辅助人员的工资、津贴、附加工资、奖金等。

（2）用于监理人员和监理辅助人员的其他专项开支，包括差旅费、补助费、书报费、医疗费等。

（3）用于监理工作办公设施的购置、使用费和检测仪器购置、使用费。

（4）所需的其他外部服务支出。

2. 间接成本

间接成本亦称日常管理费，分为全部业务经营开支和非工程项目监理的特定开支。它主要包括：

（1）管理人员、行政人员、后勤服务人员的工资，包括津贴、附加工资、奖金等。

（2）经营业务费，包括为招揽监理业务而发生的广告费、宣传费、投标费、有关契约或合同的公证费和鉴证费等活动经费。

（3）办公费，包括办公用具、用品购置费，通信、邮寄费，交通费，办公室及相关设施的使用（或租用）费、维修费以及会议费、差旅费等。

（4）其他固定资产及常用工、器具和设备的使用费。

（5）垫支资金贷款利息。

（6）业务培训费，图书、资料购置费等教育经费。

（7）新技术开发、研制、试用费。

（8）咨询费、专用技术使用费。

（9）职工福利费、劳动保护费。

（10）工会等职工组织活动经费。

（11）其他行政活动经费，如职工文化活动经费等。

（12）企业领导基金和其他营业外支出。

3. 税金

税金是指按照国家规定，监理企业应缴纳的各种税金总额，如营业税、所得税等。

4. 利润

利润是指监理企业的监理活动收入扣除直接成本、间接成本和各种税金之后的余额。由于监理企业是一个高智能群体，监理是一种高智能的技术服务，所以监理企业的利润应当高于社会平均利润。

1.2.6.2　监理费的计算方法

1. 监理费的内容

建设工程监理与相关服务是指监理人接受发包人的委托，提供建设工程施工阶段的质量、进度、费用控制管理和安全生产监督管理，合同、信息等方面协调管理服务，以及勘察、设计、保修等阶段的相关服务。监理费包括建设工程各阶段的监理与相关服务收费。

2. 监理费的计费

施工监理服务收费按建筑安装工程费分档定额计费方式计算收费。

施工监理服务收费按照下列公式计算：

施工监理服务收费 = 施工监理服务收费基准价 ×（1 + 浮动幅度值）　(1-1)

施工监理服务收费基准价 = 施工监理服务收费基价 × 专业调整系数 × 工程复杂程度调整系数 × 高程调整系数　(1-2)

其中，施工监理服务收费基价是完成国家法律法规、规范规定的施工阶段监理基本服务内容的价格。施工监理服务收费基价按施工监理服务收费基价表（见表1-2）确定，计费额处于两个数值区间的，采用直线内插法确定施工监理服务收费基价。施工监理服务收费基准价是按照收费标准规定的基价和式（1-2）计算出的施工监理服务基准收费额。发包人与监理人根据项目的实际情况，在规定的浮动幅度范围内协商确定施工监理服务收费合同额。

表1-2　施工监理服务收费基价表　（单位：万元）

序号	计费额	收费基价
1	500	16.5
2	1 000	30.1
3	3 000	78.1
4	5 000	120.8
5	8 000	181.0
6	10 000	218.6
7	20 000	393.4
8	40 000	708.2
9	60 000	991.4
10	80 000	1 255.8

续表 1-2

序号	计费额	收费基价
11	100 000	1 507.0
12	200 000	2 712.5
13	400 000	4 882.6
14	600 000	6 835.6
15	800 000	8 658.4
16	1 000 000	10 390.1

注:计费额大于 1 000 000 万元的,以计费额乘以 1.039% 的收费率计算收费基价。其他未包含的,其收费由双方协商议定。

施工监理服务收费以建设项目工程概算投资额分档定额计费方式收费的,其计费额为工程概算中的建筑安装工程费、设备购置费和联合试运转费之和,即工程概算投资额。对设备购置费和联合试运转费占工程概算投资额 40% 以上的工程项目,其建筑安装工程费全部计入计费额,设备购置费和联合试运转费按 40% 的比例计入计费额。但其计费额不应小于建筑安装工程费与其相同且设备购置费和联合试运转费等于工程概算投资额 40% 的工程项目的计费额。

工程中有利用原有设备并进行安装调试服务的,以签订工程监理合同时同类设备的当期价格作为施工监理服务收费的计费额;工程中有缓配设备的,应扣除签订工程监理合同时同类设备的当期价格作为施工监理服务收费的计费额;工程中有引进设备的,按照购进设备的离岸价格折换成人民币作为施工监理服务收费的计费额。

施工监理服务收费以建筑安装工程费分档定额计费方式收费的,其计费额为工程概算中的建筑安装工程费。

作为施工监理服务收费计费额的建设项目工程概算投资额或建筑安装工程费均指每个监理合同中约定的工程项目范围的投资额。

施工监理服务收费调整系数包括专业调整系数、工程复杂程度调整系数和高程调整系数。

(1)专业调整系数是对不同专业建设工程的施工监理工作复杂程度和工作量差异进行调整的系数。计算施工监理服务收费时,专业调整系数在施工监理服务收费专业调整系数表(见表 1-3)中查找确定。

(2)工程复杂程度调整系数是对同一专业建设工程的施工监理复杂程度和工作量差异进行调整的系数。工程复杂程度分为一般、较复杂和复杂三个等级,其调整系数分别为:一般(Ⅰ级)0.85;较复杂(Ⅱ级)1.0;复杂(Ⅲ级)1.15。计算施工监理服务收费时,工程复杂程度在相应的工程复杂程度表(见表 1-4、表 1-5)中查找确定。

表1-3 施工监理服务收费专业调整系数表

序号	工程类型	专业调整系数
1	矿山采选工程	
	黑色、有色、黄金、化学、非金属及其他矿采选工程	0.9
	选煤及其他煤炭工程	1.0
	矿井工程，铀矿采选工程	1.1
2	加工冶炼工程	
	冶炼工程	0.9
	船舶水工工程	1.0
	各类加工工程	1.0
	核加工工程	1.2
3	石油化工工程	
	石油工程	0.9
	化工、石化、化纤、医药工程	1.0
	核化工工程	1.2
4	水利电力工程	
	风力发电、其他水利工程	0.9
	火电工程、送变电工程	1.0
	核能、水电、水库工程	1.2
5	交通运输工程	
	机场场道、助航灯光工程	0.9
	铁路、公路、城市道路、轻轨及机场空管工程	1.0
	水运、地铁、桥梁、隧道、索道工程	1.1
6	建筑市政工程	
	园林绿化工程	0.8
	建筑、人防、市政公用工程	1.0
	邮政、电信、广播电视工程	1.0
7	农业林业工程	
	农业工程	0.9
	林业工程	0.9

表 1-4　水利、发电、送电、变电、核能工程复杂程度表

等级	工程特征
Ⅰ级	1. 单机容量 200 MW 及以下凝汽式机组发电工程，燃气轮机发电工程，50 MW 及以下供热机组发电工程； 2. 电压等级 220 kV 及以下的送电、变电工程； 3. 最大坝高 <70 m，边坡高度 <50 m，基础处理深度 <20 m 的水库水电工程； 4. 施工明渠导流建筑物与土石围堰； 5. 总装机容量 <50 MW 的水电工程； 6. 单洞长度 <1 km 的隧洞； 7. 无特殊环保要求
Ⅱ级	1. 单机容量 300～600 MW 凝汽式机组发电工程，单机容量 50 MW 及以上供热机组发电工程，新能源发电工程（可再生能源、风电、潮汐等）； 2. 电压等级 330 kV 的送电、变电工程； 3. 70 m≤最大坝高 <100 m 或 1 000 万 m^3≤库容 <1 亿 m^3 的水库水电工程； 4. 地下洞室的跨度 <15 m，50 m≤边坡高度 <100 m，20≤基础处理深度 <40 m 的水库水电工程； 5. 施工隧洞导流建筑物（洞径 <10 m）或混凝土围堰（最大堰高 <20 m）； 6. 50 MW≤总装机容量 <1 000 MW 的水电工程； 7. 1 km≤单洞长度 <4 km 的隧洞； 8. 工程位于省级重点环境（生态）保护区内，或毗邻省级重点环境（生态）保护区，有较高的环保要求
Ⅲ级	1. 单机容量 600 MW 以上凝汽式机组发电工程； 2. 换流站工程，电压等级≥500 kV 送电、变电工程； 3. 核能工程； 4. 最大坝高≥100 m 或库容≥1 亿 m^3 的水库水电工程； 5. 地下洞室的跨度≥15 m，边坡高度≥100 m，基础处理深度≥40 m 的水库水电工程； 6. 施工隧洞导流建筑物（洞径≥10 m）或混凝土围堰（最大堰高≥20 m）； 7. 总装机容量≥1 000 MW 的水库水电工程； 8. 单洞长度≥4 km 的水工隧洞； 9. 工程位于国家级重点环境（生态）保护区内，或毗邻国家级重点环境（生态）保护区，有特殊的环保要求

表 1-5　其他水利工程复杂程度表

等级	工程特征
Ⅰ级	1. 流量＜15 m^3/s 的引调水渠道管线工程； 2. 堤防等级 5 级的河道治理建(构)筑物及河道堤防工程； 3. 灌区田间工程； 4. 水土保持工程
Ⅱ级	1. 15 m^3/s≤流量＜25 m^3/s 的引调水渠道管线工程； 2. 引调水工程中的建筑物工程； 3. 丘陵、山区、沙漠地区的引调水渠道管线工程； 4. 堤防等级 3、4 级的河道治理建(构)筑物及河道堤防工程
Ⅲ级	1. 流量≥25 m^3/s 的引调水渠道管线工程； 2. 丘陵、山区、沙漠地区的引调水建筑物工程； 3. 堤防等级 1、2 级的河道治理建(构)筑物及河道堤防工程； 4. 护岸、防波堤、围堰、人工岛、围垦工程，城镇防洪、河口整治工程

(3)高程调整系数如下：海拔高程在 2 001 m 以下的为 1；海拔高程在 2 001～3 000 m 的为 1.1；海拔高程在 3 001～3 500 m 的为 1.2；海拔高程在 3 501～4 000 m 的为 1.3；海拔高程在 4 001 m 以上的，高程调整系数由发包人和监理人协商确定。

发包人将施工监理服务中的某一部分工作单独发包给监理人，按照其占施工监理服务工作量的比例计算施工监理服务收费，其中质量控制和安全生产监督管理服务收费不宜低于施工监理服务收费总额的 70%。

建设工程项目施工监理服务由两个或者两个以上监理人承担的，各监理人按照其占施工监理服务工作量的比例计算施工监理服务收费。发包人委托其中一个监理人对建设工程项目施工监理服务总负责的，该监理人按照各监理人合计监理服务收费的 4%～6% 向发包人加收取总体协调费。

1.2.7　有关监理单位的法律规定

1.2.7.1　对监理单位监理活动的义务性规定

(1)监理单位不得超越资质等级许可的范围承担工程监理业务。

监理单位必须在其等级核定的监理范围内从事监理活动，不得擅自越级承接监理业务。如果监理单位越级承接监理业务，由于其水平、能力、规模等条件的限制，监理单位难以完成任务，从而工程监理的目的难以达到，工程的质量和安全将很难保证。

(2)监理单位应当依据客观、公正的原则代表建设单位进行工程监理。

监理单位从性质上讲应当属于社会中介组织。它和建设单位之间是一种委托代理关系。监理单位接受建设单位的委托对工程建设活动进行监督。因此，它具有一定的独立性，而不是建设单位让它干什么，它就干什么。监理单位实施监理的依据是法律、行政法规及有关的技术标准、设计文件和建设工程承包合同。因其与建设单位的代理关系，所以它必须维护建设单位的利益，因其具有社会中介组织的独立性，所以它必须依法办事。也就是说，监理单位代表建设单位进行工程监理应依据客观、公正的原则进行。

(3)监理单位与其监理的承包商以及建筑材料、构配件和设备供应单位不得有隶属关系或者其他利害关系。

监理单位与被监理的承包商之间是一种监督与被监督的关系，监理单位代表建设单位对承包商的工程建设活动进行监督。因此，监理单位与被监理的承包商之间不得有隶属关系；否则，工程监理变成了自己监督自己的工程建设活动，这样的监督肯定会出问题。即使监理单位与被监理的承包商存在其他利害关系，也会对建筑工程的质量和安全产生程度不同的影响。另外，监理单位与建筑材料、构配件和设备供应单位也不得有隶属关系或者其他利害关系，因为这样存在将不合格的建筑材料、构配件和设备用于工程的可能性。《中华人民共和国建筑法》中作出这样的规定，对于监理单位更好地行使职责，保证工程建设的质量和安全都有很大的好处。

(4)监理单位不得转让监理业务。

《中华人民共和国建筑法》第三十一条规定，实行监理的工程项目，由建设单位委托具有相应资质条件的监理单位监理。建设单位与其委托的监理单位应当订立书面委托监理合同。《中华人民共和国建筑法》第三十二条也规定，工程监理应当依据有关的法律、法规、技术标准、设计文件和承包合同，对承包商的施工质量、建设工期和建设资金使用等方面实施监督。从以上规定可以看出，建设单位与监理单位是依据实力和信誉而建立的委托代理关系，且《中华人民共和国建筑法》第三十四条第一款也规定了监理单位应当在其资质等级许可范围内承接监理业务。另外，监理单位转让监理业务也违反了工程建设活动规律。因此，《中华人民共和国建筑法》第三十四条第三款明文规定，监理单位不得转让监理业务。

1.2.7.2 对监理单位民事责任的规定

(1)监理单位不按照委托监理合同的约定履行监理职责或者不正确履行职责，由此给建设单位造成损失的，应当承担相应的赔偿责任。

根据《中华人民共和国建筑法》规定，建设单位与其委托的监理单位通过委托监理合同确定了委托代理关系，监理单位必须全面、正确地履行委托监理合同约定的监理义务，对应当监督检查的项目认真、全面地按规定进行检查，发现问题及时要求施工单位整改。只有这样，才能保证监理任务按合同约定完成。监理单位不按照委托监理合同的约定履行监理义务，对应当监督检查的项目不检查或不按规定检查，即是违反合同约定的行为，给建设单位造成损失的，应当承担相应赔偿责任。

监理单位承担赔偿责任首先应明确两个条件：一是违反合同，监理工作失职；二是造成损失，这里的损失包括直接损失和间接损失。其次，应明确监理单位赔偿责任的范围和大小。承担相应的赔偿责任，一是指在建设单位委托的范围内，由于监理单位过失造成的损失，监理单位均应当作出相应的赔偿；二是指根据其过失责任的轻重，造成损失的大小，确定其因工作过失应赔偿的数额。

(2)监理单位与承包商串通为承包商谋取非法利益给建设单位造成损失，监理单位与承包商要承担连带赔偿责任。

监理单位与承包商均受建设单位的委托，从事监理活动和施工活动，两者应该严格按照建设单位与其订立的合同，履行各自的义务，两者之间是一种监督与被监督的关系。监理单位应客观、公正地按合同约定执行监理任务，不得与承包商相互勾结，为承包商谋取非法利益，造成建设单位损失。监理单位与承包商串通，为承包商谋取非法利益，是一种严重的故意违法行为，不仅要承担民事责任，而且要承担相应的行政责任、刑事责任。监理单位与承包商承担连带赔偿责任，是指建设单位可以对监理单位和承包商中的一方或双方同时或先后请求全部赔偿，其中一方承担全部赔偿责任时，另一方对建设单位则免除赔偿责任。当一方承担全部赔偿责任时，有权向相连带的另一方请求偿还应由其承担赔偿责任的费用。这样规定，有利于保护建设单位的合法权益。

1.2.7.3　有关“守法、诚信、公正、科学”准则的规定

从事工程建设监理活动应当遵循“守法、诚信、公正、科学”的准则。

1. 守法

守法是任何一个具有民事行为能力的单位或个人最起码的行为准则，对于监理单位来说，守法就是要依法经营。守法的内容包括：

(1)监理单位只能在核定的业务范围内开展经营活动。

(2)监理单位不得伪造、涂改、出租、转让、出卖资质等级证书。

(3)建设工程委托监理合同一经双方签订，即具有一定的法律约束力(违背国家法律、法规的合同除外)，监理单位应按照合同的规定认真履行，不得无故或故意违背合同。

(4)监理单位离开原住地承接监理业务，要自觉遵守当地人民政府颁发的监理法规和有关规定，并要主动向监理工程所在地的省、自治区、直辖市建设行政主管部门备案登记，接受其指导和监督管理。

(5)遵守国家关于企业法人的其他法律、法规的规定。

2. 诚信

所谓诚信，简单地讲就是忠诚老实，讲信用。一个高水平的监理单位可以运用自己的高智能最大限度地把投资控制和质量控制搞好，也可以以低水准的要求，把工作做得勉强能交待过去，但后者就是不诚信。没有为业主提供与其监理水平相适应的技术服务，或者本来没有较高的监理能力，却在竞争承揽监理业务时有意夸大自己的能力，或者借故不认真履行监理合同规定的义务和职责等，都是不诚信行为。

3. 公正

所谓公正，主要是指监理单位在处理业主与承建商之间的矛盾和纠纷时，要做到是谁的责任就该负责任，该维护谁的利益就维护谁的利益。绝对不能因为监理单位受业主的委托，就偏袒业主。

监理单位要做到公正，必须做到以下几点：

(1)要培养良好的职业道德，不为私利而违心地处理问题。

(2)要坚持实事求是的原则，不唯上级或业主的意见是从。

(3)要提高综合分析问题的能力，不为局部问题或表面现象所迷惑。

(4)要不断提高自己的专业技术能力，尤其是要尽快提高综合理解、熟练运用建设工

程有关合同条款的能力，以便以合同条款为依据，恰当地协调、处理问题。

4. 科学

所谓科学，是指监理单位的监理活动要依据科学的方案，运用科学的手段，采取科学的方法，工程项目监理结束后还要进行科学的总结。

(1)科学的方案。就一个工程项目的管理工作而言，科学的方案主要是指监理细则，它包括：该项目监理机构的组织计划；该项目监理工作的程序，各专业、各年度(含季度，甚至按天计算)的监理内容与对策；工程的关键部分或可能出现的重大问题的监理措施。总之，在实施监理前，要尽可能地把各种问题都列出来，并拟定解决办法，使各项监理活动都纳入计划管理的轨道。更重要的是，要集思广益，充分运用已有的经验和智慧，制定出切实可行、行之有效的监理细则，指导监理活动顺利进行。

(2)科学的手段。单凭人的感官直接进行监理，这是最原始的监理手段。科学发展到今天，必须借助于先进的科学仪器才能做好监理工作。

(3)科学的方法。监理工作的科学方法主要体现为监理人员在掌握大量的、确凿的有关监理对象及其外部环境实际情况的基础上，适时、妥当、高效地处理有关问题，体现为解决问题要用“事实说话”、“用书面文字说话”、“用数据说话”，尤其体现为要开发、利用计算机软件，建立起先进的软件库。

1.3 监理人员

1.3.1 监理人员类型

监理人员是指在监理机构中从事水利工程施工监理的总监理工程师、副总监理工程师、监理工程师和监理员。

总监理工程师是取得全国水利工程建设总监理工程师岗位证书，受监理单位委派，全面负责监理机构施工监理工作的监理工程师。

副总监理工程师是由总监理工程师书面授权，代表总监理工程师行使总监理工程师部分职责和权力的监理工程师。

监理工程师是取得全国水利工程建设监理工程师资格证书，并按规定注册，取得水利工程建设监理工程师注册证书，在监理机构中承担施工监理工作的人员。

监理员是取得全国水利工程建设监理员资格证书，在监理机构中承担辅助性施工监理工作的人员。

1.3.2 监理人员从业要求

水利工程施工监理人员应按有关规定持证上岗。

监理人员应遵守以下规则：

(1)遵纪守法，坚持求实、严谨、科学的工作作风，全面履行职责，正确运用权限，勤奋、高效地开展监理工作。

(2)努力钻研业务，熟悉和掌握工程建设管理知识和专业技术知识，提高自身素质、技术和管理水平。

(3)增强监理服务意识,增强责任感,加强与工程建设有关各方的协作,积极、主动开展工作,尽职尽责,公正廉洁。

(4)妥善保管并及时归还发包人提供的工程建设文件资料,未经许可不得泄露与本工程有关的技术秘密和商务秘密。

(5)不得与承包人以及原材料、中间产品和工程设备供应单位有隶属关系或其他利害关系。

(6)不得出卖、出借、转让、涂改、伪造岗位证书、资格证书或注册证书。

(7)只能同时在一个监理单位注册、执业或从业。

(8)遵守职业道德,维护职业信誉,严禁徇私舞弊。

(9)不得索取、收受承包人的财物或者谋取其他不正当利益。

1.3.3　总监理工程师

水利工程施工监理实行总监理工程师负责制。总监理工程师应负责全面履行监理合同中约定的监理单位的义务,主要职责应包括以下各项:

(1)主持编制监理规划,制定监理机构工作制度,审批监理实施细则。

(2)确定监理机构各部门职责及监理人员职责权限;协调监理机构内部工作;负责监理机构中监理人员的工作考核,调换不称职的监理人员;根据工程建设进展情况,调整监理人员。

(3)签发或授权签发监理机构的文件。

(4)主持审查承包人提出的分包项目和分包人,报发包人批准。

(5)审批承包人提交的合同工程开工申请、施工组织设计、施工进度计划、资金流计划。

(6)审批承包人按有关安全规定和合同要求提交的专项施工方案、度汛方案和灾害应急预案。

(7)审核承包人提交的文明施工组织机构和措施。

(8)主持或授权监理工程师主持设计交底,组织核查并签发施工图纸。

(9)主持第一次监理工地会议,主持或授权监理工程师主持监理例会和监理专题会议。

(10)签发合同工程开工通知、暂停施工指示和复工通知等重要监理文件。

(11)组织审核已完成工程量和付款申请,签发各类付款证书。

(12)主持处理变更、索赔和违约等事宜,签发有关文件。

(13)主持施工合同实施中的协调工作,调解合同争议。

(14)要求承包人撤换不称职或不宜在本工程工作的现场施工人员或技术、管理人员。

(15)组织审核承包人提交的质量保证体系文件、安全生产管理机构和安全措施文件并监督其实施,发现安全隐患及时要求承包人整改或暂停施工。

(16)审批承包人施工质量缺陷处理措施计划,组织施工质量缺陷处理情况的检查和施工质量缺陷备案表的填写;按相关规定参与工程质量及安全事故的调查和处理。

(17)复核分部工程和单位工程的施工质量等级,代表监理机构评定工程项目施工质量。

(18)参加或受发包人委托主持分部工程验收,参加单位工程验收、合同工程完工验收、阶段验收和竣工验收。

(19)组织编写并签发监理月报、监理专题报告和监理工作报告,组织整理监理档案资料。

(20)组织审核承包人提交的工程档案归档资料,并提交审核专题报告。

总监理工程师可通过书面授权副总监理工程师或监理工程师履行其部分职责,但下列工作除外:

(1)主持编制监理规划,审批监理实施细则。

(2)主持审查承包人提出的分包项目和分包人。

(3)审批承包人提交的合同工程开工申请、施工组织设计、施工总进度计划、年施工进度计划、专项施工进度计划、资金流计划。

(4)审批承包人按有关安全规定和合同要求提交的专项施工方案、度汛方案和灾害应急预案。

(5)签发施工图纸。

(6)主持第一次监理工地会议,签发合同工程开工通知、暂停施工指示和复工通知。

(7)签发各类付款证书。

(8)签发变更、索赔和违约有关文件。

(9)签署工程项目施工质量等级评定意见。

(10)要求承包人撤换不称职或不宜在本工程工作的现场施工人员或技术、管理人员。

(11)签发监理月报、监理专题报告和监理工作报告。

(12)参加合同工程完工验收、阶段验收和竣工验收。

1.3.4 监理工程师

监理工程师应按照职责权限开展监理工作,是所实施监理工作的直接责任人,并对总监理工程师负责。其主要职责应包括以下各项:

(1)参与编制监理规划,编制监理实施细则。

(2)预审承包人提出的分包项目和分包人。

(3)预审承包人提交的合同工程开工申请、施工组织设计、施工总进度计划、年施工进度计划、专项施工进度计划、资金流计划。

(4)预审承包人按有关安全规定和合同要求提交的专项施工方案、度汛方案和灾害应急预案。

(5)根据总监理工程师的安排核查施工图纸。

(6)审批分部工程或分部工程部分工作的开工申请报告、施工措施计划、施工质量缺陷处理措施计划。

(7)审批承包人编制的施工控制网和原始地形的施测方案;复核承包人的施工放样成果;审批承包人提交的施工工艺试验方案、专项检测试验方案,并确认试验成果。

(8)协助总监理工程师协调参建各方之间的工作关系。按照职责权限处理施工现场发生的有关问题,签发一般监理指示和通知。

(9)核查承包人报验的进场原材料、中间产品的质量证明文件;核验原材料和中间产品的质量;复核工程施工质量;参与或组织工程设备的交货验收。

(10)检查、监督工程现场的施工安全和文明施工措施的落实情况,指示承包人纠正违规行为;情节严重时,向总监理工程师报告。

(11)复核已完成工程量报表。

(12)核查付款申请单。

(13)提出变更、索赔及质量和安全事故处理等方面的初步意见。

(14)按照职责权限参与工程的质量评定工作和验收工作。

(15)收集、汇总、整理监理资料,参与编写监理月报,核签或填写监理日志。

(16)施工中发生重大问题和遇到紧急情况时,及时向总监理工程师报告、请示。

(17)指导、检查监理员的工作。必要时可向总监理工程师建议调换监理员。

(18)完成总监理工程授权的其他工作。

机电设备安装、金属结构设备安装、地质勘察和工程测量等专业监理工程师应根据监理工作内容和时间安排完成相应的监理工作。

1.3.5 监理员

监理员应按照职责权限开展监理工作,其主要职责应包括下列各项:

(1)核实进场原材料和中间产品报验单并进行外观检查,核实施工测量成果报告。

(2)检查承包人用于工程建设的原材料、中间产品和工程设备等的使用情况,并填写现场记录。

(3)检查、确认承包人单元工程(工序)施工准备情况。

(4)检查并记录现场施工程序、施工工艺等实施过程情况,发现施工不规范行为和质量隐患,及时指示承包人改正,并向监理工程师或总监理工程师报告。

(5)对所监理的施工现场进行定期或不定期的巡视检查,依据监理实施细则实施旁站监理和跟踪检测。

(6)协助监理工程师预审分部工程或分部工程部分工作的开工申请报告、施工措施计划、施工质量缺陷处理措施计划。

(7)核实工程计量结果,检查和统计计日工情况。

(8)检查、监督工程现场的施工安全和文明施工措施的落实情况,发现异常情况及时指示承包人纠正违规行为,并向监理工程师或总监理工程师报告。

(9)检查承包人的施工日志和现场实验室记录。

(10)核实承包人质量评定的相关原始记录。

(11)填写监理日记,依据总监理工程师或监理工程师授权填写监理日志。

当监理人员数量较少时,总监理工程师可同时承担监理工程师的职责,监理工程师可同时承担监理员的职责。

1.3.6 监理人员的职业道德

（1）维护国家的荣誉和利益，按照“守法、诚信、公正、科学”的准则执业。

（2）执行国家有关工程建设的法律、法规、规范、标准和制度，履行监理合同规定的义务和承担约定的责任。

（3）努力学习专业技术和建设监理知识，不断提高业务能力和监理水平。

（4）不以个人名义承揽监理业务。

（5）不同时在两个或两个以上监理单位注册和从事监理活动，不在政府部门和施工、材料设备的生产供应等单位兼职。

（6）不为所监理项目指定承包商、建筑构配件、设备、材料和施工方法。

（7）不收受被监理单位的任何礼金。

（8）不泄露所监理工程各方认为需要保密的事项。

（9）坚持独立自主地开展工作。

1.3.7 监理人员的工作纪律

（1）遵守国家的法律和政府有关的条例、规定和办法等。

（2）认真履行建设工程委托监理合同所承诺的义务和承担约定的责任。

（3）坚持公正的立场，公平地处理有关各方的争议。

（4）坚持科学的态度和实事求是的原则。

（5）在坚持按委托监理合同的规定向业主提供技术服务的同时，帮助被监理者完成其担负的建设任务。

（6）不泄露所监理的工程需保密的事项。

（7）不在任何承建商或材料设备供应商中兼职；不擅自接受业主额外的津贴，也不接受被监理单位的任何津贴；不接受可能导致判断不公的报酬。

1.3.8 监理工程师资格考试

1.3.8.1 报考监理工程师的条件

根据工程建设监理工作对监理人员素质的要求，对报考监理工程师资格的人员有一定的条件限制。主要有两条要求：一是从事工程建设工作，包括工程建设管理工作的人员以及与工程建设相关的工作人员可以报考；二是必须具备中级专业技术职称，且取得中级专业技术职称后又有3年以上（含3年）从事工程建设实践的经历。以上两个条件要同时具备，缺一不可。报考时，要填写报考申请表，并交验有关证件。

1.3.8.2 考试范围

监理工程师资格考试的范围是现行的监理培训教材，即工程建设监理概论、建设工程合同管理、工程建设质量控制、工程建设进度控制、工程建设投资控制和工程建设信息管理等六方面的理论知识和实务技能（案例分析能力）。

1.3.8.3　考试方式和录取

监理工程师资格考试是对考生监理理论和实务技能水平的考查,是一种水平考试。因而,采取统一命题、闭卷考试、分科记分、统一标准录取的方式。

1.3.8.4　考试管理

我国对监理工程师资格考试工作实行政府统一管理的原则。国家成立由建设行政主管部门、人事行政主管部门、计划行政主管部门和有关方面的专家组成的全国监理工程师资格考试委员会;省、自治区、直辖市成立地方监理工程师资格考试委员会。

全国监理工程师资格考试委员会是全国监理工程师资格考试工作的最高管理机构,其主要职责是:

(1)拟订考试计划。

(2)组织制定并发布考试大纲。

(3)组成命题小组,领导命题小组确定考试命题,拟定标准答案和评分标准,印制试卷。

(4)指导、监督考试工作。

(5)拟定考试合格标准,报国家人事行政主管部门、建设行政主管部门审批。

(6)进行考试总结,并写出总结报告。

1.3.9　监理工程师注册

专业执业资格实行注册制度,这是国际上通行的做法。监理工程师是一种岗位职务,经注册的监理工程师具有相应的责任和权力。实行监理工程师注册制度,是为了建立一支适应工程建设监理工作需要的、高素质的监理队伍,是为了建立和维护监理工程师岗位的严肃性。

1.3.9.1　监理工程师的注册条件

(1)热爱中华人民共和国,拥护社会主义制度,遵纪守法,遵守监理工程师的职业道德。

(2)已取得监理工程师资格证书。

(3)在监理单位执业,并能胜任担负的监理工作。

(4)身体健康,能适应监理工作的需要。

(5)符合建立专业结构合理、配套、规模适中的监理队伍的需要。

1.3.9.2　监理工程师的注册管理

监理工程师的注册工作实行分级管理。

国务院建设行政主管部门为全国监理工程师注册管理机关,其主要职责是:

(1)制定监理工程师注册的法规、政策和计划等。

(2)制定监理工程师岗位证书式样并监制。

(3)受理各地方、各部门监理工程师注册机关上报的监理工程师注册备案。

(4)监督、检查各地方和各部门监理工程师注册工作。

(5)受理对监理工程师处罚不服的上诉。

省、自治区、直辖市人民政府建设行政主管部门的建设监理主管机构为本部门直属工

程建设监理单位监理工程师的注册机关。其主要职能包括:

(1)贯彻执行国家有关监理工程师注册的法规、政策和计划,制定相关的实施细则。

(2)受理所属监理单位关于监理工程师注册的申请。

(3)审批注册监理工程师,并上报国家监理工程师注册管理机关备案。

(4)颁发监理工程师岗位证书。

(5)负责对违反有关规定的注册监理工程师的处罚。

(6)负责对注册监理工程师的日常考核、管理,包括每5年对持监理工程师岗位证书者复查一次,对不符合条件者,注销注册,并收回监理工程师岗位证书,以及注册监理工程师退出、调出(入)监理单位,或被解聘时,办理有关核销及注册手续。注册监理工程师按专业设置岗位,并在监理工程师岗位证书中注明专业。

1.3.9.3 注册监理工程师的职责

工程建设项目的总监理工程师一般由资深的注册监理工程师担任。一般注册监理工程师在总监理工程师的领导下开展工作。注册监理工程师的职责如下:

(1)按照分工,独立自主地担负一定范围的监理工作。

(2)按照监理合同的要求,为项目法人提供满意的服务,并对自己的工作负责。

(3)在分管的工作范围内,对工程建设的具体事项有检验、签认的权力。

(4)为了改进工作,有向项目法人的建议权。

(5)遵守监理工程师的职业道德。

1.4 项目监理组织形式和组织机构

监理单位通过招标投标方式取得工程建设监理任务,监理单位与项目法人签订书面建设工程委托监理合同后,一般组建项目监理组织。项目监理组织一般由总监理工程师、专业或子项监理工程师和其他监理人员组成。工程项目建设监理实行总监理工程师负责制。总监理工程师行使合同赋予监理单位的权限,全面负责委托的监理工作。总监理工程师在授权范围内发布有关指令,签认所监理的工程项目有关款项的支付凭证,并有权建议撤换不合格的分包单位和项目负责人及有关人员。项目监理组织成立后一般工作内容有:收集有关资料,熟悉情况,编制项目监理规划;按工程建设进度,分专业编制工程建设监理细则;根据项目监理规划和监理细则开展工程建设监理活动;参与工程预验收并签署试验、化验报告等。

1.4.1 项目监理的组织形式

项目监理组织形式的设计,应遵循集中与分权统一、专业分工与协作统一、管理跨度与分层统一、权责一致、才职相称、效率和弹性的原则。同时,还应考虑工程项目的特点、工程项目承发包模式、业主委托的任务以及监理单位自身的条件。常用的项目监理组织形式有直线制、职能制、直线职能制和矩阵制。

1.4.1.1 直线制监理组织

直线制监理组织形式是最简单的。它的特点是组织中各种职位是按垂直系统直线排列的。它适用于监理项目能划分为若干相对独立子项的大、小型建设项目，如图1-1所示。总监理工程师负责整个项目的规划、组织和指导，并着重整个项目范围内各方面的协调工作。子项目监理组分别负责子项目的目标值控制，具体领导现场专业或专项监理组的工作。

还可按建设阶段分解设立直线制监理组织形式，如图1-2所示。此种形式适用于大、中型以上项目，且承担包括设计和施工的全过程工程建设监理任务。这种组织形式的主要优点是机构简单、权力集中、命令统一、职责分明、决策迅速、隶属关系明确。缺点是实行没有职能机构的"个人管理"，这就要求总监理工程师通晓各种业务和具有多种知识技能，成为"全能"式人物。

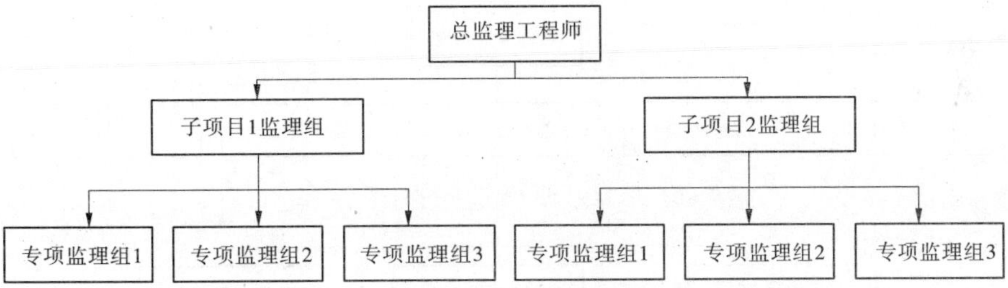

图1-1　按子项分解设立直线制监理组织形式

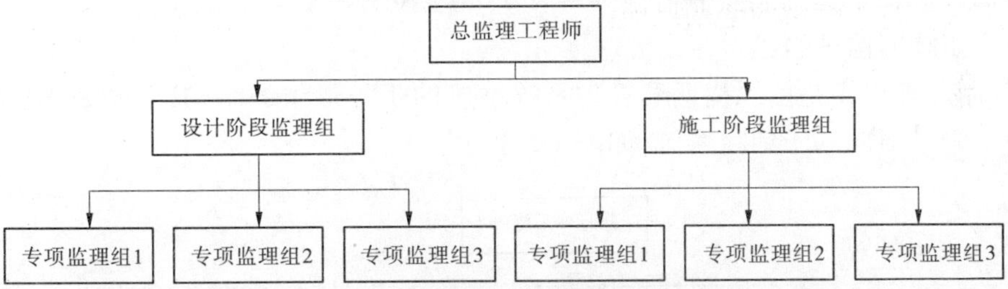

图1-2　按建设阶段分解设立直线制监理组织形式

1.4.1.2　职能制监理组织

职能制监理组织形式，是在总监理工程师下设一些职能机构，分别从职能角度对基层监理组进行业务管理，这些职能机构可以在总监理工程师授权的范围内，就其主管的业务范围，向下下达命令和指示，如图1-3所示。此种形式适用于工程项目在地理位置上相对集中的工程。

这种组织形式的主要优点是目标控制分工明确，能够发挥职能机构的专业管理作用，专家可以参与管理，能提高管理效率，减轻总监理工程师负担。缺点是多头领导，易造成职责不清。

1.4.1.3　直线职能制监理组织

直线职能制监理组织形式是吸收了直线制组织形式和职能制组织形式的优点而构成的一种组织形式，如图1-4所示。

这种组织形式的主要优点是集中领导、职责清楚，有利于提高办事效率。缺点是职能部门与指挥部门易产生矛盾，信息传递路线长，不利于互通情报。

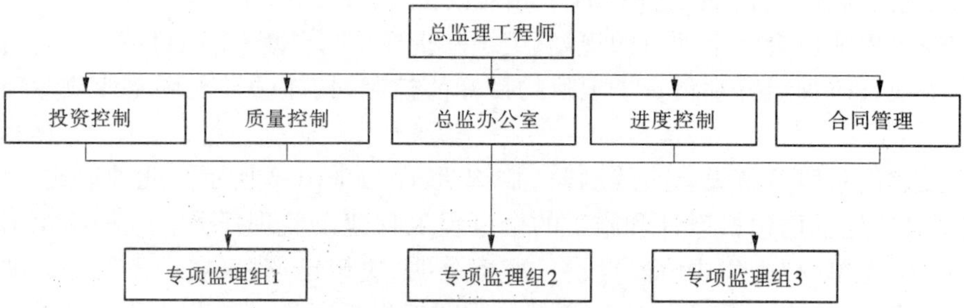

图 1-3 职能制监理组织形式

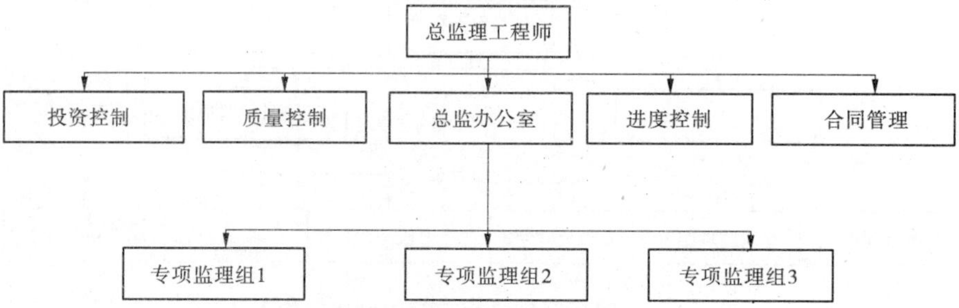

图 1-4 直线职能制监理组织形式

1.4.1.4 矩阵制监理组织

矩阵制监理组织是由纵横两套管理系统组成的矩阵形组织结构，一套是纵向的职能系统，另一套是横向的子项目系统，如图 1-5 所示。

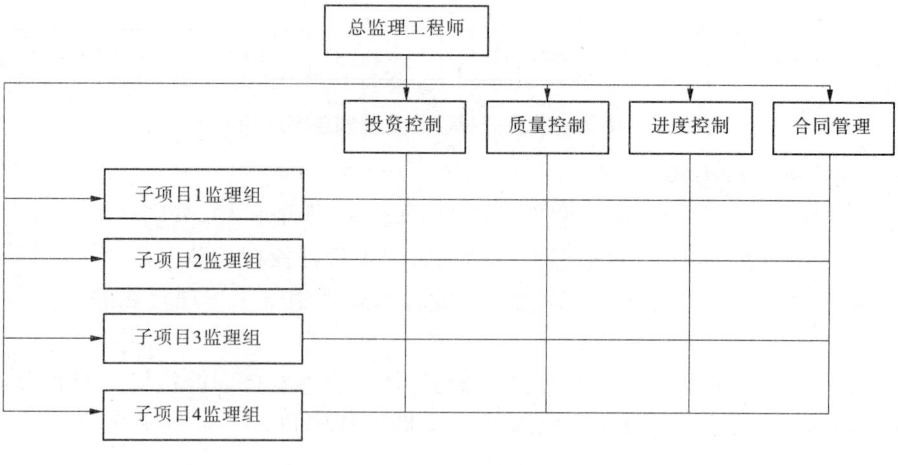

图 1-5 矩阵制监理组织形式

这种形式的优点是加强了各职能部门的横向联系，具有较大的机动性和适应性；把上下左右、集权与分权进行最优的组合，有利于解决复杂难题，有利于监理人员业务能力的培养。缺点是纵横向协调工作量大，处理不当会造成扯皮现象，产生矛盾。

1.4.2 项目监理组织的人员配备

1.4.2.1 监理人员配备应考虑的因素

监理组织人员的配备一般应考虑专业结构、人员层次、工程建设强度、工程复杂程度和监理单位的业务水平。

(1)专业结构。项目监理组的专业结构应针对监理项目的性质和委托监理合同进行设置。专业人员的配备要与所承担的监理任务相适应。在监理人员数量确定的情况下,应做适当调整,保证监理组织结构与任务职能分工的要求得到满足。

(2)人员层次。监理人员根据其技术职称分为高、中、初级三个层次,合理的人员层次结构有利于管理和分工。监理人员层次结构及其分工如图1-6所示。根据经验,一般高、中、初级人员配备比例大约为10%、60%、20%,此外还有10%左右为行政管理人员。

监理组织层次		主要职能	要求对应的技术职称
项目监理部	总监理工程师、专业监理工程师	项目监理的策划、项目监理实施的组织与协调	高级
子项目监理组	子项目监理工程师、专业监理工程师	具体组织子项目监理业务	中级
现场监理员	质监员、计量员、预算员、计划员等	监理实务的执行与作业	初级

图1-6 监理人员层次结构及其分工

(3)工程建设强度。工程建设强度是指单位时间内投入的工程建设资金的数量。它是衡量一项工程紧张程度的标准。

$$工程建设强度 = 投资额/工期 \tag{1-3}$$

其中,投资额和工期是指由监理单位所承担的那部分工程的建设投资额和工期。一般投资额是按合同价确定的,工期是根据进度总目标及分目标确定的。

显然,工程建设强度越大,投入的监理人力就越多。工程建设强度是确定人数的重要因素。

(4)工程复杂程度。每项工程都具有不同的复杂情况。工程地点、位置、气候、性质、空间范围、工程地质、施工方法、后勤供应等不同,则投入的人力也就不同。根据一般工程的情况,工程复杂程度要考虑的因素有设计活动多少、气候条件、地形条件、工程地质条件、施工方法、工程性质、工期要求、材料供应和工程分散程度等。

(5)监理单位的业务水平。每个监理单位的业务水平有所不同,业务水平的差异影响监理效率的高低。对于同一份委托监理合同,高水平的监理单位可以投入较少的人力去完成监理工作,而低水平的监理单位则需投入较多的人力。各监理单位应当根据自己的实际情况对监理人员数量进行适当调整。

1.4.2.2 **监理人员的确定方法**

(1)确定监理人员需要量定额。根据工程复杂程度等级按一个单位工程的建设强度来制定。

(2)确定工程建设强度。

(3)确定工程复杂程度。按构成工程复杂程度的因素,根据工程实际情况分别打分。

(4)根据工程复杂程度和工程建设强度套定额。

(5)根据实际情况确定监理人员数量。

如某工程根据监理组织结构情况决定每个机构各类监理人员如下:

监理总部(含总监、总监助理和总监办公室):监理工程师 2 人,监理员 2 人,行政文秘员 2 人。

子项目 1 监理组:监理工程师 4 人,监理员 12 人,行政文秘员 1 人。

子项目 2 监理组:监理工程师 3 人,监理员 11 人,行政文秘员 1 人。

复习思考题

1. 工程建设监理的依据是什么?
2. 工程建设监理的范围有哪些?
3. 监理单位监理活动义务性规定有哪些?
4. 监理单位的民事责任有哪些?
5. 监理单位的资质分几级? 各应具备哪些条件?
6. 设立监理单位的基本条件和申报审批程序是什么?
7. 对监理单位的哪些违法行为应给予处罚?
8. 监理工程师违反规定的,应如何追究其法律责任?
9. 简述工程建设监理的程序。
10. 简述工程建设监理费的构成及收费标准。
11. 监理工程师的职业道德有哪些?

第2章 工程建设合同

2.1 工程建设施工合同概述

2.1.1 建设工程合同的概念

建设工程合同是指在工程建设过程中发包人与承包人就完成具体工程项目的建筑施工、设备安装与调试、工程保修服务,依法订立的明确双方权利义务关系的协议。在建设工程合同中,承包人的主要义务是进行工程建设,权利是得到工程价款。发包人的主要义务是支付工程价款,权利是得到符合约定的、完整的建筑产品。每个建设项目都可以分为不同的建设阶段,每一个阶段根据其建设内容的不同,参与的主体也不尽相同,各主体之间的经济关系靠合同这一特定的形式来维持。

建设工程施工合同是建设工程的主要合同之一,也是施工单位进行工程建设质量管理、进度管理、费用管理的主要依据之一。它与其他建设工程合同一样是一种双务合同,在订立时也应遵守自愿、公平、诚实信用等原则。

《中华人民共和国合同法》第二百七十五条规定:施工合同的内容包括工程范围、建设工期、中间交工工程的开工和竣工时间、工程质量、工程造价、技术资料交付时间、材料和设备供应责任、拨款和结算、竣工验收、质量保修范围和质量保证期、双方相互协作等条款。

2.1.2 建设工程合同的种类

2.1.2.1 按照承发包的工程范围划分

按照承发包的工程范围进行划分,可以将建设工程合同分为建设工程总承包合同、建设工程承包合同、建设工程分包合同。发包人将建设工程的全过程发包给一个承包人的合同即为建设工程总承包合同。发包人将建设工程的勘察、设计、施工等的每一项分别发包给一个承包人的合同即为建设工程承包合同。经合同约定和发包人认可,从工程承包人承包的工程中承包部分工程而订立的合同即为建设工程分包合同。

2.1.2.2 按照工程建设阶段划分

建设工程合同可以分为建设工程勘察合同、建设工程设计合同和建设工程施工合同三类。建设工程勘察合同是发包人与勘察人就完成商定的勘察任务明确双方权利义务的协议。建设工程设计合同是发包人与设计人就完成商定的设计任务明确双方权利义务的协议。建设工程施工合同是发包人与承包人就完成商定的建设工程项目的施工任务明确双方权利义务的协议。

2.1.2.3 按照承包工程计价方式划分

建设工程合同可分为单价合同、总价合同和其他合同价格形式。

1. 单价合同

单价合同是指合同当事人约定以工程量清单及其综合单价进行合同价格计算、调整和确认的建设工程施工合同,在约定的范围内合同单价不作调整。

2. 总价合同

总价合同是指合同当事人约定以施工图、已标价工程量清单或预算书及有关条件进行合同价格计算、调整和确认的建设工程施工合同,在约定的范围内合同总价不作调整。这种合同类型能够使建设单位在评标时易于确定报价最低的承包商,易于进行支付计算。但这类合同仅适用于工程量不太大且能精确计算、工期较短、技术不太复杂、风险不大的项目。因而,采用这种合同类型时,建设单位必须准备详细而全面的设计图纸(一般要求施工详图)和各项说明,使承包单位能准确计算工程量。

3. 其他合同价格形式

合同当事人可在专用合同条款中约定其他合同价格形式。

采用较多的是成本加酬金合同。成本加酬金合同,是由业主向承包单位支付建设工程的实际成本,并按事先约定的某一种方式支付酬金的合同类型。在这类合同中,业主需承担项目实际发生的一切费用,因此也就承担了项目的全部风险。而承包单位由于无风险,其报酬往往也较低。

这类合同的缺点是业主对工程总造价不易控制,承包商也往往不注意降低项目成本。它主要适用于以下项目:①需要立即开展工作的项目,如震后的救灾工作;②新型的工程项目,或对项目工程内容及技术经济指标未确定;③风险很大的项目。

2.1.3 合同类型的选择

合同类型的选择,取决于下列因素:

(1)业主的意愿。有的业主宁愿多出钱,一次以总价合同包死,以免以后由于需要加强对承包人的监督而带来麻烦。

(2)工程设计的具体、明确程度。如果承包合同不能规定得比较明确,双方都不会同意采用固定价格合同,只能订立实际成本加酬金合同。

(3)项目的规模及其复杂程度。规模大而复杂的项目,承包风险较大,不易估算准确,不宜采用固定价格合同。即使采用限额成本加酬金合同或目标成本加酬金合同也困难,故以采用实际成本加固定酬金再加奖励合同为宜,或者有把握的部分采用固定价格合同,估算不准的部分采用实际成本加酬金合同。

(4)工程项目技术先进性程度。若属新技术开发项目,甲乙方过去都没有这方面的经验,一般以采用实际成本加酬金合同为宜,不宜采用固定价格合同。

(5)承包人的意愿和能力。有的工程项目,对承包人来说已有相当的建设经验,如果要承包人建设这种类似的工程项目,只要项目不太大,承包人是愿意也有能力采用固定价格合同来承包工程的,因为这样可以取得更多的利润。然而有的承包人在总包项目建设时,考虑到自己的承担能力有限,决定一律采用实际成本加酬金合同,不采用固定价格合同。

(6)工程进度的紧迫程度。招标过程是费时间的,对工程设计要求也较高,所以当工程进度太紧时,一般不宜采用固定价格合同,可以采用实际成本加酬金的合同方式,选择有信誉、有能力的承包人提前开工。

(7)市场情况。如果只有一家承包人参加投标,又不同意采用固定价格合同,那么业主只能同意采用实际成本加酬金合同。如果有好几家承包人参加竞标,业主提出的要求,承包人均愿意考虑。当然,如果承包人技术、管理水平高,信誉好,希望采取什么合同,业主也会考虑。

(8)甲方的工程监督力量如果比较弱,最好将工程由承包人以固定价格合同总承包。如果采用实际成本加酬金合同,就要求甲方有足够的合格监督人员,对整个工程实行有效的控制。

(9)外部因素或风险的影响。政治局势、通货膨胀、物价上涨、恶劣的气候条件等都会影响承包工程的合同结算方式。如果业主和承包人对工程建设期间这些影响无法估计,乙方一般不愿意采用固定价格合同,除非业主愿意承担在固定价格中附加一笔相当大的风险费用(预备费)。

一个项目究竟应该采取哪种合同形式不是固定不变的。有时候一个项目中各个不同的工程部分或不同阶段,就可能采取不同形式的合同。业主在制定项目分包合同规划时,必须根据实际情况,全面地、反复地权衡各种利弊,作出最佳决策,选定本项目的分项合同种类和形式。

2.1.4 施工合同订立条件

2.1.4.1 订立施工合同应具备的条件

(1)初步设计已经批准。

(2)工程项目已经列入年度建设计划。

(3)有能够满足施工需要的设计文件和有关技术资料。

(4)建设资金和主要建筑材料设备来源已经落实。

(5)招标工程的中标通知书已经下达。

2.1.4.2 订立施工合同应遵守的原则

1. 遵守国家法律、法规和国家计划原则

建设工程施工对经济发展、社会生活有多方面的影响,国家有许多强制性的管理规定,施工合同当事人都必须遵守。

2. 平等、自愿、公平的原则

签订施工合同当事人双方,都具有平等的法律地位,任何一方都不得强迫对方接受不平等的合同条件,合同内容应当是双方当事人真实意思的体现。合同的内容应当是公平的,不能单纯损害一方的利益。对于显失公平的施工合同,当事人一方有权申请人民法院或者仲裁机构予以变更或者撤销。

3. 诚实信用原则

诚实信用原则要求在订立施工合同时要诚实,不得有欺诈行为,合同当事人应当如实将自身和工程的情况介绍给对方。在履行合同时,施工合同当事人要守信用,严格履行合同。

2.1.4.3 施工合同的订立程序

施工合同作为合同的一种,其订立也应经过要约和承诺两个阶段。依据《中华人民共和国招标投标法》和《工程建设施工招标投标管理办法》的规定,中标通知书发出30天内,中标单位应与建设单位依据招标文件、投标书等签订工程施工合同。签订合同的必须是中标的施工企业,投标书中已确定的合同条款在签订时不得更改,合同价应与中标价相一致。如果中标施工企业拒绝与建设单位签订合同,则建设单位将不再返还其投标保证金或由银行等金融机构按照投标保函的约定承担相应的保证责任,建设行政主管部门或其授权机构还可给予一定的行政处罚。

2.2 水利工程施工合同条款及格式

2000年2月,水利部、国家电力公司、国家工商行政管理局印发了《水利水电工程施工合同和招标文件示范文本》(GF—2000—0208),它对水利水电工程的施工招标、工程合同管理以及施工质量控制起到了良好的作用。不少建设、设计、监理、施工和科研等单位在工程招标投标、建设管理和施工实践过程中,对原范本有关内容提出了不少改进意见。因此,需要对原范本的内容进行更新完善。

随着我国建设管理体制的改革、科学技术的进步、施工装备水平的提高、国外先进技术的引进,以及我国很多大中型水利水电工程的建设和投入运行,积累了极其丰富的施工技术经验,得到了新的科学数据。再加上近几年来,原颁布的许多国家与行业标准及规程规范的修订再版,迫切需要更新原范本的技术条款内容,以适应当前水利水电工程建设发展的需要。

目前,在新的施工合同示范文本未出台前,一般使用水利部《水利水电工程标准施工招标文件》(2009年版)及《水利水电工程标准施工招标文件技术标准和要求(合同技术条款)》(2009年版)。

2.2.1 施工合同条款及格式

《水利水电工程标准施工招标文件》(2009年版)第4章合同条款及格式包括:

第1节　通用合同条款

1. 一般约定
2. 发包人义务
3. 监理人
4. 承包人
5. 材料和工程设备
6. 施工设备和临时设施
7. 交通运输
8. 测量放线

9. 施工安全、治安保卫和环境保护
10. 进度计划
11. 开工和竣工(完工)
12. 暂停施工
13. 工程质量
14. 试验和检验
15. 变更
16. 价格调整
17. 计量与支付
18. 竣工验收(验收)
19. 缺陷责任与保修责任
20. 保险
21. 不可抗力
22. 违约
23. 索赔
24. 争议的解决
第2节 专用合同条款
1. 一般约定
2. 发包人义务
3. 监理人
4. 承包人
5. 材料和工程设备
6. 施工设备和临时设施
7. 交通运输
8. 测量放线
9. 施工安全、治安保卫和环境保护
11. 开工和竣工(完工)
12. 暂停施工
13. 工程质量
14. 试验和检验
15. 变更
16. 价格调整
17. 计量与支付
18. 竣工验收(验收)
19. 缺陷责任与保修责任
20. 保险
24. 争议的解决
第3节 合同附件格式

《水利水电工程标准施工招标文件技术标准和要求(合同技术条款)》(2009 年版)包括:

第 1 章　一般规定
第 2 章　施工临时设施
第 3 章　施工安全措施
第 4 章　环境保护和水土保持
第 5 章　施工导流工程
第 6 章　土方明挖
第 7 章　石方明挖
第 8 章　地下洞室开挖
第 9 章　支护工程
第 10 章　钻孔和灌浆工程
第 11 章　基础防渗墙工程
第 12 章　地基及基础工程
第 13 章　土石方填筑工程
第 14 章　混凝土工程
第 15 章　沥青混凝土工程
第 16 章　砌体工程
第 17 章　疏浚和吹填工程
第 18 章　屋面和地面建筑工程
第 19 章　压力钢管制造和安装
第 20 章　钢结构的制作和安装
第 21 章　钢闸门及启闭机安装
第 22 章　预埋件埋设
第 23 章　机电设备安装
第 24 章　工程安全监测

合同条款及格式规定了合同当事人双方最主要的权利义务,规定了组成合同的文件及当事人对履行合同义务的承诺,并且合同当事人在这份文件上签字盖章,因此其具有很高的法律效力。合同协议书的内容包括工程概括、工程承包范围、合同工期、质量标准、合同价款、组成合同的文件等。

通用条款是根据《中华人民共和国合同法》、《中华人民共和国建筑法》、《建设工程合同管理办法》等法律、法规对承发包双方的权利义务作出的规定,除双方协商一致对其中的某些条款作出修改、补充或取消,双方都必须履行。它是将建设工程施工合同中共性的一些内容抽象出来编写的一份完整的合同文件。通用条款具有很强的通用性,基本适用于各类建设工程。通用条款由 24 部分组成。

考虑到建设工程的内容各不相同,工期、造价也随之变动,承包人、发包人的能力、施工现场的环境和条件也各不相同,通用条款不能完全适用于各个具体工程,因此配之以专用条款对其作必要的修改和补充,使通用条款和专用条款成为双方统一意愿的体现。

合同条款及格式规定的附件是对施工合同当事人的权利义务的进一步明确，并且使得施工合同当事人的有关工作一目了然，便于执行和管理。

2.2.2　施工合同文件的组成及解释顺序

组成合同的各项文件应互相解释，互为说明。除专用合同条款另有约定外，解释合同文件的优先顺序如下：

(1)合同协议书。

(2)中标通知书(如果有)。

(3)投标函及其附录(如果有)。

(4)专用合同条款及其附件。

(5)通用合同条款。

(6)技术标准和要求。

(7)图纸。

(8)已标价工程量清单或预算书。

(9)其他合同文件。

上述各项合同文件包括合同当事人就该项合同文件所作出的补充和修改，属于同一类内容的文件，应以最新签署的为准。

在合同订立及履行过程中形成的与合同有关的文件均构成合同文件组成部分，并根据其性质确定优先解释顺序。

2.2.3　施工合同双方的一般权利和义务

了解施工合同中承发包双方的一般权利和义务，是建筑施工企业项目经理最基本的要求。在市场经济条件下，施工任务的最终确认是以施工合同为依据的，项目经理必须代表施工企业(承包人)完成应当由施工企业完成的工作；了解发包人的工作则是项目经理在施工中要求发包人合作的基础，也是维护己方权益的基础。

《水利水电工程标准施工招标文件》(2009年版)第4章合同条款及格式中规定：

2　发包人义务

2.1　遵守法律

发包人在履行合同过程中应遵守法律，并保证承包人免于承担因发包人违反法律而引起的任何责任。

2.2　发出开工通知

发包人应委托监理人按约定向承包人发出开工通知。

2.3　提供施工场地

2.3.1　发包人应在合同双方签订合同协议书后的14天内，将本合同工程的施工场地范围图提交给承包人。发包人提供的施工场地范围图应标明场地范围内永久占地与临时占地的范围和界限，以及指明提供给承包人用于施工场地布置的范围和界限及其有关资料。

2.3.2　发包人提供的施工用地范围在专用合同条款中约定。

2.3.3　除专用合同条款另有约定外,发包人应按技术标准和要求(合同技术条款)的约定,向承包人提供施工场地内的工程地质图纸和报告,以及地下障碍物图纸等施工场地有关资料,并保证资料的真实、准确、完整。

2.4　协助承包人办理证件和批件

发包人应协助承包人办理法律规定的有关施工证件和批件。

2.5　组织设计交底

发包人应根据合同进度计划,组织设计单位向承包人进行设计交底。

2.6　支付合同价款

发包人应按合同约定向承包人及时支付合同价款。

2.7　组织竣工验收

发包人应按合同约定及时组织法人验收。

2.8　其他义务

发包人应履行合同约定的其他义务。

4　承包人

4.1　承包人的一般义务

4.1.1　遵守法律。承包人在履行合同过程中应遵守法律,并保证发包人免于承担因承包人违反法律而引起的任何责任。

4.1.2　依法纳税。承包人应按有关法律规定纳税,应缴纳的税金包括在合同价格内。

4.1.3　完成各项承包工作。承包人应按照合同约定以及监理人作出的指示,实施、完成全部工程,并修补工程中的任何缺陷。除另有约定外,承包人应提供为完成合同工作所需的劳务、材料、施工设备、工程设备和其他物品,并按合同约定负责临时设施的设计、建造、运行、维护、管理和拆除。

4.1.4　对施工作业和施工方法的完备性负责。承包人应按合同约定的工作内容和施工进度要求,编制施工组织设计和施工措施计划,并对所有施工作业和施工方法的完备性和安全可靠性负责。

4.1.5　保证工程施工和人员的安全。承包人应按约定采取施工安全措施,确保工程及其人员、材料、设备和设施的安全,防止因工程施工造成的人身伤害和财产损失。

4.1.6　负责施工场地及其周边环境与生态的保护工作。承包人应按照约定负责施工场地及其周边环境与生态的保护工作。

4.1.7　避免施工对公众与他人的利益造成损害。承包人在进行合同约定的各项工作时,不得侵害发包人与他人使用公用道路、水源、市政管网等公共设施的权利,避免对邻近的公共设施产生干扰。承包人占用或使用他人的施工场地,影响他人作业或生活的,应承担相应责任。

4.1.8　为他人提供方便。承包人应按监理人的指示为他人在施工场地或附近实施与工程有关的其他各项工作提供可能的条件。除合同另有约定外,提供有关条件的内容和可能发生的费用,由监理人按第3.5款商定或确定。

4.1.9　工程的维护和照管。除合同另有约定外,合同工程完工证书颁发前,承包人应负责照管和维护工程。合同工程完工证书颁发时尚有部分未完工程的,承包人还应负责该未完工程的照管和维护工作,直至完工后移交给发包人为止。

4.1.10　其他义务。其他义务在专用合同条款中补充约定。

4.2　履约担保

承包人应保证其履约担保在发包人颁发合同工程完工证书前一直有效。发包人应在合同工程完工证书颁发后28天内把履约担保退还给承包人。

4.3　分包

4.3.1　承包人不得将其承包的全部工程转包给第三人,或将其承包的全部工程肢解后以分包的名义转包给第三人。

4.3.2　承包人不得将工程主体、关键性工作分包给第三人。除专用合同条款另有约定外,未经发包人同意,承包人不得将工程的其他部分或工作分包给第三人。

4.3.3　分包人的资格能力应与其分包工程的标准和规模相适应。

4.3.4　按投标函附录约定分包工程的,承包人应向发包人和监理人提交分包合同副本。

4.3.5　承包人应与分包人就分包工程向发包人承担连带责任。

4.3.6　分包分为工程分包和劳务作业分包。工程分包应遵循合同约定或者经发包人书面认可。禁止承包人将本合同工程进行违法分包。分包人应具备与分包工程规模和标准相适应的资质和业绩,在人力、设备、资金等方面具有承担分包工程施工的能力。分包人应自行完成所承包的任务。

4.3.7　在合同实施过程中,如承包人无力在合同规定的期限内完成合同中的应急防汛、抢险等危及公共安全和工程安全的项目,发包人可对该应急防汛、抢险等项目的部分工程指定分包人。因非承包人原因形成指定分包条件的,发包人的指定分包不应增加承包人的额外费用;因承包人原因形成指定分包条件的,承包人应承担指定分包所增加的费用。

由指定分包人造成的与其分包工作有关的一切索赔、诉讼和损失赔偿由指定分包人直接对发包人负责,承包人不对此承担责任。

4.3.8　承包人和分包人应当签订分包合同,并履行合同约定的义务。分包合同必须遵循承包合同的各项原则,满足承包合同中相应条款的要求。发包人可以对分包合同实施情况进行监督检查。承包人应将分包合同副本提交发包人和监理人。

4.3.9　除指定分包外,承包人对其分包项目的实施以及分包人的行为向发包人负全部责任。承包人应对分包项目的工程进度、质量、安全、计量和验收等实施监督和管理。

4.3.10　分包人应按专用合同条款的约定设立项目管理机构组织管理分包工程的施工活动。

4.4　联合体

4.4.1　联合体各方应共同与发包人签订合同协议书。联合体各方应为履行合同承担连带责任。

4.4.2　联合体协议经发包人确认后作为合同附件。在履行合同过程中,未经发包人同意,不得修改联合体协议。

4.4.3　联合体牵头人负责与发包人和监理人联系，并接受指示，负责组织联合体各成员全面履行合同。

4.5　承包人项目经理

4.5.1　承包人应按合同约定指派项目经理，并在约定的期限内到职。承包人更换项目经理应事先征得发包人同意，并应在更换14天前通知发包人和监理人。承包人项目经理短期离开施工场地，应事先征得监理人同意，并委派代表代行其职责。

4.5.2　承包人项目经理应按合同约定以及监理人作出的指示，负责组织合同工程的实施。在情况紧急且无法与监理人取得联系时，可采取保证工程和人员生命财产安全的紧急措施，并在采取措施后24小时内向监理人提交书面报告。

4.5.3　承包人为履行合同发出的一切函件均应盖有承包人授权的施工场地管理机构章，并由承包人项目经理或其授权代表签字。

4.5.4　承包人项目经理可以授权其下属人员履行其某项职责，但事先应将这些人员的姓名和授权范围通知监理人。

4.6　承包人人员的管理

4.6.1　承包人应在接到开工通知后28天内，向监理人提交承包人在施工场地的管理机构以及人员安排的报告，其内容应包括管理机构的设置、各主要岗位的技术和管理人员名单及其资格，以及各工种技术工人的安排状况。承包人应向监理人提交施工场地人员变动情况的报告。

4.6.2　为完成合同约定的各项工作，承包人应向施工场地派遣或雇佣足够数量的下列人员：

(1)具有相应资格的专业技工和合格的普工；

(2)具有相应施工经验的技术人员；

(3)具有相应岗位资格的各级管理人员。

4.6.3　承包人安排在施工场地的主要管理人员和技术骨干应相对稳定。承包人更换主要管理人员和技术骨干时，应取得监理人的同意。

4.6.4　特殊岗位的工作人员均应持有相应的资格证明，监理人有权随时检查。监理人认为有必要时，可进行现场考核。

4.7　撤换承包人项目经理和其他人员

承包人应对其项目经理和其他人员进行有效管理。监理人要求撤换不能胜任本职工作、行为不端或玩忽职守的承包人项目经理和其他人员的，承包人应予以撤换。

4.8　保障承包人人员的合法权益

4.8.1　承包人应与其雇佣的人员签订劳动合同，并按时发放工资。

4.8.2　承包人应按劳动法的规定安排工作时间，保证其雇佣人员享有休息和休假的权利。因工程施工的特殊需要占用休假日或延长工作时间的，应不超过法律规定的限度，并按法律规定给予补休或付酬。

4.8.3　承包人应为其雇佣人员提供必要的食宿条件，以及符合环境保护和卫生要求的生活环境，在远离城镇的施工场地，还应配备必要的伤病防治和急救的医务人员与医疗设施。

4.8.4　承包人应按国家有关劳动保护的规定,采取有效的防止粉尘、降低噪声、控制有害气体和保障高温、高寒、高空作业安全等劳动保护措施。其雇佣人员在施工中受到伤害的,承包人应立即采取有效措施进行抢救和治疗。

4.8.5　承包人应按有关法律规定和合同约定,为其雇佣人员办理保险。

4.8.6　承包人应负责处理其雇佣人员因工伤亡事故的善后事宜。

4.9　工程价款应专款专用

发包人按合同约定支付给承包人的各项价款应专用于合同工程。

4.10　承包人现场查勘

4.10.1　发包人应将其持有的现场地质勘探资料、水文气象资料提供给承包人,并对其准确性负责。但承包人应对其阅读上述有关资料后所作出的解释和推断负责。

4.10.2　承包人应对施工场地和周围环境进行查勘,并收集有关地质、水文、气象条件、交通条件、风俗习惯以及其他为完成合同工作有关的当地资料。在全部合同工作中,应视为承包人已充分估计了应承担的责任和风险。

4.11　不利物质条件

4.11.1　除专用合同条款另有约定外,不利物质条件是指在施工中遭遇不可预见的外界障碍或自然条件造成施工受阻。

4.11.2　承包人遇到不利物质条件时,应采取适应不利物质条件的合理措施继续施工,并及时通知监理人。承包人有权根据约定,要求延长工期及增加费用。监理人收到此类要求后,应在分析上述外界障碍或自然条件是否不可预见及不可预见程度的基础上,按照通用合同条款第 15 条的约定办理。

【案例】

1. 背景

某建设单位采用工程量清单报价形式对某建设工程项目进行邀请招标,在招标文件中发包人提供了工程量清单、工程量暂定数量、工程量计算规则、分部分项工程单价组成原则、合同文件内容等,工程造价暂定 800 万元,合同工期 12 个月。某施工单位中标承接了该项目,双方参照现行的《建设工程施工合同(示范文本)》签订了固定价格合同。

在工程施工过程中,遇到了特大暴雨引发的山洪,现场临时道路、管网和其他临时设施遭到损坏。该施工单位认为合同文件的优先解释顺序是:①本合同协议书;②本合同专用条款;③本合同通用条款;④中标通知书;⑤投标书及其附件;⑥标准、规范及有关技术文件;⑦工程量清单;⑧图纸;⑨工程报价单或预算书。合同履行中,发包人、承包人有关工程的洽商、变更等书面协议或文件视为本合同的组成部分。此外,施工过程中,钢筋价格由原来的 3 500 元/t 上涨到 4 300 元/t,该施工单位经过计算,认为中标的钢筋制作安装的综合单价每吨亏损 800 元,于是,施工单位向建设单位提出索赔,请求给予酌情补偿。

2. 问题

(1)案例中合同文件的优先解释顺序是否妥当?请给出合理的合同文件的优先解释顺序。

(2)施工单位就特大暴雨事件提出的索赔能否成立？为什么？

(3)施工单位就钢筋涨价事件提出的索赔能否成立？为什么？

(4)因不可抗力事件造成的时间及经济损失应由谁来承担？应采用哪些具体方法解决问题？

3. 分析

本案例主要考核对建设工程施工合同文件组成的掌握，主要依据是《中华人民共和国合同法》以及《建设工程施工合同(示范文本)》的相关内容。

4. 答案

(1)不妥当。合理的合同文件的优先解释顺序是：①本合同协议书，合同履行中发包人、承包人有关工程的洽商、变更等书面协议或文件视为本合同的组成部分；②中标通知书；③投标书及其附件；④本合同专用条款；⑤本合同通用条款；⑥标准、规范及有关技术文件；⑦图纸；⑧工程量清单；⑨工程报价单或预算书。

(2)能成立。因特大暴雨事件引发的山洪，应按不可抗力处理由此引起的索赔问题。已损坏的现场临时道路、管网和其他临时设施等经济损失应由建设单位承担，工期顺延。

(3)不能成立。根据合同文件中招标文件和合同专用条款的有关约定，该建设工程项目属于固定价格合同，合同价款不可调整。

(4)不可抗力事件造成的时间及经济损失，应由双方按以下方法分别承担：①工程本身的损坏、因工程损坏导致第三人人员伤亡和财产损失以及运至施工场地用于施工的材料和待安装的设备的损坏，由发包人承担；②发包人、承包人人员伤亡由其所在单位负责，并承担相应费用；③承包人机械设备损坏及停工损失，由承包人承担；④停工期间，承包人应工程师要求留在施工场地的必要的管理人员及保卫人员的费用由发包人承担；⑤工程所需清理、修复费用，由发包人承担；⑥延误的工期相应顺延。

2.3 FIDIC 土木工程施工合同条件

2.3.1 FIDIC 土木工程施工合同条件简介

2.3.1.1 国际咨询工程师联合会及其合同条款

FIDIC 是国际咨询工程师联合会的法文名称的缩写，它是各国咨询工程师协会创建的，其目标是共同促进成员协会的专业影响，并向各成员协会传播它们感兴趣的信息。第二次世界大战以后，它的成员的数目迅速发展，到 20 世纪末，已成为拥有遍布全球 67 个成员的协会，是世界上最具有权威性的国际工程咨询工程师组织。

FIDIC 下设五个永久性专业委员会，即业主与咨询工程师关系委员会(CCRC)、合同委员会(CC)、风险管理委员会(RMC)、质量管理委员会(QMC)和环境委员会(ENVC)。各专业委员会编制出版了许多规范性和指南性的文件。

目前，最新的 FIDIC 合同条件(1999 年第 1 版)为一系列的标准合同范本：《施工合同条件》(新红皮书)、《生产设备和设计－施工合同条件》(新黄皮书)、《设计采购施工(EPC)/交钥匙工程合同条件》(银皮书)和《简明合同格式》(绿皮书)。2002 年，中国工程咨询协会经 FIDIC 授权将新版合同条件译成中文本。

新版 FIDIC 合同条件继承了以往 FIDIC 合同条件的优点，并根据多年来在实践中取得的经验以及专家、学者和相关各方的意见和建议，做出了重大的调整。对结构、布局和措辞等做了重大的修改：统一了条款、定义和措辞；条款数目统一为 20 条。此次出版的新红皮书和新黄皮书，不是在原有合同条件基础上修改的，而是进行了重新编写。银皮书和绿皮书是首次推出的。

(1)《施工合同条件》(新红皮书)推荐用于由雇主或其代表工程师设计的建筑或工程项目。这种合同的通常情况是，由承包商按照雇主提供的设计进行工程施工。但该工程可以包含由承包商设计的土木、机械、电气和(或)构筑物的某些部分。

(2)《生产设备和设计－施工合同条件》(新黄皮书)推荐用于电气和(或)机械设备供货和建筑或工程的设计与施工。这种合同的通常情况是，由承包商按照雇主要求，设计和提供生产设备和(或)其他工程；可以包括土木、机械、电气和(或)构筑物的任何组合。

(3)《设计采购施工(EPC)/交钥匙工程合同条件》(银皮书)可适用于以交钥匙方式提供工厂或类似设施的加工或动力设备、基础设施项目或其他类型的开发项目。这种合同条件下，项目的最终价格和要求的工期具有更大程度的确定性，由承包商承担项目的设计和实施的全部职责，雇主卷入很少。交钥匙工程的通常情况是，由承包商进行全部设计、采购和施工(EPC)，提供一个配备完善的设施，"转动钥匙"即可运行。

(4)《简明合同格式》(绿皮书)是一本全新的合同条件，推荐用于资本金额较小的建筑或工程项目。根据项目的类型和具体情况，这种格式也可用于较大资本金额的合同，特别是适用于简单或重复性的工程或工期较短的工程。这种合同的通常情况是，由承包商按照雇主或其代表(如有时)提供的设计进行工程施工，但这种格式也可适用于包括或全部是由承包商设计的土木、机械、电气和(或)建筑物的合同。

2.3.1.2 FIDIC 系列合同条件的特点

1. 国际性、广泛的使用性和权威性

FIDIC 系列合同条件是在总结国际工程合同管理各方面经验教训的基础上制定的，是在总结各个国家和地区的业主、咨询工程师和承包商各个方面经验的基础上编制出来的，并且不断地修改完善，是国际上最有权威性的合同文件，也是世界上国际招标的工程项目中使用最多的合同条件。我国有关部委编制的合同条件和协议书范本也都把 FIDIC 系列合同条件作为重要的参考文本。世界银行、亚洲开发银行、非洲开发银行等国际金融机构组织的贷款项目，规定必须采用 FIDIC 系列合同条件。同时，FIDIC 系列合同条件既保证了一般的、普遍的使用性，又照顾了合同双方的特殊要求和工程特点，因此使用范围非常广泛。

2. 程序严谨，易于操作

FIDIC 系列合同条件中处理各种问题的程序非常严谨，特别强调要及时地处理和解决问题，以避免由于拖拉而产生的不良后果。另外，还特别强调各种书面文件及证据的重要性，这些规定使各方有章可循，易于操作和实施。

3. 强化了工程师的作用

FIDIC 系列合同条件明确规定了工程师的权利和职责，赋予工程师在工程管理方面的充分权利。工程师是独立的、公正的第三方,工程师受业主聘用,负责合同管理和工程监督。要求承包商严格遵守和执行工程师的指令,简化了工程项目管理中一些不必要的环节,为工程项目的顺利实施创造了条件。

4. 公正合理

FIDIC 系列合同条件较为公正地考虑了合同双方的利益,包括合理地分配工程责任,合理地分配工程风险,为双方确定一个合理的价格奠定了良好的基础。合同在确定工程师权利的同时,又要求其必须公正地行事,从而进一步保证了合同条件的公正性。

2.3.1.3 FIDIC《施工合同条件》的内容构成

FIDIC《施工合同条件》适用于国内外公开招标的土木工程项目承包管理。合同条件的内容构成如下:第一部分通用条件,第二部分专用条件,以及一套标准格式。下面分别予以简要介绍。

1. 通用条件

FIDIC《施工合同条件》中的通用条件是固定不变的,无论是工民建、水电工程还是路桥工程等都适用。通用条件共包括 20 条 163 款,通用条件包括了土木工程项目施工合同中双方的权利、义务和责任,明确规定了执行合同时的法律、经济、技术等各方面的内容与管理方法,以保证工程项目顺利进行。在国际土木工程项目的招标文件中,FIDIC 合同通用条件一般可直接进入招标文件,不需再重新去编写合同通用条件。例如,我国的鲁布革水电站工程项目、引大入秦水利工程项目、京津塘高速公路项目等,都是直接引用 FIDIC 合同通用条件,并得到世界银行的认可。

2. 专用条件

FIDIC《施工合同条件》中的专用条件共有 20 条,其 20 条编号和通用条件的 20 条相对应,是对通用条件各相应条款的补充或进一步的明确。一般土木工程项目的合同专用条件,大都由工程项目的招标委员会或咨询公司根据工程项目所在国的情况,或项目自身的特性,对照第一部分合同通用条件,参考工程项目再具体编写。特别是当通用条件中的某些条款不适合时,就可在专用条件中换上本项目合适的内容。另外,当通用条件中一些条款写得不具体、不细致时,可以对专用条件相对应的条款进行补充和完善。因此,在阅读合同条件时,应仔细慎重地读懂合同专用条件的具体规定。从法律意义上讲,合同专用条件的法律地位高于合同通用条件。

由此可知,通用条件和专用条件是统一的整体,相互补充完善而不可分割。专用条件的各条款也给出了不同的措辞,供编写具体工程项目合同专用条件时参考选择,以适应工程项目所在国的具体情况。对有些条款,提出了应注意的事项;对于一些特殊情况,还提出补充性的条款,如保密的要求、对联营体的责任划分及对领头公司的要求等;对于疏浚工程和填筑工程 ,可以在专用条件中予以专门考虑。

3. 标准格式

FIDIC《施工合同条件》通用条件和专用条件的后面,还给出了土木工程承包合同文件的标准格式,以便对国际公开招标的工程项目给予指导,也便于评标比较。例如承包商投标书的标准格式,业主和承包商双方的协议书标准格式,以及投标书的附表和附录,反映投标书中的一些重要数据资料等。

构成合同的几个文件之间应能互相解释。当它们之间出现矛盾和不一致时，FIDIC《施工合同条件》第 5.2 款对合同文件及其优先顺序规定如下："构成合同的若干文件应被认为是互相说明的，但在出现含糊或歧义时，则应由工程师对之做出解释或订正，工程师并应就此向承包商发出有关指示。"在此情况下，除合同另有规定外，构成合同的各文件的优先解释顺序应如下：

(1)协议书。

(2)中标函。

(3)投标书及其附件。

(4)合同的专用条件。

(5)合同的通用条件。

(6)构成合同组成部分的其他任何文件。

2.3.1.4　FIDIC 系列合同条件的应用范围

FIDIC 系列合同条件的应用范围如下：

(1)土木工程项目。

(2)业主授权工程师对合同实施监督的项目。

(3)主要用于单价合同，但单价合同也可带有若干总价(包干)合同。

2.3.2　FIDIC《施工合同条件》

2.3.2.1　业主的权利

(1)业主有权要求承包商按照合同规定的工期提交质量合格的工程。

(2)业主有权批准合同的转让。

未经业主同意，承包商不得将合同的任何部分的权利义务转让，并不得对合同中或合同名义下的任何权益进行转让。

(3)业主有权指定分包商。

所谓指定分包商，是由业主指定、选定完成某项特定工作内容并与承包商签订分包合同的特殊分包商。

业主有权对在暂定金额中列出的任何工程的施工，或任何货物、材料、工程设备或服务的提供分项指定承担人。该分包商仍与承包商签订分包合同，指定分包商应向承包商负责。承包商应负责管理和协调。对指定分包商的付款，仍由承包商按分包合同进行。然后，承包商提出已向分包商付款的证明，由工程师批准在暂定金额中向承包商支付。如果指定分包商失误，造成承包商损失，承包商可以向业主索赔。同时，承包商如果有理由，可以反对雇佣业主指定的分包商。

(4)在承包商无力或不愿意执行工程师指令时，业主有权雇佣他人完成任务。

如果承包商未执行工程师指令，在规定时间内未更换不符合合同的材料和工程设备，未拆除任何不符合合同规定的工程并重新施工的，业主有权雇佣他人完成上述指令，其费用全部由承包商支付。同时，无论在工程施工期间还是在保修期间，如果发生工程事故、故障或其他事件，而承包商没有(无能力或不愿意)执行工程师指令去立即执行修补工作，则业主有权雇佣其他人去完成该项工作并支付费用。如果上述问题由承包商责任引起，则应由承包商负担费用。

(5)除属于业主风险和特殊风险外，业主对承包商的设备、材料和临时工程的损失或损坏不承担责任。

(6)在一定条件下，业主可以终止合同。

如果工程师证明承包商存在下列情况之一，业主有权终止合同：

①承包商破产或失去偿付能力；

②承包商未经业主同意转让合同；

③承包商无视工程师的警告，固执地或公然地忽视合同中规定的义务；

④承包商无正当理由，在接到工程师开工指令后拒不开工；

⑤承包商拖延工期，而又无视工程师的指示，拒不采取加快施工的措施；

⑥承包商否认合同有效。

另外，在合同履行过程中如发生了双方都无法控制的情况，如战争、地震等，业主有权提出终止合同。

(7)业主有权提出仲裁。

在业主和承包商之间发生合同争议，或承包商未能执行工程师的决定，业主有权提出仲裁。这是业主借助于法律手段保障合同实施的措施。

2.3.2.2 业主的义务

(1)业主应编制双方实施项目的合同协议书。

(2)业主应承担拟订和签订合同的费用，并承担合同规定的设计文件以外的其他设计的费用。

(3)业主应委派工程师管理工程施工。

在工程实施过程中，业主通过工程师管理工程，下达指令，行使权利。通常情况下，业主赋予工程师在FIDIC合同中明确规定的或者由该合同引申的权利。但是，如果业主要限定工程师的权利，或要求工程师在行使某些权利之前，需得到业主的批准，则可在FIDIC专用条件中予以明确。但FIDIC合同是业主和承包商之间的合同，业主必须为工程师的行为承担责任。如果工程师在工程管理中失误，业主必须承担赔偿责任。

(4)业主应批准承包商的履约担保、担保机构及保险条件。

在承包商没有足够的保险证明文件的情况下，业主应代为保险(随后可从承包商处扣回该项费用)。

(5)业主应配合承包商办理有关事务。

在承包商提交投标文件前，业主有义务向承包商提供有关该工程勘察所得的水文地质资料，并协助承包商进行现场勘察工作。在向承包商授标后，业主应尽力协助承包商办理有关设备和材料等工程所需物品进口的海关手续。

(6)业主应按时提供施工现场。

业主可以在施工开始前一次性移交全部施工现场，也允许随着施工进展的实际需要，在合理的时间内分段陆续移交。如果业主没有依据合同约定履行义务，不仅要对承包商因此而受到的损失给予费用补偿和顺延合同工期，而且要由承包商提出新的合理施工进度计划和开工时间。为了明确合同责任，应在合同专用条件内具体规定移交施工现场区域和通行道路的范围,陆续移交的时间、现场和通行道路所应达到的标准等详细条件。

(7)业主应按合同约定时间及时提供施工图纸。

虽然通用条件中规定"工程师应在合理的时间内向承包商提供施工图纸",但图纸大多由业主准备或委托设计单位完成,经工程师审核后发放给承包商。大型工程为了缩短施工周期,初步设计完成后就可以开始施工招标,施工图纸在施工阶段陆续发送给承包商。如果施工图纸不能在合理的时间内提供,就会打乱承包商的施工计划,尤其是施工过程中出现的重大设计变更,在相当长时间内不能提供施工图纸就可能会导致施工中断。因此,业主应妥善处理好提供图纸的组织工作。

(8)业主应按时支付工程款。

通用条件规定,首次分期预付款,业主应在中标函发出之日起42天内,或根据履约担保以及预付款的规定,在收到相关的文件之日起21天内,二者中较晚时间内支付;工程师在收到承包商的报表和证明文件后28天内,应向业主签发工程进度款支付证书;在工程师收到工程进度款支付报表和证明文件56天内,业主应向承包商支付工程款;收到最终支付证书后,要在56天内支付工程款。如果业主拖欠支付工程款,在规定日期内未能支付,承包商有权就未付款额按月计复利收取延误期的利息作为融资费,此项融资费的年利率是以支付货币所在国中央银行的贴现率加上3个百分点计算而得的。

(9)业主应负责移交工程的照管责任。

业主根据工程师颁发的工程移交证书,接收按合同规定已基本竣工的任何部分工程或全部工程,并从此承担这些工程的照管责任。

(10)业主应承担有关工程风险。

业主对因自己的风险因素造成的承包商的损失应负有补偿义务。对其他不能合理预见到的风险导致承包商的实际投入成本增加给予相应补偿。

(11)业主应对自己授权在现场的工作人员的安全负全部责任。

2.3.2.3 承包商的权利

(1)进入现场的权利。

(2)对已完工程有按时得到工程款的权利。

承包商在施工过程中,有权得到经过工程师证明质量合格的已完工程的付款。

(3)有提出工期和费用索赔的权利。

在施工过程中,对于非承包商原因造成的工程费用增加或工期延长,承包商有提出工期和费用索赔的权利,以保护自己的正当利益。

(4)有终止受雇或者暂停工作的权利。

在业主有下列情况之一时,承包商有权终止受雇或者暂停工作:

①业主在合同规定的应付款时间期满42天之内,未能按工程师批准的付款证书向承包商付款;

②业主干涉、阻挠或拒绝工程师颁发付款证书;

③业主宣布破产或由于经济混乱而导致业主不具备继续履行其合同义务的能力。

(5)对业主准备撤换的工程师有拒绝的权利。

(6)有提出仲裁的权利。

2.3.2.4 承包商的义务

(1)遵守工程所在地的法规、法令。

承包商的一切行为都必须遵守工程所在地的法律和法规,不应因自己的任何反法规的行为而使业主承担责任或罚款。承包商的守法行为包括:按规定交纳除专用条件中写明可以免交外的所有税金;不得因自己的行为而侵犯专利权;交纳公共交通设施的使用费及损坏赔偿费;承担施工料场的使用费或赔偿费;采取一切合理措施,遵守环境保护法的有关规定等。

(2)确认签订施工合同的完备性和正确性。

承包商是经过现场考察后编制的投标书,并与业主就合同文件的内容协商达成一致后签署的合同协议书,因此承包商必须承认合同的完备性和正确性。也就是说,除合同中另有规定的情况外,合同价格已包括了完成承包任务的全部施工、竣工和修补任何缺陷工作的所需费用。

(3)对工程图纸和设计文件应承担的责任。

通用条件规定,设计文件和图纸由工程师单独保管,免费提供给承包商两套复制件。承包商必须将其中的一套保存在施工现场,随时供工程师及其授权的其他监理人员进行施工检查之用。承包商不得将本工程的图纸、技术规范和其他文件,在取得工程师同意前用于其他工程或传播给第三方。对合同明文规定由承包商设计的部分永久性工程,承包商应将设计文件按质、按量、按期完成,报经工程师批准后用于施工。工程师对承包商设计图纸的批准认可,不能解除承包商应负的施工或图纸设计的任何责任。工程施工达到竣工条件时,只有当承包商将其负责设计那部分永久工程竣工图及使用和维修手册提交后,经工程师批准,才能认为达到竣工要求。如果承包商负责的设计涉及使用了他人的专利技术,则应与业主和工程师就设计资料的保密和专利权等问题达成协议。

(4)提交进度计划和现金流量估算。

承包商在接到工程师的开工通知后应在规定时间内尽快开工。同时,承包商应按照合同及工程师的要求,在规定的时间内,向工程师提交一份详细的施工进度计划,并取得工程师的同意,同时提交对其工程施工拟采用的方案及施工总说明;在任何时候,如果工程师认为工程的实际进度不符合已同意的施工进度计划,只要工程师要求,承包商应提交一份经过修改的进度计划。

承包商应每个月向工程师提交月进度报告,此报告应随进度款支付报表的申请一并提交。月进度报告包括的内容应很全面,主要有施工进度的图表和详细说明,照片,工程设备制造、加工进度和其他情况,承包商的人员和设备数量,质量保证文件、材料检验结果,双方索赔通知,安全情况,实际进度与计划进度对比情况等。

此外,承包商应按进度向工程师提交其根据合同规定,有权得到的全部将由业主支付的详细现金流量估算;如果工程师以后提出要求,承包商还应提交经过修正的现金流量估算。

(5)任命项目经理。

承包商应任命一名合格的并被授权的代表全面负责工程的施工,此代表须经工程师批准,代表承包商接受工程师的各项指示。如果该代表不胜任、渎职等,工程师有权要求承包商将其撤回,并且以后不能再在此项目工作,而另外再派一名经工程师批准的代表。

(6)放线。

承包商根据工程师给定的原始基准点、基准线、参考标高等,对工程进行准确的放线。尽管工程师要检查承包商的放线工作,但承包商仍然要对放线的正确性负责。除非是由于工程师提供了错误的原始数据,否则,承包商应对由于放线错误引起的一切差错自费纠正。

(7)对工程质量负责。

承包商应按照合同建立一套质量保证体系,在每一项工程的设计和施工实施阶段开始之前,均应将所有程序的细节和执行文件提交工程师。工程师有权审查该质量保证体系的各个方面,但这并不能解除承包商在合同中的任何职责、义务和责任。这对承包商的施工质量管理提出了更高的要求,同时也便于工程师检查工作和保证工程质量。

承包商应按照合同的各项规定,以应有的精力和努力对承包范围的工程进行设计和施工。对合同中规定的由承包商提供的一切材料、工程设备和工艺,都应符合合同规定的质量要求。对不符合合同规定而被工程师拒收的材料和工程设备,承包商应立即纠正缺陷,并保证使它们符合合同规定。如果工程师要求,应对它们进行复检,其费用由承包商负责。承包商应执行工程师的指令,更换不符合合同规定的任何材料和工程设备,拆除不符合合同规定的工程,并按原设计要求重新施工。

缺陷责任期满之前,承包商负有施工、竣工以及修补任何所发现缺陷的全部责任。施工过程中,工程师对施工质量的认可,以及工程接收证书的颁发,都不能解除承包商对施工质量应承担的责任。只有工程圆满地通过了试运转的考验,工程师颁发了履约证书,才是对施工质量的最终确认。

(8)必须执行工程师发布的各项指令并为工程师的各种检验提供条件。

工程师有权就涉及合同工程的任何事项发布有关指令,包括合同内未予说明的内容。对工程师发布的无论是书面指令还是口头指令,承包商都必须遵照执行。不过,对于口头指令,承包商应在发布后的2天内以书面形式要求予以确认。如果工程师在接到请求确认函后的2天内未做出书面答复,则可以认为这一口头指示是工程师的一项书面指令,承包商的请求确认函将作为变更工程结算的依据,成为合同文件的一个组成部分。若工程师的书面答复指出,口头指示的原因属于承包商应承担的责任,则承包商就不能获得额外支付。

承包商应为工程师及任何授权人进入现场和为工程制造、装配和准备材料或工程设备的车间和场所提供便利。同时,对承包商提供的一切材料、工程设备和工艺,承包商必须为工程师指令的各种检查、测量和检验提供通常需要的协助、劳务、燃料、仪器等条件,并在用于工程前,按工程师要求提交有关材料样品,以供检验。

(9)承担其责任范围内的相关费用。

承包商负责工程所用的或与工程有关的任何承包商的设备、材料或工程设备侵犯专利或其他权利而引起的一切索赔和诉讼;承担工厂用建筑材料和其他各种材料的一切吨位费、矿区使用费、租金以及其他费用。承包商承担取得进出现场所需专用或临时道路通行权的一切费用和开支,自费提供其所需的供工程施工使用的位于现场以外的附加设施。

(10)按期完成施工任务。

承包商必须按照合同约定的工期完成施工任务。若因承包商原因延误竣工日期的，将依据合同内约定的日延期赔偿额乘以延误天数后承担违约赔偿责任。但当延误天数较多时，以合同约定的最高赔偿限额为赔偿业主延迟发挥工程效益的最高款项。提前竣工的，承包商是否得到奖励，要看合同内对此是否有约定。

(11)负责对材料、设备等的照管工作。

从工程开始到颁发工程接收证书为止，承包商对工程以及材料和待安装的工程设备的照管负完全责任。在此期间，如果发生任何损失或损坏，除属于业主的风险情况外，应由承包商承担责任。

(12)对施工现场的安全、卫生负责。

承包商应高度重视施工安全，做到文明施工。要使现场的施工井然有序，保障已完成工程不受损害，而且还应自费采取一切合理的安全措施，保证施工人员和所有有权进入现场人员的生命安全。如按工程师或有关当局要求，自费提供防护围栏、警告信号和警卫人员，以及采取一切适当措施保护环境，限制由其施工作业引起的污染、噪声和其他后果对公众和财产造成的损害妨害，确保排污量、噪声不超过规范和法律规定的标准。

同时，承包商应对工程和设备进行保险，应办理第三方保险，办理施工人员事故保险，并应在开工前提供保险证据。此外，在施工期间，承包商还应保持现场整洁。在颁发任何接收证书时，承包商应对该接收证书所涉及的那部分现场进行清理，达到工程师满意的使用状态。

(13)为其他承包商提供方便。

一个综合性大型工程，经常会有几个独立承包商同时在现场施工。为了保证工程项目整体计划的实现，通用条件规定每个承包商都应给其他承包商提供合理的方便条件。为了使各承包商在编制标书时能够恰当地计划自己的工作，每个独立合同的招标文件中均给出了同时在现场进行施工活动的有关信息。通常的做法是在某一合同的招标文件中规定为其他承包商提供必要施工方便的条件和服务责任，让承包商将这些费用考虑在报价之内。如果各招标文件中均未对此作出规定，而施工过程中又出现需要某一承包商为另一承包商提供服务时，工程师可向提供服务方发出书面指示，待其执行后批准一笔追加费用，计入到该合同的承包价格中去。但两个承包商之间通过私下协商而提供的方便服务，则不属于该条款所约定的承包商应尽义务。

(14)及时通知工程师在工程现场发现的意外事件并做出响应。

在工程现场挖掘出来的所有化石、硬币、有价值的物品或文物，属于业主的绝对财产。承包商应采取措施防止其工人或者其他任何人员移动或损坏这些物品，承包商必须立即通知工程师，并按工程师的指示进行保护。由于执行此类指令造成承包商工期延长和费用增加，承包商有权提出索赔要求。

2.3.2.5 工程师的权力和职责

工程师是受业主委托，负责合同履行的协调管理和监督施工的独立的第三方。

1. 工程师的任务和权力

(1)工程师无权修改合同。

(2)工程师可以行使合同中规定的或必然隐含的应属于工程师的权力。如果要求工程师在行使规定的权力前必须取得业主的批准,这些要求应在专用条件中写明。

(3)除得到承包商的同意外,业主承诺不对工程师的权力做进一步的限制。但是,每当工程师行使需由业主批准的规定权力时,则应视为业主已予批准,除非合同条件中另有说明。①每当工程师履行或行使合同规定或隐含的任务或权力时,应视为代表业主执行。②工程师无权解除任一方根据合同规定的任何任务、义务或职责。③工程师的任何批准、校核、证明、同意、检查、检验、指示、通知、建议、要求、试验或类似行动,不应解除合同规定的承包商的任何职责,包括错误、遗漏、误差和未遵照办理的职责。

(4)工程师在工程管理中具体的权力:①质量管理方面,主要表现在对运抵施工现场材料、设备质量的检查和检验,对承包商施工过程中的工艺操作进行监督,对已完成工程部位质量的确认或拒收,发布指令要求对不合格工程部位采取补救措施。②进度管理方面,主要表现在审查批准承包商的施工进度计划,指示承包商修改施工进度计划,发布开工令、暂停施工令、复工令和赶工令。③费用管理方面,主要表现在确定变更工程的估价,批准使用暂定金额和计日工,签发各种给承包商的付款证书。④合同管理方面,主要表现在解释合同文件中的矛盾和歧义,批准分包工程,发布工程变更指令,签发工程接收证书和履约证书,审核承包商的索赔,行使合同引申的必然权力。

2. 工程师代表或助手

业主应任命工程师,工程师应履行合同中指派给他的任务。工程师的职员应包括具有资质的工程师和能承担这些任务的其他专业人员。工程师有时可以向其助手指派任务和托付权力,也可以撤销这种指派或托付。这些助手包括驻地工程师、被任命为检查和试验各项工程设备或材料的独立检查员。以上指派、托付或撤销应用书面形式,在双方收到抄件后才生效。但是,除非另经双方同意,工程师一般不得将应由其本人确定的任何事项的权力托付给他人。

助手应是具有适当资质,能履行这些任务,行使此项权力,遵守法律,流利地使用合同条款中规定的语言进行交流的人员。

已被指派任务或托付权力的每个助手,只能在授权托付规定的范围内对承包商发出指示。由助手按照托付做出的任何批准、校核、证明、同意、检查、检验、指示、通知、建议、要求、试验或类似行动,应具有工程师做出行动的同样效力。如承包商对助手的确定或指示提出质疑,承包商可将此事提交工程师,工程师应及时对该确定或指示进行确认、取消或改变。

3. 工程师的指示

工程师可随时按照合同规定向承包商发出指示和实施工程及修补缺陷可能需要的附加说明或修正图纸。承包商必须接受工程师或根据合同条款托付适当权力的助手的指示。

承包商应执行工程师或托付助手对合同有关的任何事物发出的指示。这些指示一般应采用书面形式。如果工程师或托付助手给出口头指示,承包商或其代表应在2个工作日内向工程师发出指示的书面内容,并要求对指示进行书面确认。工程师在收到书面确认后2个工作日内,如果未发出书面拒绝或未对指示进行答复,这时该确认应成为工程师或托付助手的书面指示。

4. 工程师的替换

如果业主拟替换工程师，业主应在拟替换日期 42 天前通知承包商，告知拟替换工程师的名称、地址和有关经验。如果承包商向业主提出所替换工程师不适合该工程的合理理由，并附有详细依据，业主就不应用该人替换工程师。

2.3.2.6 FIDIC《施工合同条件》中的其他主要条款

1. 合同的转让和分包

(1)合同的转让。合同的转让是指承包商在中标签约后，将其所签合同中的权利和义务转让给第三者。由于合同转让可能招致不合格的承包商，所以合同条件中规定，没有取得业主的事先书面同意，承包商不得自行将合同或合同的任何部分，包括合同中的任何权益或利益转让给他人，否则可视为承包商违约，业主有权与其解除合同关系。

(2)合同的分包。由于一般工程施工涉及工种繁多，有些工种的专业性很强，单靠承包商自身的力量难以胜任，所以在合同实施中，承包商需要将一部分工作分包给某些分包商，但是这种分包必须经过批准；如果在订立合同时已列入分包项目，则意味着业主已经批准；如果在工程开工后再用分包商，则必须经过工程师事先同意。承包商不得将整个工程或工程的主要部分分包出去。承包商应对任何分包商的行为或违约负责，除非专用条款中另有规定。

2. 工程的开工、延期、暂停及赶工

(1)工程的开工。承包商应在合同约定的日期或接到中标函后的 42 天内开工。工程师应至少提前 7 天通知承包商开工日期，而承包商收到此开工通知规定的日期即为开工日期，竣工时间是从开工日期算起。承包商应在合理可能的情况下尽快开工。

(2)工程的延期。如果由于业主方面的原因未能按承包商的施工进度表的要求做好征地、拆迁工作，未能及时提供施工现场及有关通道，导致承包商延误工期或增加开支，则工程师应及时与业主和承包商商量后，延长承包商工期并补偿由此引起的开支。

由于下列原因，承包商有权得到延长工期：①额外的或附加的工作的数量或性质。②合同中提到的导致工期延误的原因。③异常恶劣的气候条件。④由业主造成的任何延误、干扰或阻碍。⑤非承包商方面的过失或违约引起的延误。⑥由于传染病或其他政府行为导致人员或货物的不可预见的短缺。

承包商必须在上述导致延期的事件开始发生后 28 天内将要求延期的报告送给工程师(副本送业主)，并在上述通知后 42 天内或工程师可能同意的其他合理期限内，向工程师提交要求延期的详细申请，以便工程师进行调查，否则，工程师可以不受理这一要求。

在收到承包商的索赔详细报告之后 42 天内，工程师应对承包商的索赔表示批准或不批准，不批准时要给予详细的评价，并可能要求进一步的详细报告。

(3)工程的暂停。在工程施工过程中，由于各种因素影响，工程可能会出现暂时的中断。在这种情况下，承包商应按工程师认为的必要时间和方式暂停工程施工或其他任何部分的进展，并在此期间负责保护、保管以及保障该部分工程施工或全部工程免遭任何损失、损蚀及损害。此时，工程师应在与业主和承包商协商后，决定给予承包商延长工期的权利和增加由于停工导致的额外费用。

但如暂时停工属于下列情况，则不给予补偿：在合同中有规定；由于承包商违约行为或应由承包商承担风险事件影响的必要停工；由于现场不利的气候原因导致的必要停工；为了工程的合理施工或安全原因（不包括业主或工程师的过失导致的暂停、业主风险发生后导致的暂停）的必要停工。

如果按工程师书面指令暂时停工持续84天以上，工程师仍未通知复工，则承包商可向工程师发函，要求在28天内准许复工。如果复工要求未能获准，当暂时停工仅影响工程的局部时，承包商可通知工程师把这部分暂停工程视作删减工程；当暂时停工影响到整个工程进度时，承包商可视该事件属业主违约，并要求按业主违约处理。

（4）工程的赶工。工程师认为整个工程或部分工程的施工进度滞后于合同内竣工要求的时间时，可以下达赶工指示。承包商应立即采取经工程师同意的必要措施加快施工进度。发生这种情况时，也要根据赶工指令发布的原因，决定对承包商的赶工措施是否应给予补偿。在承包商没有合理理由延长工期的情况下，承包商不仅无权要求补偿赶工费用，而且在承包商的赶工措施中若包括夜间或当地公认的休息日加班时，还应承担工程师增加附加工作所需补偿的监理费用。虽然这笔费用按责任划分应由承包商负担，但不能由承包商直接支付给工程师，而由业主支付后从承包商的工程款内扣回。

3. 工程的计量与支付

工程的计量与支付条款是FIDIC合同条件的核心条款。FIDIC《施工合同条件》规定的支付结算和程序包括：预付款；每个月末支付工程进度款；竣工移交时办理竣工结算；解除缺陷责任后进行最终决算四大类。支付结算过程中涉及的费用又可分为两大类：一类是工程量清单中列明的费用；另一类属于工程量清单内未注明，但条款中有明确规定的费用，如变更工程款、物价浮动调整款、预付款、保留金、逾期付款利息、索赔款、违约赔偿款等。

（1）工程计量。FIDIC合同是单价合同，工程款的支付是根据承包商实际完成的工程量计算的。因此，工程计量显得格外重要。①除非合同中另有规定，否则，工程量均应计算净值。②工程量表中列出的工程量都是在图纸和规范的基础上估算出来的，工程实施后，实际完成的工程量要通过测量来核实并以此作为支付依据。工程师测量时应通知承包商一方派人参加。如承包商未能派人参加测量，即应承认工程师或由他批准的测量数据是正确的。有时，也可以在工程师的监督和管理下，由承包商进行测量，工程师审核签字确认。③在对永久工程进行测量时，工程师应在工作过程中准备好所需的记录和图纸，承包商应在接到参加该项工作的书面通知后14天内对这些记录和图纸进行审查并确认。若承包商未参加，则这些记录和图纸被认为是正确的。若承包商不同意这些记录和图纸，应及时向工程师提出申诉，由工程师进行复查、修改或确认。④对于工程量表中的包干项目，工程师可要求承包商在接到中标函后28天内将投标文件中的每一包干项目进行详细分解，提交给工程师一份包干项目分解表，以便在合同执行过程中按照该分解表的内容逐月付款。该分解表应得到工程师的批准。

（2）保留金。保留金是按合同约定从承包商所得工程款中扣减相应的一笔金额保留在业主手中，作为约束承包商严格履行合同义务的措施之一。保留金的扣留从首次支付工程进度款开始，用该月承包商有权获得的所有款项中减去调价款后的金额，乘以合同约定保留金的百分比作为本次支付时应扣留的保留金（通常为10%），逐月累计扣到合同约定的保留金最高限额为止（通常为5%）。

保留金的返还从颁发工程接收证书开始。颁发工程接收证书后，退还承包商一半保留金。颁发履约证书后，退还剩余的全部保留金。

（3）预付款。FIDIC 土木工程施工合同条件中，将预付款分为动员预付款和预付材料款两部分。

动员预付款是业主为了解决承包商进行施工时的资金短缺，从未来的工程款中提前支付的一笔款项。动员预付款的数额由承包商在投标书内确认，一般为合同价的10% ~ 15%。

同时，为了帮助承包商解决订购大宗主要材料和设备的资金周转，订购物资运抵施工现场经工程师确认合格后，按发票价值乘以合同约定的百分比（60% ~90%）作为预付材料款，包括在当月应支付的工程进度款内。

预付材料款的扣还方式通常在 FIDIC 专用条件中约定，具体规定在约定的后续月内（一般为三个月）每月按平均值扣还或从已计量支付的工程量内扣除其中的材料费等方法，直至扣完为止。

（4）计日工费。计日工费是指承包商在工程量清单的附件中，按工种或设备填报单价的日工劳务费和机械台班费，一般用于工程量清单中没有合适项目，且不能安排大批量的流水施工的零星附加工作。只有当工程师根据施工进展的实际情况，指示承包商实施以日计价的工作时，承包商才有权获得用工计价的付款。

（5）合同价格的调整。长期合同计价调价条款中，每次支付工程进度款均应按合同约定的方法计算价格调整费用。如果工程施工因承包商责任延误工期，则在合同约定的全部工程应竣工日后的施工期间内，不再考虑价格调整，各项指数采用应竣工日当月所采用值；对于不属于承包商责任的施工延期，在工程师批准的展延期限内仍应考虑价格调整。

（6）暂定金额。FIDIC 合同条件中暂定金额是指包括在合同中并在工程量表中以该名称标明，供工程任何不可预见事件施工的一项金额。该金额按照工程师的指示可能全部或部分地使用，或根本不予动用。

（7）支付工程进度款。

①承包商提交报表并提出支付申请。进度付款也称中间支付，应根据已完工作的单价按月进行支付。每个月的月末，承包商应按工程师规定的格式提交一式六份的本月支付报表，每份均由承包商代表签字，内容包括以下几个方面：截至当月末已实施的工程及承包商的文件的估算合同价值；根据法规及费用变化引起的调整价款，由于立法和费用变化应增加或减扣的任何款项；应扣减的保留金；根据预付款条款，为预付款的支付和偿还应增加或减扣的款项；为永久设备和材料应增加或减扣的款项；本月实施的永久工程的价值；对所有以前的支付证书中证明的款额的扣减；按合同或其他规定应付的其他任何的增加或减扣的款项。

②工程师审核与签证。工程师接到报表后，要审查款项内容的合理性和计算的正确性。在承包商本月应得款的基础上，再扣除保留金、动员预付款，以及所有因承包商责任

而应扣减的款项后，据此签发中期支付的临时支付凭证。如果本月承包商应获得的支付金额小于投标书附件中规定的中期支付最小金额，工程师可不签发本月进度款的支付凭证，这笔进度款将接转下月一并支付。工程师的审查和签证工作，应在收到承包商报表后28天内完成。工程进度款的支付凭证属于临时支付凭证，工程师有权对以前签发过的证书进行修改。若对某项工作的完成情况不满意，也可以在后续证书内删去或减少这项工作的价值。

③业主的支付。承包商的报表经过工程师认可并签发工程进度款的支付证书后，业主应在接到证书的28天内给承包商付款。如果逾期支付，将按投标书附件约定的利率计算延期付款利息。

(8)竣工结算。在收到工程接收证书后的84天内，成本核算应按工程师规定格式报送报表。报表内容主要包括：截止到工程接收证书中指明的竣工日期，根据合同完成全部工作的最终价值；承包商认为应该获得的其他款项，如要求的索赔款、应退还的部分保留金等；承包商认为根据合同应支付给他的估算总额。

工程师在接到竣工报表后，应对照竣工图详细核算工程量，对其他支付要求进行审查，然后再根据检查结果签署竣工结算的支付凭证。此项签证工作，工程师也应在收到竣工报表后28天内完成。业主依据工程师的签证予以支付。

4. 质量检查及工程照管

施工中，所有的材料、永久工程的设备和施工工艺均应符合合同要求及工程师的指示。承包商并应随时按照工程师的要求在施工现场以及为工程加工制造设备的所有场所为其质量检查提供方便。

对施工现场一般施工工序的常规检查，由现场值班的工程师代表或助理进行，不需事先约定。但对于某些专项检查，工程师应在24 h前将参加检查和检验的计划通知承包商，若工程师或其授权代表未能按时前往(除非事先通知承包商外)，承包商可以自己进行检查和验收，工程师应确认此次检查和验收的结果。如果工程师或其授权的代表经过检查认为质量不合格，承包商应及时补救，直到下一次验收合格为止。

对于隐蔽工程、基础工程和工程的任何部位，在工程师检查验收前，均不得覆盖。

工程师有权指示承包商从现场运走不合格的材料或工程设备，同时，应以合格的产品代替。

工程质量检查和检验的费用，根据情况分别由业主或承包商负担，下面分别予以说明：

(1)在下列情况下，检查和验收的费用由业主支付：工程师要求检验的项目是合同中没有规定的，检验结果合格时的费用；工程师要求进行的检验虽然合同中有说明，但是检验地点在现场以外或在材料、设备的制造、装配或准备地点以外，检验结果合格时的全部费用；工程师要求对工程的任何部位进行剥露或开孔以检查工程质量，该部位经检验合格时，剥露、开孔以及还原的费用。

(2)在下列情况下，检查和验收的费用由承包商支付：合同中明确规定的；合同中有详细说明允许承包商在投标文件中报价的；由于第一次检验不合格而需要重复检验所导致的业主开支的费用；工程师要求对工程的任何部位进行剥露或开孔以检查工程质量，如果该部位经检验不合格时所有有关的费用;承包商在规定时间内不执行工程师的指示或违约情况下,业主雇佣其他人员来完成此项任务时的有关费用;工程师要求检验的项目,在合同中没有规定或合同中虽有规定,但检验地点在现场以外或在材料、设备的制造、装配或准备地点以外,检验结果不合格时的全部费用。

从开工之日起到颁发工程接收证书之日止,承包商负有照管工程的责任。缺陷通知期内,业主对移交工程承担照管责任。

5. 工程接收证书与履约证书

(1)工程接收证书。当全部工程基本完工并圆满通过合同规定的竣工检验时,承包商在认为可以完成移交工作前14天,可将此结果通知工程师及业主,将此通知书同时附上一份对在缺陷通知期内以应有的速度及时地完成任何未完工作而做出的书面保证,作为要求工程师颁发工程接收证书的申请。

工程师接到承包商的申请后的28天内,如果认为已满足竣工条件,即可颁发工程接收证书;若不满意,则书面通知承包商,指出还需要完成哪些工作后才达到基本竣工条件。承包商按指示完成相应工作并被工程师认可后,不需再次申请颁发证书,工程师应在指示工作最后一项完成的28天内主动颁发证书。工程接收证书应说明以下主要内容:确认工程已基本竣工;注明达到基本竣工的具体日期;详细列出按照合同规定承包商在缺陷通知期内还需完成工作的项目一览表。

(2)工程履约证书。缺陷通知期是指正式颁发的工程接收证书中注明的缺陷通知期开始日期后的一段时间。缺陷通知期时间长短应在投标文件附件中注明,一般为一年(根据工程情况也有更长时间的)。在缺陷通知期内,承包商除应继续完成在工程接收证书上写明的扫尾工作外,还应对工程由于施工原因所产生的各种缺陷负责维修。

缺陷通知期内工程圆满地通过运行考验,工程师应在期满后的28天内,向承包商颁发履约证书,并将副本送给业主。履约证书是承包商已按合同规定完成全部施工义务的证明,因此该证书颁发后工程师就无权再指示承包商进行该工程项目的任何施工工作,承包商即可办理最终结算手续。业主应在证书颁发后的21天内,退还承包商的履约担保。

6. 变更与索赔

(1)变更。工程变更是指施工过程中出现了与签订合同时的预计条件不一致的情况,而需要改变原定施工承包范围内的某些工作内容。工程师可以通过发布指示或要求承包商提交建议书的方式,提出工程变更。工程变更不同于合同变更,对合同条件约定的业主和承包商的权利、义务没有改动,只是对施工方法、内容作局部变更,属于正常的合同管理。

变更指令一般由工程师以书面形式发出。如果是口头指示,承包商也应遵照执行,但在规定时限内,工程师应尽快以书面形式确认。

承包商按照工程师的变更指令实施变更工作后,往往会涉及变更工程的价款结算问题。工程师在发出变更指令之前或发布后的14天内,可以要求承包商提出变更工程的取费标准和变更项目价格,或将自己确定的费率和估价额通知承包商,以此作为双方协商变更工程价格的基础。

(2)索赔。索赔就是索取赔偿或补偿,即在经济合同履行过程中,如果任何一方没有按照合同或法律的规定履行合同,他就违反了合同和法律,构成违法行为,对这种违法行为给另一方所造成的损失,违约方当然应根据合同和法律的规定,给另一方以赔偿或补偿。索赔对合同双方都是正当合法的权利要求。由此可见,施工索赔是双方面的,索赔既包括承包商向业主的索赔,也包括业主向承包商的索赔。但常见的、有代表性的、处理和解决比较困难的是承包商向业主的索赔。

7. 争端的解决

争端的解决有许多方法,如谈判、调解、仲裁或诉讼等。在工程承包合同中,应该规定争端的解决办法,一般均是双方协商解决或通过工程师调解,不能解决时再诉诸仲裁。

合同中应对仲裁地点、机构、程序和仲裁裁决效力等方面都作出具体明确的规定。

8. 风险

业主和承包商都应研究和分析工程项目风险的来源以及风险的偶然性与必然性。对具体的工程项目来说,首先对明示和潜在的风险进行调查、分析研究和评价,特别是潜在的工程风险,更应注意去发现和分析,然后从合同条款中明确风险责任的分担。

合同履行过程中可能发生的某些风险是业主和承包商在招标投标时无法合理预见的,就业主而言,不应要求承包商在其报价中计入这些不可合理预见风险的损害补偿费,以取得有竞争性的合理报价。合同履行过程中发生此类风险事件后,根据合同条款中风险责任分担的具体要求,如果合同规定该风险由业主承担,业主应按承包商受到影响的实际情况给予补偿或进行风险转移;如果规定该风险由承包商承担,那么承包商应自费承担工程项目维修的全部费用或进行风险转移。

复习思考题

1. 简述建设工程合同的种类及特征。
2. 建设工程合同中主要包括哪些合同关系?
3. 建设工程合同管理有哪些主要内容?
4. 简述 FIDIC 合同文件解释和执行的优先顺序。
5. 在何种情况下,检查和检验的费用由承包商或业主支付?
6. 缺陷责任期需要做哪些工作?
7. 简述水利工程施工合同条款及格式的内容。
8. 施工合同中通用条款与专用条款的区别是什么?

第3章 工程质量控制

3.1 工程质量控制的作用和任务

3.1.1 有关工程质量的概念

3.1.1.1 质量

《质量管理体系 要求》(GB/T 19001—2008/ISO 9001:2008)中质量的定义是:一组固有特性满足要求的程度。上述定义可以从以下几方面去理解:

(1)质量不仅是指产品质量,也可以是某项活动或过程的工作质量,还可以是质量管理体系运行的质量。质量由一组固有特性组成,这些固有特性是指满足顾客和其他相关方的要求的特性,并由其满足要求的程度加以表征。

(2)特性是指区分的特征。特性可以是固有的或赋予的,可以是定性的或定量的。特性有各种类型,如一般有物质特性(如机械的、电的、化学的或生物的特性)、感官特性(如嗅觉、触觉、味觉、视觉及感觉控测的特性)、行为特性(如礼貌、诚实、正直)、人体功效特性(如语言或生理特性、人身安全特性)、功能特性(如飞机的航程、速度)。质量特性是固有的特性,并通过产品、过程或体系设计和开发及其后之实现过程形成的属性。固有的意思是指在某事或某物中本来就有的,尤其是那种永久的特性。赋予的特性(如某一产品的价格)并非是产品、过程或体系的固有特性,不是它们的质量特性。

(3)满足要求就是应满足明示的(如合同、规范、标准、技术、文件、图纸中明确规定的)、通常隐含的(如组织的惯例、一般习惯)或必须履行的(如法律、法规、行业规则)的需要和期望。与要求相比较,满足要求的程度才反映为质量的好坏。对质量的要求除考虑满足顾客的需要外,还应考虑其他相关方即组织自身利益、提供原材料和零部件等的供方的利益和社会的利益等多种需求。例如,需考虑安全性、环境保护、节约能源等外部的强制要求。只有全面满足这些要求,才能评定为好的质量或优秀的质量。

(4)顾客和其他相关方对产品、过程或体系的质量要求是动态的、发展的和相对的。质量要求随着时间、地点、环境的变化而变化。如随着技术的发展、生活水平的提高,人们对产品、过程或体系会提出新的质量要求。因此,应定期评定质量要求、修订规范标准,不断开发新产品、改进老产品,以满足已变化的质量要求。另外,不同国家、不同地区因自然环境条件不同、技术发达程度不同、消费水平不同和民俗习惯等不同会对产品提出不同的要求,产品应具有这种环境的适应性,对不同地区应提供不同性能的产品,以满足该地区用户的明示或隐含的要求。

3.1.1.2 建设工程质量

建设工程质量简称工程质量。工程质量是指工程满足业主需要的,符合国家法律、法规、技术规范标准、设计文件及合同规定的特性之总和。

建设工程作为一种特殊的产品，除具有一般产品共有的质量特性，如性能、寿命、可靠性、安全性、经济性等满足社会需要的使用价值及其属性外，还具有特定的内涵。

建设工程质量的特性主要表现在以下六个方面：

(1)适用性，即功能，是指工程满足使用目的的各种性能。包括：理化性能，如尺寸、规格、保温、隔热、隔音等物理性能，耐酸、耐碱、耐腐蚀、防火、防风化、防尘等化学性能；结构性能，指地基基础牢固程度，结构的强度、刚度和稳定性；使用性能，如民用住宅工程要能使居住者安居，工业厂房要能满足生产活动需要，道路、桥梁、铁路、航道要能通达便捷等，建设工程的组成部件、配件、水、暖、电、卫器具、设备也要能满足其使用功能；外观性能，指建筑物的造型、布置、室内装饰效果、色彩等美观大方、协调等。

(2)耐久性，即寿命，是指工程在规定的条件下，满足规定功能要求使用的年限，也就是工程竣工后的合理使用寿命周期。由于建筑物本身结构类型不同、质量要求不同、施工方法不同、使用性能不同的个性特点，其耐久性也不同。如民用建筑主体结构耐用年限分为四级(15～30年，30～50年，50～100年，100年以上)，公路工程设计年限一般按等级控制在10～20年，城市道路工程视不同道路构成和所用的材料，设计的使用年限也有所不同。

(3)安全性，是指工程建成后在使用过程中保证结构安全、保证人身和环境免受危害的程度。建设工程产品的结构安全度、抗震、耐火及防火能力，人民防空的抗辐射、抗核污染、抗爆炸波等能力，能否达到特定的要求，都是安全性的重要标志。工程交付使用之后，必须保证人身财产、工程整体都能免遭工程结构破坏及外来危害的伤害。工程组成部件，如阳台栏杆、楼梯扶手、电器产品漏电保护、电梯及各类设备等，也要保证使用者的安全。

(4)可靠性，是指工程在规定的时间和规定的条件下完成规定功能的能力。工程不仅要求在交工验收时要达到规定的指标，而且在一定的使用时期内要保持应有的正常功能。如工程上的防洪与抗震能力、防水隔热、恒温恒湿措施、工业生产用的管道防“跑、冒、滴、漏”等，都属可靠性的质量范畴。

(5)经济性，是指工程从规划、勘察、设计、施工到整个产品使用寿命周期内的成本和消耗的费用。工程经济性具体表现为设计成本、施工成本、使用成本三者之和，包括从征地、拆迁、勘察、设计、采购(材料、设备)、施工、配套设施等建设全过程的总投资和工程使用阶段的能耗、水耗、维护、保养乃至改建更新的使用维修费用。

(6)与环境的协调性，是指工程与其周围生态环境协调、与所在地区经济环境协调以及与周围已建工程相协调，以适应可持续发展的要求。

上述六个方面的质量特性彼此之间是相互依存的。总体而言，适用性、耐久性、安全性、可靠性、经济性、与环境的协调性，都是必须达到的基本要求，缺一不可。

3.1.1.3 质量管理

《质量管理体系 要求》(GB/T 19001—2008/ISO 9001:2008)中质量管理的定义为：质量管理是指确定质量方针及实施质量方针的全部职能及工作内容，并对其工作效果进行评价和改进的一系列工作。

作为组织，应当建立质量管理体系实施质量管理。具体来说，组织首先应当制定能够反映组织最高管理者的质量宗旨、经营理念和价值观的质量方针，然后在该方针的指导下，通过组织的质量手册、程序性管理文件和质量记录的制定，组织制度的落实、管理人员与资源的配置、质量活动的责任分工与权限界定等，最终形成组织质量管理体系的运行机制。

3.1.1.4　质量控制

《质量管理体系　要求》(GB/T 19001—2008/ISO 9001:2008)中质量控制的定义为：质量控制是质量管理的一部分,致力于满足质量要求的一系列相关活动。

建设工程项目的质量要求是由业主(或投资者、项目法人)提出来的,是业主的建设意图通过项目策划,包括项目的定义及建设规模、系统构成、使用功能和价值、规格档次标准等的定位策划和目标决策来确定的。它主要表现为工程合同、设计文件、技术规范规定和质量标准等。因此,在建设项目实施的各个阶段的活动和质量控制均是围绕着业主要求的质量总目标展开的。

质量控制所致力的活动,是为达到质量要求所采取的作业技术活动和管理活动。这些活动包括:确定控制对象,例如一道工序、设计过程、制造过程等;规定控制标准,即详细说明控制对象应达到的质量要求;制定具体的控制方法,例如工艺规程;明确所采用的检验方法,包括检验手段;实际进行检验;说明实际与标准之间有差异的原因;为了解决差异而采取的行动。质量控制贯穿于质量形成的全过程、各环节,要排除这些环节的技术、活动偏离有关规范的现象,使其恢复正常,达到控制的目的。

质量控制是质量管理的一部分而不是全部。两者的区别在于概念不同、职能范围不同和作用不同。质量控制是在明确的质量目标和具体的条件下,通过行动方案和资源配置的计划、实施、检查和监督,进行质量目标的事前预控、事中控制和事后纠偏控制,实现预期质量目标的系统过程。

工程质量控制按其实施者不同,包括三方面:

(1)业主方面的质量控制——工程建设监理的质量控制。其特点是外部的、横向的控制。工程建设监理的质量控制,是指监理单位受业主委托,为保证工程合同规定的质量标准对工程项目的质量控制。

(2)政府方面的质量控制——政府监督机构的质量控制。其特点是外部的、纵向的控制。政府监督机构的质量控制是按城镇或专业部门建立有权威的工程质量监督机构,根据有关法规和技术标准,对本地区(本部门)的工程质量的监督检查。

(3)承建商方面的质量控制。其特点是内部的、自身的控制。

3.1.2　工程建设各阶段对质量形成的影响

工程建设的不同阶段,对工程质量的形成起着不同的作用和影响。

3.1.2.1　工程可行性研究阶段

工程可行性研究是运用技术经济学原理,在对投资建设有关的技术、经济、社会、环境等所有方面进行调查研究的基础上,对各种可能的拟建方案和建成投产后的经济效益、社会效益和环境效益等进行技术经济分析、预测和论证,确定工程建设的可行性,并在可行的情况下提出最佳建设方案作为决策、设计的依据。在此阶段,需要确定工程项目的质量要求,并与投资目标相协调。因此,工程的可行性研究直接影响工程的决策质量和设计质量。

3.1.2.2　工程决策阶段

工程决策阶段,主要是确定工程项目应达到的质量目标及水平。工程决策要能充分反映业主对质量的要求和意愿。

3.1.2.3 **工程设计阶段**

工程设计阶段，是根据工程决策阶段已确定的质量目标和水平，通过工程设计使其具体化。设计在技术上是否可行、工艺是否先进、经济是否合理、设备是否配套、结构是否安全可靠等，都将决定着工程项目建成后的使用价值和功能。因此，设计阶段是影响工程质量的决定性环节。

3.1.2.4 **工程施工阶段**

工程施工阶段，是根据设计文件和图纸的要求，通过施工形成工程实体。这一阶段直接影响工程的最终质量。因此，施工阶段是工程质量控制的关键环节。

3.1.2.5 **工程竣工验收阶段**

工程竣工验收阶段，就是对工程施工阶段的质量进行试车运转、检查评定、考核质量目标是否符合设计阶段的质量要求。这一阶段是工程建设向生产转移的必要环节，影响工程能否最终形成生产能力，体现了工程质量水平的最终结果。

本章主要讲述工程施工阶段和工程竣工验收阶段的质量控制。

3.1.3 质量控制的依据

施工阶段质量控制的依据，根据其适用的范围及性质，大体上可以分为以下两类。

3.1.3.1 **共同性依据**

所谓共同性依据，主要是指那些适用于工程项目施工阶段与质量控制有关的通用的、具有普遍指导意义和必须遵守的基本文件。它包括以下几方面。

1. 工程承包合同

工程施工承包合同、设计合同和监理合同中分别规定了参与建设的各方在质量控制方面的权利和义务的条款，有关各方必须履行在合同中的承诺。尤其是监理单位，既要履行监理合同的条款，又要监督建设单位、施工单位履行有关质量控制条款。

2. 设计文件

“按图施工”是施工阶段质量控制的一项重要原则，也是约定俗成的事，因此经过批准的设计图纸和技术说明书等设计文件，无疑是质量控制的重要依据。

3. 国家及政府有关部门颁布的有关质量管理方面的法律、法规性文件

国家及政府有关部门颁布的有关质量管理方面的法律、法规性文件包括：

(1)1997 年 11 月国家颁布的《中国人民共和国建筑法》。

(2)2000 年 1 月国务院颁布的《建设工程质量管理条例》。

(3)2014 年 11 月住房和城乡建设部颁布的《建筑业企业资质标准》(建市〔2014〕159号)(2015 年 1 月 1 日起施行)。

以上有关质量管理方面的文件是基本建设行业质量管理方面所应遵循的基本法规文件。此外，其他各行业如交通、能源、水利、冶金、化工等政府主管部门和省(区、市)有关主管部门，也均根据本行业及地方的特点，制定和颁发了有关的法规性文件，这些文件分别适用于本行业或地区工程建设质量管理和质量控制。

3.1.3.2 **有关质量检验与控制的专门技术法规性依据**

这类文件依据一般是针对不同行业、不同的质量控制对象而制定的技术法规性的文件，包括各种有关的标准、规范、规程或规定。

技术标准有国际标准(如ISO系列)、国家标准、行业标准和企业标准之分。它是建立和维护正常的生产和工作秩序应遵守的准则,也是衡量工程、设备和材料质量的尺度,如质量检验及评定标准,材料、半成品或构配件的技术检验和验收标准等。所谓技术规程或规范,一般是执行技术标准,是为保证施工有秩序的进行,而为有关人员制定的行动的准则。通常它们与质量的形成有密切关系,应严格遵守,如施工技术规程、操作规程、设备维护和检修规程、安全技术规程,以及施工和验收规范等。各种有关质量方面的规定,一般是由有关主管部门根据需要而发布的带有方针目标性的文件,它用于保证标准和规程、规范的实施和改善实际存在的问题,具有指令性和及时性的特点。

属于这类专门的技术法规性的依据主要有以下几类:

(1)工程项目质量检验评定标准。

(2)有关工程材料、半成品和构配件质量控制方面的专门技术法规性依据。

(3)控制施工工序质量等方面的技术法规性依据。

(4)凡采用新工艺、新技术、新方法的工程,事先应进行试验,并应有权威性的技术部门的技术鉴定书及有关的质量数据、指标,在此基础上制定有关的质量标准和施工工艺规程,以此作为判断与控制的依据。

3.1.4 质量控制的作用和任务

3.1.4.1 质量控制的作用

监理单位受建设单位的委托,依据国家和政府颁布的有关标准、规范、规程、规定,以及工程建设的有关合同文件,对工程建设项目质量形成过程的各个阶段和各环节影响工程质量的主导因素进行有效的控制,以预防、减少或消除质量缺陷,满足业主对工程质量的要求,使工程建设项目有良好的投资效益和社会效益。由此可见,质量控制在工程建设项目的实施过程中具有十分重要的作用。

1.克服由建设单位进行质量控制的片面性和放任性的弊端

监理单位按照建设单位的委托监理合同进行质量控制,就有了法律上的保证。监理单位是专职的质量控制监督服务性机构,可以比建设单位更多地深入施工现场,及时发现施工中的质量问题并加以纠正。监理单位是工程建设过程中的监督者,在某种意义上还是质量控制的实施者。监理单位还可以对建设单位进行质量控制发挥参谋作用,协助进行质量控制决策,解决重大质量问题。

2.促进建设单位和施工单位的质量控制活动

监理单位由于深入施工现场进行全过程质量控制,故可以促使施工单位更加自觉地按照技术规范、操作规程、设计要求、施工方案、工作程序、检验方法等进行施工,从而可以确保工程施工质量,对施工单位的技术水平和管理水平也可起到促进和提高作用。通过监理单位对施工单位质量保证体系的检查监督,发现不完善的可加以帮助改正,对健全质量体系,加强施工单位的全面质量管理也是十分有益的。

3.有利于健全施工单位质量保证体系

保证工程质量是一个复杂的系统工程,其中主要依靠施工单位内部建立完善的质量保证体系。而施工单位的质量保证体系受合同环境的影响很大,如监理单位、材料供应单位、分包单位、外协单位等,都是质量保证体系构成要素,没有这些单位的质量保证,施工单位的质量就不能保证,就难免出现质量问题。监理单位除对施工单位进行质量监理外,还要审查各有关单位的质量保证体系,对他们的产品质量进行验收、检验、认证等把关活动。

3.1.4.2 质量控制的主要内容

(1)审查承包者的资格和质量保证条件,优选承包者,确认分包者。

(2)确定质量标准和明确质量要求。

(3)督促承建商建立与完善质量保证体系。

(4)组织与建立本项目的质量监理控制体系。

(5)项目实施过程中实行质量跟踪、监督、检查、控制。

(6)质量缺陷或事故的处置。

3.1.4.3 施工阶段质量控制的任务

施工阶段质量控制是工程项目全过程质量控制的关键环节。工程质量很大程度上取决于施工阶段质量控制。其中心任务是要通过建立健全有效的质量监督工作体系来确保工程质量达到合同规定的标准和等级要求。

3.1.5 监理工程师在质量控制中应遵循的原则

(1)坚持质量第一的原则。

(2)坚持以人为控制核心。

(3)坚持以预防为主。

(4)坚持质量标准。

(5)贯彻科学、公正、守法的职业规范。

3.2 对影响工程质量主要因素的控制

在工程建设中,施工阶段影响工程质量的因素主要有人、材料、施工机械设备、施工方法和环境等五大方面。因此,事前对这五方面的因素严格予以控制,是保证建设项目工程质量的关键。

3.2.1 人的控制

人是指直接参与工程建设的决策者、组织者、指挥者和操作者。人,作为控制的对象,是避免产生失误;作为控制的动力,是充分调动人的积极性,发挥"人的因素第一"的主导作用。

为了避免人的失误,调动人的主观能动性,增强人的责任感和质量观,达到以工作质量保工序质量、促工程质量的目的,除加强政治思想教育、劳动纪律教育、职业道德教育、专业技术知识培训,健全岗位责任制,改善劳动条件,进行公平合理的激励外,还需根据工程项目的特点,从确保质量出发,本着适才适用、扬长避短的原则来控制人的使用。

在工程监理质量控制中,应从以下几方面来考虑人对质量的影响。

3.2.1.1 领导者的素质

在对施工承包单位进行资质认证和优选时,一定要考核领导层领导者的素质,领导层整体的素质好,必然决策能力强,组织机构健全,管理制度完善,经营作风正派,技术措施得力,社会信誉高,实践经验丰富,善于协作配合。这样,就有利于合同执行,有利于确保质量、投资、进度三大目标的控制。事实证明,领导层的整体素质,是提高工作质量和工程质量的关键,所以在FIDIC合同条款中明文规定,对项目经理、总工程师及计划、财务、质量、主体工程、装饰、试验、机械等主要管理人员的个人经历和能力均要进行考查;监理工程师有权检查承包人员的情况,有权建议撤销承包方的任何施工人员,有权建议业主解除合同,驱逐承包商。这些均有利于加强对承包方人员的控制,促使承包方领导层提高领导素质和管理水平。

3.2.1.2 人的理论、技术水平

人的理论、技术水平直接影响工程质量水平,尤其是对技术复杂、难度大、精度高、工艺新的建筑结构或建筑安装的工序操作,均应选择既有丰富理论知识,又有丰富实践经验的工程技术人员承担。必要时,还应对他们的技术水平予以考虑,进行资质认证。

3.2.1.3 人的生理缺陷

根据工程施工的特点和环境,应严格控制人的生理缺陷,如有高血压、心脏病的人,不能从事高空作业和水下作业;反应迟钝、应变能力差的人,不能操作快速运行、动作复杂的机械设备;视力、听力差的人,不宜参与校正、测量或信号、旗语指挥的作业等。否则,将影响工程质量,引起安全事故,产生质量事故。

3.2.1.4 人的心理行为

人由于要受社会、经济、环境条件和人际关系的影响,要受组织纪律、法律、规章和管理制度的制约,要受劳动分工、生活福利和工资报酬的支配,因此人的劳动态度、注意力、情绪、责任心等在不同地点、不同时期也会有所变化。如个人某种需要未得到满足,或受到批评处分,带着愤懑和怨气等不稳定情绪工作,或上下级关系紧张,产生疑虑、畏惧、抑郁的心理,注意力发生转移,也极容易诱发质量、安全事故。所以,对某些需确保质量、万无一失的关键工序和操作,一定要分析人的心理变化,控制人的思想活动,稳定人的情绪。

3.2.1.5 人的错误行为

人的错误行为,是指人在工作场地或工作中吸烟、打赌、错视、错听、误判断、误动作等,都会影响质量或造成质量事故。所以,应采取措施,预防发生质量和安全事故。

3.2.1.6 人的违纪违章

对人的违纪违章,必须严加教育、及时制止。

此外,应严格禁止无技术资质的人员上岗操作。总之,在使用人的问题上,应从思想素质、业务素质和身体素质等方面综合考虑,全面控制。

3.2.2 材料质量控制

3.2.2.1 材料质量控制的要点

1. 订货前的控制

(1)掌握材料质量、价格、供货能力的信息,选择好的供货厂家,就可获得质量好、价格低的材料资源,从而就可确保工程质量,降低工程造价。为此,对主要材料、设备及构配件在订货前,必须要求承包单位申报,经监理工程师论证同意后,方可订货。

(2)对主要装饰材料及建筑配件,应在订货前要求厂家提供样品或看样订货;主要设备订货时,要审核设备清单是否符合设计要求。

(3)监理工程师协助承包单位合理地、科学地组织材料采购、加工、储备、运输,建立

严密的计划、调度、管理体系,加快材料的周转,减少材料的占用量,按质、按量、如期地满足建设需要。

2. 进货后的控制

(1)对用于工程的主要材料,进场时必须具备正式的出厂合格证和材质化验单。如不具备或对检验证明有怀疑,应补作检验。

(2)工程中所有构件,必须具有厂家批号和出厂合格证。预制钢筋混凝土或预应力钢筋混凝土构件,应按规定的方法进行抽样检验。由于运输、安装等原因出现的构件质量问题,应分析研究,经处理鉴定后方能使用。

(3)凡标志不清或认为质量有问题的材料;对质量保证资料有怀疑或与合同规定不符的一般材料;由工程重要程度决定,应进行一定比例试验的材料;需要进行追踪检验,以控制和保证其质量的材料等,均应进行抽检。对于进口的材料设备和重要工程或关键施工部位所用的材料,则应进行全部检验。

(4)材料质量抽样和检验的方法,应符合建筑材料质量标准与管理规程有关规定,要能反映该批材料的质量性能。对于重要构件或非匀质的材料,还应酌情增加采样的数量。

(5)对进口材料、设备应会同商检局检验,如核对凭证中发现问题,应取得供方和商检人员签署的商务记录,按期提出索赔。

(6)高压电缆、电压绝缘材料要进行耐压试验。

3. 现场配制材料的控制

在现场配制的材料,如混凝土、砂浆、防水材料、防腐材料、保温材料等的配合比,应先提出试配要求,经试配检验合格后才能使用。

4. 现场使用材料的控制

(1)对材料性能、质量标准、适用范围和对施工要求必须充分了解,以便慎重选择和使用材料。

(2)合理地组织材料使用,减少材料的损失,正确按定额计量使用材料,加强运输、仓库、保管工作,加强材料限额管理和发放工作,健全现场管理制度,避免材料损失、变质,确保材料质量。

(3)凡是用于重要结构、部位的材料,使用时必须仔细地核对,检查材料的品种、规格、型号、性能有无错误,是否适合工程特点和满足设计要求。

(4)新材料应用,必须通过试验和鉴定;代用材料必须通过计算和充分的论证,并要符合结构的要求。

(5)要针对工程特点,根据材料的性能、质量标准、适用范围和施工要求等进行综合考虑,慎重选择和使用材料。

3.2.2.2　材料质量控制的内容

1. 掌握材料质量标准

材料质量标准是用以衡量材料质量的尺度,也是验收、检验材料质量的依据。不同的材料有不同的质量标准,如水泥的质量标准有细度、标准稠度用水量、凝结时间、强度、体积安定性等。掌握材料的质量标准,就便于可靠地控制材料和工程的质量。

2. 材料质量的检(试)验

(1)材料质量检验的目的。材料质量检验的目的是通过一系列的检测手段,将所取得的材料数据与材料的质量标准相比较，借以判断材料质量的可靠性，能否使用于工程中，同时还有利于掌握材料信息。

（2）材料质量检验的方法。材料质量检验的方法有书面检验、外观检验、理化检验和无损检验等四种。

书面检验，是通过对提供的材料质量保证资料、试验报告等进行审核，取得认可方能使用。

外观检验，是对材料从品种、规格、标志、外形尺寸等进行直观检查，看其有无质量问题。

理化检验，是借助试验设备和仪器对材料样品的化学成分、机械性能等进行科学的鉴定。

无损检验，是在不破坏材料样品的前提下，利用 X 射线、超声波、表面探伤仪等进行检测。

3. 材料质量检验程度

根据材料信息和保证资料的具体情况，其质量检验程度分免检、抽检和全部检验三种。

（1）免检，就是免去质量检验过程。对有足够质量保证的一般材料，以及实践证明质量长期稳定，且质量保证资料齐全的材料，可予免检。

（2）抽检，就是按随机抽样的方法对材料进行抽样检验。当对材料的性能不清楚，或对质量保证资料有怀疑时，均应按一定比例进行抽样检验。

（3）全部检验。凡对进口的材料、设备和重要工程部位的材料，以及贵重的材料，应进行全部检验，以确保材料和工程质量。

4. 材料质量检验项目

材料质量检验项目有："一般试验项目"，为通常进行的试验项目；"其他试验项目"，为根据需要进行的试验项目。如水泥一般要进行标准稠度、凝结时间、抗压和抗折强度检验；若是小厂水泥，往往由于体积安定性不好，还应进行体积安定性检验。

5. 材料质量检验的取样

材料质量检验的取样必须有代表性，即所采取样品的质量应能代表该批材料的质量。在采取试样时，必须按规定的部位、数量及采选的操作要求进行。

3.2.3 施工机械设备控制

从保证项目施工质量角度出发，监理工程师应着重从机械设备的选型、机械设备的主要性能参数和机械设备的使用操作要求等三方面予以控制。在项目施工阶段，监理工程师必须综合考虑施工现场条件、建筑结构形式、机械设备性能、施工工艺和方法、施工组织管理、建筑技术经济等各种因素，审核承包单位机械化施工方案。

3.2.3.1 机械设备的选型

机械设备的选型，应按照技术上先进、经济上合理、生产上适用、性能上可靠、使用上安全、操作上方便和维修方便等原则，贯彻执行机械化、半机械化与改良工具相结合的方针，突出机械与施工相结合的特色，使其具有工程的适用性，具有保证工程质量的可靠性，具有使用操作的方便性和安全性。

3.2.3.2 机械设备的主要性能参数

机械设备的主要性能参数是选择机械设备的依据，要能满足施工需要和保证质量的要求。

3.2.3.3 机械设备的使用、操作要求

合理使用机械设备，正确地进行操作，是保证项目施工质量的重要环节，应贯彻“人机固定”原则，实行定机、定人、定岗位责任的“三定”制度。操作人员必须认真执行各项规章制度，严格遵守操作规程，防止出现安全质量事故。

3.2.4 施工方法控制

施工方法正确与否，是直接影响工程项目的进度、质量、投资三大目标能否顺利实现的关键。往往由于施工方法考虑不周而拖延进度，影响质量，增加投资。为此，监理工程师在审核施工方法时，必须结合工程实际，从技术、组织、管理、工艺、操作、经济等方面进行全面分析、综合考虑，力求方法技术可行、经济合理、工艺先进、措施得力、操作方便，有利于提高质量、加快进度、降低成本。

3.2.5 环境因素控制

影响工程项目质量的环境因素较多，主要有技术环境、施工管理环境及自然环境。

技术环境因素包括施工所用的规程、规范、设计图纸及质量评定标准。

施工管理环境因素包括质量保证体系、三检制、质量管理制度、质量签证制度、质量奖惩制度等。

自然环境因素包括工程地质、水文、气象、温度等。

上述环境因素对施工质量的影响具有复杂而多变的特点，尤其某些环境因素更是如此。如气象条件千变万化，温度、大风、暴雨、酷暑、严寒等均影响到施工质量。为此，监理工程师要根据工程特点和具体条件，采取有效的措施，严格控制影响质量的环境因素，确保工程项目质量。

3.3 施工质量控制流程

3.3.1 图纸会审

施工图是工程施工的直接依据，图纸会审是监理单位、设计单位和施工单位进行质量控制的重要手段，也是使监理工程师和施工单位通过审查熟悉设计图纸，了解工程特点、设计意图和关键部位的工程质量要求，发现和减少设计差错的重要方法。

施工图纸会审通常是由监理工程师组织施工单位、设计单位参加进行的。首先，由设计单位介绍设计意图和设计图纸、设计特点、对施工的要求和技术关键问题。然后，由各方面代表对设计图纸中存在问题及对设计单位的要求进行讨论、协商，解决存在的问题和澄清疑点，并写出会议纪要。

对于在图纸会审纪要中提出的问题，设计单位应通过书面形式进行解释或提交设计变更通知书。若施工图是由施工单位编制和提供的，则应由该施工单位针对会审中提出的问题修改施工图纸，然后上报监理工程师审查，在获得批准和确认后，才能按该施工图

进行施工。

图纸审查的内容主要包括以下几个方面：

(1)施工图纸设计者(设计单位或施工单位)合法资格的认定，以及图纸审核手续是否符合规定的要求，是否经设计单位正式签署。

(2)图纸与说明书是否齐全，是否符合监理大纲提出的要求。

(3)设计是否满足规定的要求(如抗震烈度、安全防火、环境卫生等要求)。

(4)图纸中有无遗漏、差错或相互矛盾之处。图纸的表示方法是否清楚和符合标准等。

(5)地质及水文地质等基础资料是否充分、可靠。

(6)所需材料的来源有无保证，能否替代；新材料、新技术的采用有无问题。

(7)所提出的施工工艺、方法是否合理，是否切合实际，是否存在不便于施工之处，能否保证质量要求。

(8)施工图或说明书中所涉及的各种标准、图册、规范、规程等，施工单位是否具备。

3.3.2　设计交底

设计交底应在工程施工前，由监理工程师组织设计单位向施工单位有关人员进行。设计交底程序是：首先，由设计单位介绍设计意图、结构特点、施工及工艺要求、技术措施和有关注意事项及关键问题；其次，由施工单位提出图纸中存在的问题和疑点，以及需要解决的技术难题；最后，通过三方研究和商讨，拟定出解决的方法，并写出会议纪要，以作为对设计图纸的补充、修改以及施工的依据。

设计交底的内容主要包括以下几方面：

(1)有关的地形、地貌、水文气象、工程地质及水文地质等自然条件方面。

(2)施工图设计依据方面：包括初步设计文件、主管部门及其他部门(如规划、环保、农业、交通、旅游等)的要求、采用的主要设计规范、业主提供或市场供应的建筑材料情况等。

(3)设计意图方面：诸如设计思想、设计方案比较的情况、基础开挖及基础处理方案、结构设计意图、设备安装和调试要求、施工进度与工期安排等。

(4)施工应注意事项方面：如基础处理的要求、对建筑材料方面的要求、主体工程设计中采用新结构或新工艺对施工提出的要求、为实现进度安排而应采用的施工组织和技术保证措施等。

3.3.3　对原始基准点、基准线和参考标高的复核和工程放线的检查

为了使承包商进场后能尽快开始工程施工，监理工程师应要求承包商对工程师书面给定的原始基准点、基准线和参考标高进行复核，并将上述复核结果填写在《施工放样报验单》中，上报监理工程师进行审查。在获得批准后，承包商应根据批准的原始基准点、基准线和参考标高，对工程进行准确放线，并对工程所有的位置、标高、尺寸及其正确性负责。承包人还应提供与上述责任有关的一切必要的仪器、装置和劳务。在工程施工期间，如果工程任何部分的位置、标高、尺寸或基准线出现任何差错，当监理工程师要求对此进行纠正时，承包商应纠正此类差错，直至工程师满意。

需要指出的是,监理工程师对任何放线工作或基准、标高的检查,均不能在任何方面解除承包商对上述各项工作的精度所负的责任。

然而,如果能确实肯定是由于监理工程师提供的数据不正确而招致工程任何部分的位置、标高、尺寸或基准线的差错,则其费用可由承包商从业主处得到补偿。

3.3.4 施工文件的审查

在施工招标阶段,施工承包商根据标书中表明的施工任务、技术要求、施工工期及施工现场的自然条件,曾制定过施工组织设计,这一施工组织设计是承包商投标书的重要组成部分。承包商中标后,投标阶段所编制的施工组织设计也自然成为工程承包合同文件的组成部分。然而,承包商进行现场施工时,仍必须对每一单位工程制定更为具体的施工组织设计,详细说明如何实施该单位工程的施工,并保证其质量。对于某些特别重要的和复杂的或者缺乏施工经验的分部(分项)工程还应编写专门的、详尽的分部(分项)工程施工设计文件。不论属哪一种情况,监理工程师均要对承包商编制的单位工程施工组织设计和分部(分项)施工设计文件进行审查。

施工承包商应将所制定的施工组织设计及时报送监理工程师审查。监理工程师审查时应着重注意以下方面:

(1)承包商所选用的施工机械设备的型号、类型、性能、数量等,能否满足施工进度和施工质量的要求。

(2)拟采用的施工方法、施工方案在技术上是否可行,对质量有无保证。

(3)各施工工序之间是否平衡,会不会因工序的不平衡而出现窝工。

(4)质量控制点的设置是否正确,其检验方法、检验频率、检验标准是否符合合同技术规范的要求。

(5)计量方法是否符合合同的规定。

(6)技术保证措施是否切实可行。

(7)施工安全技术措施是否切实可行等。

监理工程师在对施工承包商的施工组织设计进行仔细审查后提出意见和建议,并用书面形式答复承包商是否批准施工组织设计,是否需要修改。如果需要修改,承包商应对施工组织设计进行修改后提出新的施工方案,再次请监理工程师审查,直至批准为止。在施工组织设计获得批准后,承包商就应严格遵照批准的施工组织设计实施。根据合同条件的规定,监理工程师对施工方案的批准,并不解除承包商对此方案应负的责任。

在施工过程中,监理工程师有权随时随地检查已批准的施工组织设计的实施情况。如果发现施工承包商有违背之处,监理工程师应首先以口头,然后用书面形式指出承包商违背施工组织设计的行为,并要求予以改正。如果承包商坚持不予以改正,监理工程师有权发布暂停令,停止其施工。

3.3.5 施工准备的检查

3.3.5.1 对承包商组织机构和人员的审查

在合同项目开工前,承包商应向监理工程师呈报现场组织机构表及各主要岗位的人员名单和他们的主要资历,监理工程师应认真予以审查。对于各现场机构的技术人员的配置,应要求承包商提供与工程施工和竣工以及修补其任何缺陷有关的人员,包括熟悉他们各自行业的、有经验的技术助理及有能力对工程进行正确监督的工长和领班,以及为使承包商能恰当并按期履行合同义务所需的熟练的、半熟练的技工和普工,确保承包单位各级人员的素质。

根据承包商雇员在工作中的实际表现,监理工程师有权反对并要求承包商立即从该工程撤掉由承包商提供的而监理工程师认为是渎职者或不能胜任工作或玩忽职守的人员,以及监理工程师从其他方面考虑认为不宜留在现场的人员,而且没有监理工程师的同意,不得允许这些人员重新从事该工程的该项工作。从该工程撤走的任何此类人员,应尽快予以更换。

3.3.5.2 承包商工地试验室和试验计量设备的检查

为了能实施工程质量控制,工地试验室是一个十分重要的部门,它负责原材料试验、混凝土级配试验、强度试验、各种混合料试验以及其他各种现场试验。因此,开工前必须要求承包商建立自己的工地试验室,配置必要的试验设备和合格的试验技术人员,以满足开展工程所必需的各种常规试验的需要。

一般在合同中规定了承包商试验室必须从事的试验项目及试验室需要配置的设备清单,监理工程师应逐项进行检查,并且对于试验计量设备要求有合格证和率定表,以检查其计量的准确性。

根据国家规定,材料试验室的资格需要得到国家技术监督部门的质量认证,其试验结果才能有效。

3.3.5.3 对施工机具、设备的检查

为了保证合同项目建设的顺利开工,承包商在开工前应提交施工机具、设备进场的计划,这一计划应与施工进度计划相适应。根据施工进度及所需完成的工程量、工种、施工强度,确定所需的施工机具类型、型号、性能、数量及其进场的时间。监理工程师应审查承包商的施工机具、设备进场计划,以确定这一计划能否满足施工进度的需要。在该计划得到批准后,承包商应按计划组织机具设备进场并上报监理工程师。监理工程师应根据计划对进场的施工机具设备的类型、型号、性能、数量,以及这些机具设备的实际状况进行检查。如果发现有不符合进场计划的情况,或进场机具设备性能不符合要求,监理工程师应书面通知承包商进行更换和补充。

3.3.5.4 对原材料、成品、半成品的检查

用于工程的原材料,应检查其规格性能是否符合设计要求。凡没有出厂合格证的水泥、掺合料、外加剂、金属、化工、电工等材料,每批产品均需经过检查鉴定。对于混凝土结构、金属结构、木结构的预制件及半成品的质量,也需事先进行鉴定。对于机电设备及金属结构,应检查其是否有出厂合格证,对在运输和存放过程中发生的变形、锈蚀、受潮、损坏等问题,是否已妥善处理。仪表、自动化元件、观测仪器和预埋件等,也需责成有关部门进行检查。

对于在一定时段内需要连续施工的工程(如混凝土浇筑、灌浆等),还需检查其材料和施工设备、机具配置数量能否满足计划时段内连续施工的需要。

3.3.5.5 对质量保证体系的检查

按照全面质量管理的观点，质量保证绝不是单一的质量管理、监督部门的事。为确保工程质量，施工承包商应充分发挥内部各部门、各岗位的特定质量职能，使其各尽质量保证的责任，建立承包商的质量保证体系。

监理工程师应从质量保证体制和人员、质量保证手册、质量保证体系图、质量信息反馈系统等四个方面审查承包商的质量保证体系。同时，监理工程师应督促承包商健全质量保证机构，并制定相应的职责，以确保质量保证工作的正常开展。

此外，还需检查附属工程、大型临时设施、防冻与降温措施、防自然灾害措施、保养和保护措施、劳动组织和技工水平，以及技术交底情况。

3.3.6 施工过程质量管理

3.3.6.1 对施工单位施工质量管理的监控

(1)对施工单位的质量控制自检系统进行监督，使其能在质量管理中始终发挥良好作用。如在施工中发现其不能胜任的质量控制人员，可要求承包方予以撤换；当其组织不完善时，应促使其改进、完善。

(2)监督与协助施工承包方完善工序质量控制，使其能将影响工序质量的因素自始至终都纳入质量管理范围；督促承包方对重要的和复杂的施工项目或工序要做为重点设立质量控制点，加强控制；及时检查与审核施工承包方提交的质量统计分析资料和质量控制图表；对于重要的工程部位或专业工程，监理单位还要再进行试验和复核。

3.3.6.2 在施工过程中进行质量跟踪监控

(1)在施工过程中监理工程师要进行跟踪监控，监督承包方的各项工程活动，随时密切注意承包方在施工准备阶段中对影响工程质量的各方面因素所做的安排，在施工过程中是否发生了不利于保证工程质量的变化，诸如施工材料质量、混合料的配合比、施工机械的运行与使用情况、计量设备的准确性，上岗人员组成和变化，以及工艺与操作等情况是否始终符合要求。若发现承包方有违反合同规定的行为或质量不符合要求，监理工程师有权要求承包方予以处理，直到使监理工程师满意。必要时，监理工程师还有权指令承包方暂时停工加以解决。

(2)严格工序间的交接检查。对于主要工序作业和隐蔽作业，通常要按有关规范要求，由监理工程师在规定的时间内检查、确认其质量符合要求后，才能进行下道工序。

(3)建立施工质量跟踪档案。

监理工程师为了对施工承包单位所进行的每一分项或分部工程的各个工序质量实施严密、细致和有效的监督、控制，国内外的工程建设中常把建立施工跟踪档案作为一项十分重要的工作予以实施。

所谓施工质量跟踪档案，实质上是施工或安装记录，在我国叫作施工记录。它是针对各分部、分项工程所建立的，在施工承包单位进行工程对象施工或安装期间，实施质量控制活动的记录，还包括监理工程师对这些质量控制活动的意见以及施工承包单位对这些意见的答复，它详细地记录了工程施工阶段质量控制活动的全过程。因此，它不仅在工程施工期间对工程质量的控制有重要作用，而且在工程竣工和投入运行后，对于查询和了解工程建设的质量情况以及工程维修和管理也能提供大量有用的资料和信息。

施工质量跟踪档案是在工程施工或安装开始前，由监理工程师帮助施工单位首先研究并列出各施工对象的质量跟踪档案清单。施工单位应在各建筑、安装对象施工前二周建立相应的质量跟踪档案并公布有关资料。随着施工的进行，施工单位应不断补充和填写关于材料、半成品生产或建筑物施工、安装的有关内容，记录新的情况。当每一阶段的建筑物施工或安装工作完成后，相应的施工质量跟踪档案也应随之完成，施工单位应在相应的跟踪档案上签字、留档，并送交监理工程师一份。

3.3.6.3 施工过程中的检查验收

(1)工序产品的检查、验收。对于各工序的产出品，应先由施工单位按规定进行自检，自检合格后向监理工程师提交“质量验收通知单”。监理工程师收到通知单后，应在合同规定的时间内及时对其质量进行检查，确认其质量合格并签发质量验收单后，方可进行下道工序的施工。

(2)重要的工程部位、工序和专业工程，或监理工程师对施工单位的施工质量状况未能确信者，以及重要的材料、半成品的使用等，还需由监理方亲自进行试验或技术复核。例如在公路路面摊铺现场测定沥青的温度、路基或填土压实的现场抽取试样检验等。

3.3.6.4 下达停工指令控制施工质量

在出现下列情况时，监理工程师有权行使质量控制权，下达停工令，及时进行质量控制。

(1)施工中出现质量异常情况，经提出后，施工单位未采取有效措施，或采取措施不力，未能扭转这种情况。

(2)隐蔽作业未经查验确认合格，而擅自封闭。

(3)已发生质量事故迟迟未按监理工程师要求进行处理，或者是已发生质量缺陷或事故，如不停工则质量缺陷或事故将继续发展。

(4)未经监理工程师审查同意，而擅自变更设计进行施工。

(5)未经技术资格审查的人员或不合格人员进入现场施工。

(6)使用的原材料、构配件不合格或未经检查确认，或擅自采用未经审查认可的代用材料。

(7)擅自使用未经监理单位审查认可的分包商进场施工。

3.3.7 设置质量控制点

质量控制点是施工质量控制的重点，设置质量控制点就是要根据工程项目的特点，抓住影响工序施工质量的主要因素。对工序活动中的重要部位或薄弱环节，事先分析影响质量的原因，并提出相应的措施，以便进行预控。不论是结构部位，还是影响质量的关键工序、操作、施工顺序、技术参数、材料、机械、施工环境等，均可作为质量控制点来控制。概括来说，应当选择那些保证质量难度大的、对质量影响大的或者是发生质量问题时危害大的对象作为质量控制点。

质量控制点的选择要准确、有效，为此，一方面需要有经验的工程技术人员来进行选择，另一方面也要集思广议，集中群体智慧由有关人员充分研究讨论，在此基础上进行选择。选择时,要根据对重要的质量特性进行重点控制的要求,选择质量控制的重点部位、重点工序和重点的质量因素作为质量控制点,进行重点控制和预控,这是进行质量控制的有效方法。

3.3.8 质量控制中的见证点和停止点

所谓见证点和停止点,是国际上对于重要程度不同及监督控制要求不同的质量控制对象的一种区分方式。实际上它们都是质量控制点,只是由于它们的重要性或其质量后果影响程度有所不同,所以在实施监督控制时的运作程序和监督要求也有所区别,现分述如下。

3.3.8.1 见证点

1. 见证点的概念

见证点(或截留点)监督也称为W点监督。凡是列为见证点的质量控制对象,在规定的关键工序(控制点)施工前,施工单位应提前通知监理人员在约定的时间内到现场进行见证和对其施工实施监督。如果监理人员未能在约定的时间内到现场见证和监督,则施工单位有权进行该W点的相应的工序操作和施工。

2. 见证点的监理实施程序

见证点的监理实施程序如下:

(1)施工单位应在到达某个见证点(质量控制点)之前一定时间,例如24 h前,书面通知监理工程师,说明将到达该见证点准备施工的日期与时间,请监理人员届时到现场进行见证和监督。

(2)监理工程师收到通知后,应在“施工跟踪档案”上注明收到该通知的日期并签字。

(3)监理人员应按规定的时间到现场见证。对该质量控制点的实施过程进行认真的监督、检查,并在见证表上详细记录该项工作所在的建筑物部位、工作内容、数量、质量及工时等后签字,作为凭证。

(4)如果监理人员在规定的时间未能到现场见证,施工单位可以认为已获得监理工程师认可,有权进行施工。

(5)如果在此之前监理单位已到过现场检查,并将有关意见写在施工质量跟踪档案中,则施工单位应在该意见旁写明其根据该意见已采取的改进措施,或者写明某些具体意见。

3.3.8.2 停止点

1. 停止点的概念

停止点也称为待检点或H点,它是重要性高于见证点的质量控制点。它通常是针对特殊过程或特殊工序而言的。所谓特殊过程,通常是指该施工过程或工序施工质量不易或不能通过其后的检验和试验而充分得到验证。因此,对于某些施工质量不能依靠其后的检验来把关或难以在以后检验其内在质量的工序或施工过程,或者是某些万一发生质量事故则难以挽救的施工对象,就应设置停止点。凡列为停止点的控制对象,要求必须在规定的控制点到来之前通知监理方派员对控制点实施监控,如果监理方未在约定的时间到现场监督、检查,施工单位应停止进入该H点相应的工序,并按合同规定等待监理方,未经认可不能越过该点继续活动。例如,某些重要的预应力钢筋混凝土结构或构件的预应力张拉工序;某些重要的钢筋混凝土结构在钢筋架立后,混凝土浇注之前;重要的重型设备基础预埋螺栓的定位等均可设置停止点。

2. 停止点的监理实施程序

停止点的监理实施程序与上述见证点实施程序不同,如果监理人员未能在规定时间内到达待检点的现场,施工承包单位不得进行该工作。事后监理方应在施工质量跟踪档案中说明未能到现场的原因,然后双方重新约定监理检查时间。

在实际工程实施质量控制时,通常是由工程承包单位在分项工程施工前制订施工计划时,选定质量控制点,并在相应的质量计划中再进一步明确哪些是见证点,哪些是停止点,施工单位应将该施工计划及质量计划提交监理工程师审批。如监理工程师对上述计划及见证点与停止点的设置有不同的意见,应书面通知施工单位,要求予以修改,修改后再上报监理工程师审批后执行。

3.3.9　工程质量的检验

质量检验就是根据一定的质量标准,借助一定的检测手段来评估工程产品、材料或设备等性能特征或质量状况的工作。

3.3.9.1　质量检验的作用

质量检验是监理单位监督、控制施工单位施工质量的十分重要的、必不可少的手段。概括起来,质量检验的主要作用如下:

(1)质量检验是质量保证与质量控制的重要手段。为了保证工程质量,在质量控制中,需要将工程产品或材料、半成品等的实际质量状况(质量特性等)与规定的标准进行比较,以便判断其质量状况是否符合要求的标准,这就需要通过质量检验手段来检测实际情况。

(2)质量检验为质量分析与质量控制提供了所需依据的有关技术数据和信息,所以它是质量分析、质量控制与质量保证的基础。

(3)通过对进场材料、半成品、构配件及其他器材进行全面的质量检验工作,可以达到监督与保证承包单位使用质量合格的材料,避免因材料的质量问题而导致工程质量事故的发生。

(4)在施工过程中,施工单位通过对施工工序的检验取得数据,可以及时判断质量情况,采取措施,防止质量问题的延续与积累。监理单位则可借助检验资料数据,分析判断质量是否合格,如不合格,采取措施加以补救。

显然,工程质量检验可以为质量管理与质量控制及时提供所需的数据资料,用检验的数据和所反映的实际情况来分析、判断工程的质量状况,找出质量规律,有针对性地采取控制措施,达到质量控制的目的,确保工程质量及工程的可靠性与安全性。

3.3.9.2　质量检验的方法

现场所用原材料、半成品、工序过程或工程产品质量进行检验的方法,一般可分为三类,即目测法,量测法以及试验法。

(1)目测法,即凭借感官进行检查。这类方法主要是根据质量要求,采用看、摸、敲、照等方法对检查对象进行检查。

(2)量测法,就是利用量测工具或计量仪表,通过实际量测结果与规定的质量标准或规范的要求相对照,从而判断质量是否符合要求。量测的手法可归纳为“靠、吊、量、套”。

(3)试验法,指通过现场试验或试验室试验等理化试验手段,取得数据,分析判断质量情况。包括:

①理化试验。工程中常用的理化试验包括各种物理、力学性能方面的检验和化学成分及含量的测定等。力学性能方面的检验即各种力学指标的测定,如抗拉强度、抗压强度、抗弯强度、抗折强度、冲击韧性、硬度、承载力等。各种物理性能方面的测定,如密度、含水量、凝结时间、安定性、抗渗、耐磨、耐热等。各种化学方面的试验,如化学成分及其含量的测定(例如钢筋中的磷、硫含量,混凝土粗骨料中的活性氧化硅成分测定等),以及耐酸、耐碱、抗腐蚀等。此外,必要时还可在现场通过诸如对桩或地基的现场静载试验或打试桩,确定其承载力;对混凝土现场取样,通过试验室的抗压强度试验,确定混凝土达到的强度等级;通过管道压水试验判断其耐压及渗漏情况等。

②无损测试或检验,借助专门的仪器、仪表等手段探测结构物或材料、设备内部组织结构或损伤状态。它们一般可以在不损伤被探测物的情况下了解被探测物的质量情况。

3.3.9.3　质量检验的分类

按质量检验的程度,即检验对象被检验的数量划分,可有以下几类:

(1)全数检验。全数检验也叫普遍检验,它主要用于关键工序部位或隐蔽工程,以及那些在技术规程、质量检验标准或设计文件中有明确规定应进行全数检验的对象。

(2)抽样检验。对于主要的建筑材料、半成品或工程产品等,由于数量大,通常大多采取抽样检验。

(3)免检。即在某种情况下,可以免去质量检验过程。

3.3.9.4　质量检验必须具备的条件

监理单位对施工单位进行有效的质量监督控制是以质量检测为基础的,为了保证质量检验的工作质量,必须具备一定的条件,如:

(1)监理单位要具有足够的检验技术力量。要配备所需的各类具有相应水平和资格的质量检验人员。必要时,还应建立可靠的对外委托检验关系。

(2)监理单位应建立一套完善的管理制度,包括建立质量检验人员的岗位责任制、检验设备质量保证制度、检验人员技术核定与培训制度、检验技术规程与标准实施制度,以及检验资料档案管理制度等。

(3)配备符合标准及满足检验工作需要的检验和测试手段。

(4)具备适宜检验的工作条件:①检验工作必需的工作环境条件,如场地、工作面、照明、安全条件等;②检验标准规定的技术环境条件;③质量检验所需的评价标准条件,即技术标准,如国际标准、国家标准、部颁及地方标准等。

3.3.10　工程验收

3.3.10.1　分部工程的验收

(1)对施工过程完成的分部工程进行中间验收。中间验收也叫中期验收或工程师验收。一项分部工程完成后，施工单位应对其先进行自检，确认合格后，再向监理工程师提交一份“中间（中期）交工证书”，请求监理工程师予以检查、确认。监理工程师可按合同文件的要求，根据施工图纸及有关文件、规范、标准等，从产品外观、几何尺寸以及内在质量等方面进行检查、审核，如确认其质量符合要求，则签发“中间交工证书”予以验收。如有质量缺陷，则指令施工单位进行处理，待质量合乎要求后再予以验收。

（2）在分部工程根据合同要求进行中间验收的同时，还应当根据工程性质，按各有关行业的工程质量检验评定的国家标准或部颁标准，对分部、分项工程进行质量等级的评定。

3.3.10.2 参与单位工程或整个工程项目的竣工验收

在一项单位工程完工后或整个工程项目完成后，施工承包单位应先进行竣工自验，自验合格后，向监理工程师提出竣工验收申请，监理工程师应协助建设单位组织竣工验收，其主要工作包括以下几个方面：

（1）审查施工承包单位提交的竣工验收所需文件资料，包括各种质量检查、试验报告以及各种有关的技术性文件等。若所提交的验收文件、资料不齐全或有相互矛盾和不符之处，应指令施工单位补充及核实。

（2）审核施工单位提交的竣工图，并与已完工程、有关的技术文件（如设计图纸、设计变更文件、施工记录及其他文件）对照进行核查。

（3）监理工程师参与拟验收工程项目的现场初验，如发现质量问题，应指令施工单位进行处理。

（4）对拟验收项目初验合格后，即可上报业主组织由业主、施工承包单位、设计单位和政府质量监督部门等参加的正式验收。

（5）与竣工验收同时，会同政府质量监督部门及其他有关单位进行单位或单项工程的质量等级评定工作。

3.3.11 设计变更

在工程施工过程中，无论是建设单位还是施工单位及设计单位提出的工程变更或图纸修改，都应通过监理工程师审查并组织有关方面研究，确认其必要性后，由监理工程师发布变更指令方能生效予以实施。

3.4 施工质量控制方法

3.4.1 测量

测量是建筑对象几何尺寸、方位等控制的重要手段。施工前，监理人员应对施工放线及高程控制进行检查，严格控制，不合格者不得施工；有些在施工过程中也应随时注意控制，发现偏差，及时纠正；中间验收时，对于几何尺寸等不符合要求者，应指令施工单位处理。

3.4.2 见证取样

见证取样和送检制度是指在监理单位见证员见证下，对进入施工现场的有关建筑材料，由施工单位专职材料试验人员——取样员在现场取样或制作试件后，送至符合资质资格管理要求的试验室进行试验的一个程序。见证取样涉及三方行为：施工方、见证方、试验方。

3.4.2.1 见证要求

(1)见证试验室必须是通过省(或省以上)技术监督局的计量(CMA)和质量(CMC)认证，并且有省(或省以上)质监部门颁发的乙级(含乙级)以上试验检测资质证书的试验室。

(2)见证人必须持有试验检测资格证书，见证人对见证样品的代表性、真实性负责。

(3)试样或其包装上应作出标识、封。标识和封应标明样品名称、样品数量、工程名称、取样部位、取样日期，并有取样人和见证人签字。

(4)承担有见证试验的试验室，在检查确认试样上的见证标识、封无误后方可进行试验，否则应拒绝试验。

(5)见证试验报告单必须由见证人签名盖章，而且加盖“见证试验”专用章。

3.4.2.2 见证人员

见证人员必须取得见证员证书，通过业主授权，并且授权后只能承担所授权工程的见证工作。对进入施工现场的所有建筑材料，必须按规范要求实行见证取样和送检试验，试验报告纳入质保资料。

3.4.2.3 见证取样和送检的程序

(1)取样。

施工单位：材料取样和试件制作。

见证人员：①对材料取样和试件制作见证；②在试件或其包装上作标记；③填写见证记录台账。

(2)送检：取样后，将试件从现场移交给试验单位的过程。

(3)收件。

(4)试验报告。试验报告的五点要求：①试验报告应电脑打印；②试验报告采用省统一用表；③试验报告签名一定要手签；④试验报告应有“有见证检验”专用章统一格式；⑤注明见证人的姓名。

(5)报告领取。

第一种情况：检验结果合格，由施工单位领取报告，办理签收登记。

第二种情况：检验结果不合格，试验单位通知见证人上报监督站。由见证人领取试验报告。

在见证取样和送检试验报告中，试验室应在报告备注栏中注明见证人，加盖有“有见证检验”专用章，不得再加盖“仅对来样负责”的印章。一旦发生试验不合格情况，应立即通知监督该工程的建设工程质量监督机构和见证单位，有出现试验不合格而需要按有关规定重新加倍取样复试时，还需按见证取样送检程序来执行。

未注明见证人和无"有见证检验"章的试验报告,不得作为质量保证资料和竣工验收资料。

材料进场要登记台账,见证取样送检试验记录要登记台账。

3.4.3 旁站监理

旁站监理是指监理人员对关键部位、关键工序(质量控制点、见证点及停止点)的施工实施全过程现场跟班的监督活动。旁站监理是驻地监理人员的一种主要现场检查形式。监理单位在编制监理规划和监理细则时,应明确旁站监理的范围、内容和旁站监理人员的职责。施工单位根据监理规划和监理细则中的要求,在需要实施旁站监理的关键部位、关键工序进行施工前24 h,以书面的形式通知驻工地的项目监理机构(驻地监理),项目监理机构及时安排监理人员实施旁站监理。

旁站监理人员的主要职责:

(1)检查施工企业现场质检人员到岗、特殊工种人员持证上岗及施工机械、建筑材料准备情况;

(2)在现场跟班监督关键部位、关键工序的施工执行施工方案以及工程建设强制性标准情况;

(3)检查现场建筑材料、建筑构配件、设备和商品混凝土的质量检验报告等,并可在现场监督施工单位进行检验或者委托具有资格的第三方进行复验;

(4)做好旁站监理记录和监理日记,保存旁站监理原始材料。

旁站监理人员对需要实施旁站监理的关键部位、关键工序在施工现场跟班监督,及时发现和处理旁站监理过程中出现的质量问题,如实、准确地做好旁站监理记录。凡施工单位现场质检人员和旁站监理人员未在旁站监理记录上签字的,不得进行下一道工序施工。旁站监理人员发现施工单位有违反工程建设强制性标准行为的,有权责令施工单位立即整改;发现其施工活动已经或者可能危及工程质量的,应当及时向监理工程师或者总监理工程师报告,由总监理工程师下达局部暂停施工指令或者采取其他应急措施。

旁站监理记录是监理工程师或者总监理工程师依法行使有关签字权的重要依据,对于需要旁站监理的关键部位、关键工序施工,凡没有实施旁站监理或者没有旁站监理记录的,监理工程师或者总监理工程师不得在相应文件上签字。工程竣工验收后,监理单位应当将旁站监理记录存档备查。

旁站监理记录要求有:

(1)以单位工程为单位做好旁站监理记录,并以单位工程装订成册,保存旁站监理原始资料。

(2)对实施旁站监理的施工部位,监理人员应跟班监督,及时发现和处理旁站过程中出现的质量问题,如实、准确地做好旁站监理记录。

(3)根据旁站监理的部位和工序不同,可由1~2人或多人同时进行旁站监理。旁站监理人员应各自做好旁站监理记录,按要求填好旁站监理记录表。

3.4.4 巡视监理

巡视监理是采用定期或不定期的巡视检查。在实施巡视检查时可用以下两种方法：

一是巡视检查正在作业的部位或工序，应随时发现问题随时处理。

二是巡视检查已施工完毕的部位：

(1)随机检查已施工完毕的部位；

(2)如发现问题，可用量测或检测的方法进行检查。

(3)经量测或检测，如不符合要求，应按下列规定进行处理：

①经返工重做，重新进行验收。

②经有资质的检测单位检测鉴定能达到设计要求的，应予以验收。

③经有资质的检测单位检测鉴定达不到设计要求，但经原设计单位核算认可能够满足结构安全和使用功能的检验批，可予以验收。

④经返修或加固处理的分项、分部工程，虽然改变外形尺寸，但仍能满足安全使用要求，可按技术处理方案和协商文件进行验收。

在执行巡视检查后，应按要求填好巡视监理记录表。必要时，可由监理工程师或总监理工程师签发巡视监理备忘录。

3.4.5 平行检验

所谓平行检验，是指一方是承包单位对自己负责施工的工程项目进行检查验收，而另一方是监理机构，受建设单位的委托，在施工单位自检的基础上，按照一定的比例，对工程项目进行独立检查和验收。

项目监理机构利用一定的检查或检测手段，在承包单位自检的基础上，按照一定的比例独立进行检查或检测的活动。

3.4.6 第三方验证检测

第三方验证检测是指建设单位在工程按照现行国家有关规定进行见证取样检测的基础上，委托具有相应资质的检测单位对建筑材料、建筑构配件及工程实体质量进行的验证检测。

第三方验证检测单位应具备监督检测资格。建设单位应按照国家和省、市有关计费标准在项目设计概算中单独计列第三方验证检测费用。

建筑材料、建筑构配件的第三方验证检测内容包括国家有关质量验收规范规定需进场复试的所有检测项目，检测数量应不少于质量验收规范规定的30%。

第三方验证检测应包括地基基础、主体结构等重要部位，并按照国家有关规范标准和技术规程执行。

验证检测内容主要包括混凝土抗压强度、钢筋保护层厚度、现浇混凝土楼板厚度、钢筋数量及间距、植筋锚固力等。

(1)混凝土抗压强度检测应涵盖所有设计强度等级，以竖向构件为主，设计强度等级C50及以上的构件采用钻芯法检测，设计强度等级C45及以下的构件采用回弹(钻芯修正)法检测,工程地基与基础、首层和顶层必须检测,且每个混凝土强度等级至少检测一个楼层。

(2)钢筋保护层厚度检测时,悬挑构件所占比例不宜小于50%。

(3)现浇混凝土楼板厚度检测楼层数量不少于建筑总层数的30%,每楼层检测楼板数量不少于该层楼板构件总数的10%,且不少于3块。

(4)钢筋数量及间距主要检测楼板、墙类构件钢筋分布及梁、柱构件钢筋数量。

(5)植筋锚固力主要检测填充墙与承重墙、柱、梁采用化学植筋连接的钢筋。

验证检测结果不合格的,建设单位应委托政府指定的专家组进行技术论证,并根据有关规定对实体质量进行论证检测。

3.4.7 指令文件

指令文件是运用监理工程师指令控制权的具体形式。所谓指令文件,是指监理工程师对施工承包单位提出指示和要求的书面文件,用以向施工单位指出施工中存在的问题,提请施工单位注意,以及向施工单位提出要求或指示其做什么或不做什么等。监理工程师的各项指令都应是书面的或有文件记载方为有效,并作为技术文件资料存档。如因时间紧迫,来不及做出正式的书面指令,也可以用口头指令的方式下达给施工单位,但随即应按合同规定,及时补充书面文件对口头指令予以确认。

3.4.8 支付控制手段

支付控制是国际上较通用的一种重要的控制手段,也是业主或承包合同赋予监理工程师的支付控制权。从根本上讲,国际上对合同条件的管理主要是采用经济手段和法律手段。因此,质量监理是以计量支付控制权为保障手段的。所谓支付控制权,就是对施工承包单位支付任何工程款项,均需由监理工程师开具支付证明书,没有监理工程师签署的支付证书,业主不得向承包方支付工程款。工程款支付的条件之一就是工程质量要达到规定的要求和标准。如果施工单位的工程质量达不到要求的标准,而又不能按监理工程师的指示承担处理质量缺陷的责任,予以处理使之达到要求的标准,监理工程师有权采取拒绝开具支付证书的手段,停止对施工单位支付部分或全部工程款,由此造成的损失由施工单位负责。显然,这是十分有效的控制和约束手段。我国有些国外贷款工程项目,如世界银行贷款项目或国际招标项目,曾按国际惯例成功地运用这一手段解决了质量纠纷问题。例如,在我国某条用世界银行贷款建设的高速公路工程的施工监理中,曾经针对施工单位不遵照监理工程师的指示,对不合格填方进行返工处理的情况,坚持采取拒绝支付的控制手段,有效地解决了填方的质量问题。

3.4.9 质量控制程序

质量控制程序是质量管理中为保证监理人员有效地控制工程质量,而将工程中承包人和监理工程师应做的工作按时间先后顺序确定下来的工作步骤。这个步骤一旦形成正式规定,承包人和监理人员都必须严格执行。工程质量控制程序包括基本程序和工序检查程序。

3.4.9.1 质量控制的基本程序

在开工前,监理工程师应向承包人及监理人员提出适用于所有工程项目质量控制的程序(基本程序)及说明,以供所有监理人员、承包人的自检人员和施工人员共同遵循,使质量控制程序化、规范化。质量控制的基本程序包括开工报告、质量验收单、中间交工报告、中间交工证书以及中间计量。在上述质量控制程序中,关键是控制开工报告、质量验收单和中间交工证书三个重点环节。

开工报告是监理工程师对该项工程(单位或单项)准备工作就绪的认可和批准。承包人开工前准备工作充分与否直接关系到工程的施工进度和质量,因此要求监理工程师对开工报告应认真、严格地审查,批准意见必须用书面形式通知承包人,承包人只有在接到批准开工的书面通知后方可开始施工。

质量验收单是各工序或各项工程完工后的专用验收单,是工序自检报告和抽检签认报告的汇总,是监理工程师对工序或分项工程质量的鉴定书。每道工序或分项工程一个部位完工后,承包人进行质量自检,合格后填写质量验收单报监理,监理接到之后立即对申请验收的工序或分部工程部位进行检测和复验,并将检查结果填入质量验收单。若检查合格,则通知承包人继续下一道工序或另一个分项、分部工程施工;若不合格,则责令承包人改正或返工。

中间交工证书是在一个单项工程完工后签认的。签认的前提条件是:有监理工程师批准的开工报告;有承包人对单项工程质量的自检结果;有该项工程各道工序或部位的质量验收单;该项工程经监理现场验收合格。中间交工证书是监理工程师进行质量控制的最后手段,也是中间计量和支付的依据,所以这个环节十分重要。

在执行质量控制程序中要坚持"四不准原则":人力、材料、机械设备不足,不准开工;未经检查认可的材料,不准使用;未经批准的施工工艺在施工中不准采用;前一道工序或分项工程部位未经监理人员验收,下一道工序或另一分项工程不准施工。

3.4.9.2 工序检查程序

各专业监理工程师应在组成工程的各个单位、分部、单元工程开工之前,提出工序检查程序及说明,在这个程序中根据施工的进展,规定不同施工工序监理人员为保证工程质量应做的事情以及承包人应完成的工作。在技术规范中,几乎每项工程都可以编制出相应的工序检查程序。

工序检查程序的编制原则:应与合同图纸和工程量清单的分项所含内容一致;应与技术规范及监理工程师批准采用的施工方法和工艺流程相协调;应与国家或合同规定的验收标准、检验频率和检验方法相配合;工序检查程序宜采用框图的形式表示,以便直观,并应与相应的检查记录、报表、证书等相配套。

相关工作程序如图3-1、图3-2所示。

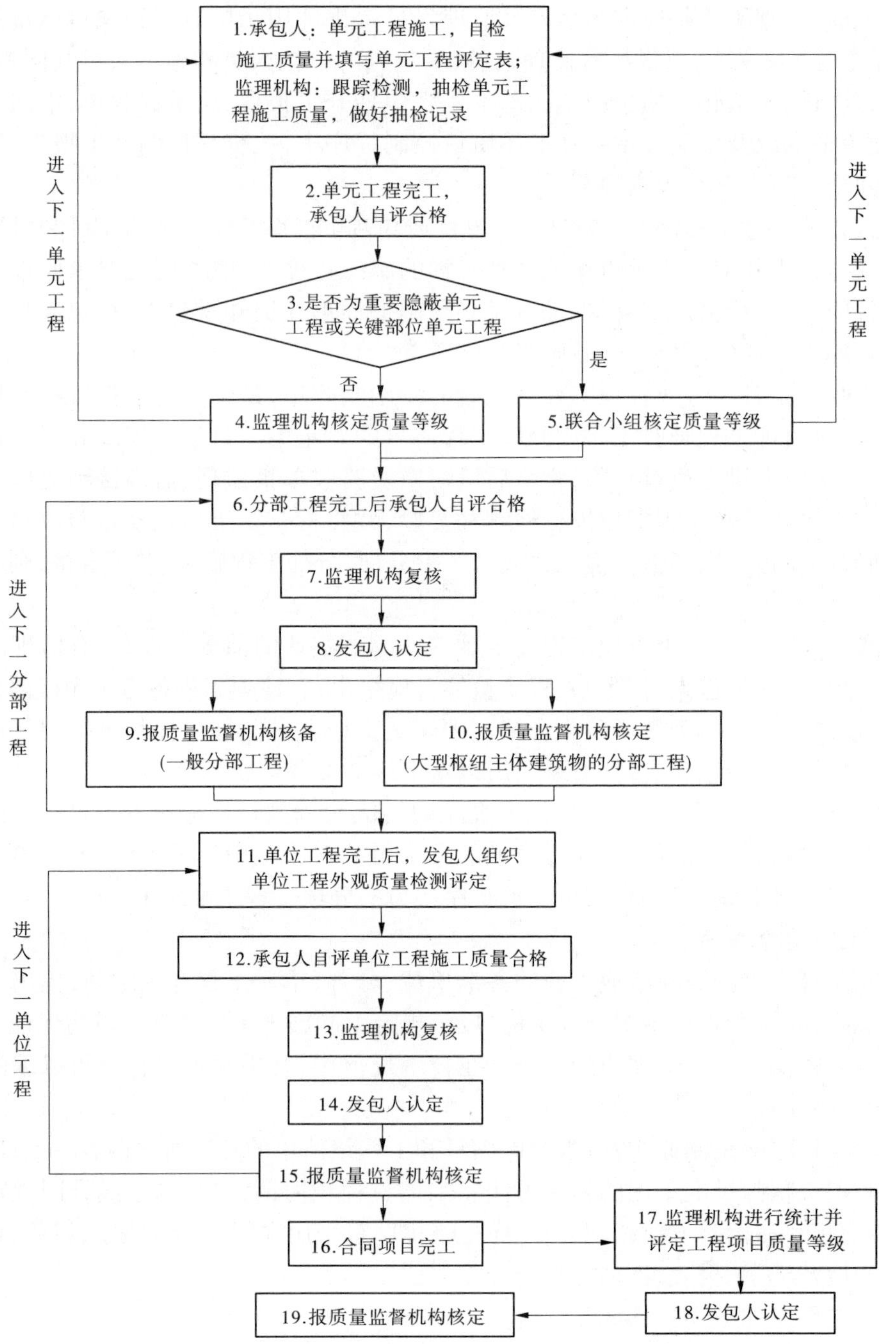

图 3-1 质量评定监理工作程序

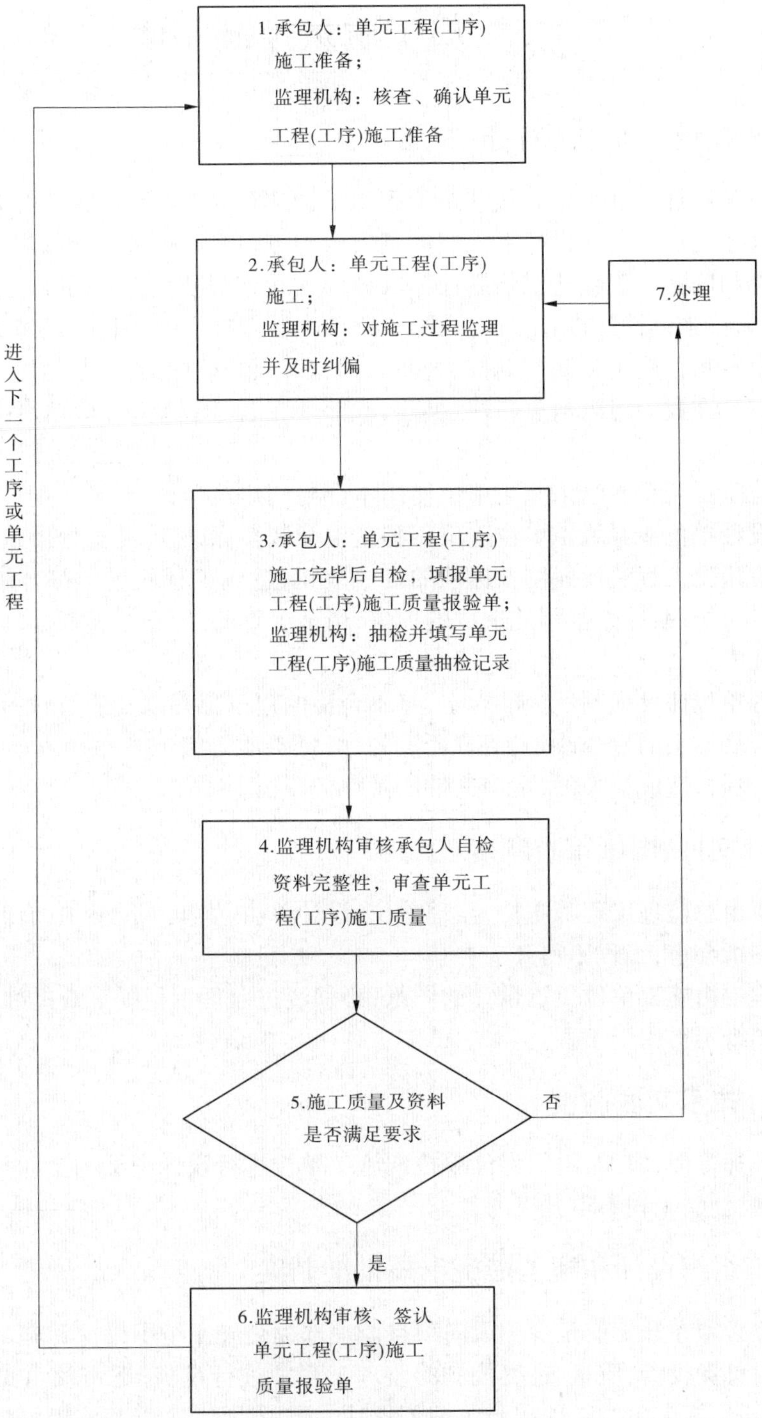

图 3-2　单元工程(工序)质量控制监理工作程序

3.5 施工质量控制制度

3.5.1 工程建设标准强制性条文

工程建设强制性标准是指直接涉及工程质量、安全、卫生及环境保护等方面的工程建设标准强制性条文。工程建设标准强制性条文由国务院建设行政主管部门会同国务院有关行政主管部门确定。工程建设强制性标准分为工程建设规划阶段强制性标准,工程建设勘察、设计阶段强制性标准,工程建设施工阶段强制性标准。工程建设施工阶段强制性标准又分为水利工程施工强制性标准、公路工程施工强制性标准、工业与民用建筑施工强制性标准等。凡在我国境内从事新建、扩建、改建等工程建设活动,都必须执行工程建设强制性标准。

建设单位不得明示或暗示施工单位使用不合格的建筑材料、建筑构配件和设备;不得明示或暗示设计单位或者施工单位违反工程建设强制性标准,降低工程质量。

施工单位违反工程建设强制性标准的责令改正,造成工程质量不符合规定的质量标准的,负责返工、修理,并赔偿因此造成的损失;情节严重的,应停业整顿,降低资质等级或者吊销资质证书。

工程监理单位违反强制性标准规定,将不合格的建设工程以及建筑材料、建筑构配件和设备按照合格签字的责令改正,情节严重的,降低资质等级或者吊销资质证书;有违法所得的,予以没收;造成损失的,承担连带赔偿责任。

3.5.2 设计文件、图纸审查制度

图纸会审由总监理工程师主持,监理单位、设计单位、施工单位参加,有时建设单位也参加。未经图纸会审,工程不得开工。

施工过程中由施工单位负责设计的图纸,必须经过监理工程师审查批准,未经监理工程师批准的图纸不得用于工程。

3.5.3 设计技术交底制度

监理工程师督促、协助、组织设计单位向施工单位进行设计图纸的全面技术交底。不进行设计技术交底,工程不得开工。

3.5.4 施工组织设计和施工措施审核批准制度

施工单位必须在开工前至少 7 天向项目监理部提交施工组织设计和施工措施。项目监理部分别由负责投资、质量、进度控制的监理工程师进行审核,把审核意见提交总监理工程师。必要时,施工单位必须按照监理工程师的要求修改,完善其施工组织设计和施工措施。施工组织设计和施工措施一经批准,不得轻易改变,并作为施工阶段"三控制"(质量控制、进度控制、费用控制)的依据。施工组织设计和施工措施未经批准,工程不得开工。

3.5.5 工程开工申请、审批制度

单位或分部工程开工,施工单位应编写单位或分部工程开工报告书,报送监理部审批。开工报告应包含以下基本内容:

(1)申请开工日期;

(2)进场施工机械一览表及维修调试情况;

(3)管理人员及劳动力到位情况;

(4)材料采购及试验情况;

(5)合同要求资金到位情况;

(6)施工图已经会审;

(7)施工组织设计已批准;

(8)工程定位及施工测量放线已报验。

由现场监理员逐项核实并提出审核意见,由监理工程师签批开工报告书和下达开工指令。

监理工程师未下达开工令的单项工程或单位工程不得开工。

3.5.6 设计图纸的变更处理制度

不论是建设单位、设计单位、监理单位还是施工单位提出的设计变更,一般由设计单位完成,监理工程审批,最后由监理工程师发布变更指令。未经监理工程师批准的图纸不得用于工程,监理工程师未发出工程变更指令,工程不得进行变更。

3.5.7 隐蔽工程检查制度

隐蔽工程一般应确定为质量控制点的停止点。隐蔽以前,施工单位应根据工程质量评定验收标准进行自检,并将评定资料报监理工程师。施工单位应将需检查的隐蔽工程在隐蔽前3天提出计划报监理工程师,监理工程师应排出计划,通知施工单位。监理工程师应按约定的时间派监理人员到现场进行检查,确定质量符合合同技术条款要求,并在检查记录上签字后,施工单位才能进行覆盖。

如果监理人员未及时到现场检查,施工单位不得将隐蔽工程进行覆盖。但由此造成的损失,可向业主提出索赔。

3.5.8 工程竣工验收制度

竣工验收的依据是批准的设计文件(包括变更设计)、有关设计施工规范、工程质量验收标准以及合同及协议文件等。施工单位按规定编写和提出验收交接文件是申请竣工验收的必要条件,竣工文件不齐全、不正确清晰,不能验收交接。

施工单位应在验收前将编好的全部竣工文件及绘制的竣工图,提供给监理工程师一份,审查确认完整无误后,报建设单位,其余分发有关接管、使用单位。

工程没有进行竣工验收,不得签发移交证书,不得交付使用,不支付保留金,不进行完工结算。

3.5.9 监理月报制度

监理月报由项目监理部总监理工程师组织编制，经总监理工程师签发后，报送建设单位和监理单位。编制监理月报的主要目的是使建设单位了解工程的全面状况，及时作出有关决策和计划。监理月报的编制周期宜为上月的26日到本月的25日，在下月的5日前发出。监理月报应真实反映工程现状和监理工作情况，做到数据准确、重点突出、语言简练，并附有必要的图表和照片。

监理月报的基本内容包括本月工程概况、本月工程形象进度、工程进度、工程质量、工程计量与支付、合同及其他事项的处理情况、本月监理工作小结。

3.6 质量事故的分析与处理

3.6.1 质量事故的特点和分类

3.6.1.1 质量事故的特点

工程质量事故具有复杂性、严重性、可变性和多发性的特点。

1. 复杂性

影响工程质量的因素繁多，造成质量事故的原因错综复杂，即使是同一类质量事故，其原因也可能多种多样。这就增加了对质量事故进行分析，判断其性质、原因及发展，确定处理方案与措施等的难度。

2. 严重性

工程项目一旦出现质量事故，其影响较大，轻则影响施工顺利进行、拖延工期、增加工程费用，重则会留下隐患成为危险建筑物，影响使用功能或不能使用，更严重的还会引起建筑物的失稳、倒塌，造成人民生命、财产的巨大损失。

3. 可变性

许多建筑工程的质量问题出现后，其质量状态并非稳定于发现的初始状态，而是有可能随着时间进程而不断地发展、变化。因此，有些在初始阶段并不严重的质量问题，如不能及时处理和纠正，有可能发展成严重的质量事故。所以，在分析、处理工程质量事故时，一定要注意质量事故的可变性，应及时采取可靠的措施，防止事故进一步恶化，或加强观测与试验，取得数据，预测未来发展的趋向。

4. 多发性

建筑工程中有些质量事故，在各项工程中经常发生，而成为多发性的质量通病。因此，应采取有效预防措施。

3.6.1.2 质量事故的分类

工程质量事故按直接经济损失的大小，检查、处理事故对工期的影响时间长短和对工程正常使用的影响，分为一般质量事故、较大质量事故、重大质量事故、特大质量事故。

一般质量事故指对工程造成一定经济损失，经处理后不影响正常使用并不影响使用寿命的事故。

较大质量事故是指对工程造成较大经济损失或延误较短工期,经处理后不影响正常使用但对工程寿命有一定影响的事故。

重大质量事故是指对工程造成重大经济损失或较长时间延误工期,经处理后不影响正常使用但对工程寿命有较大影响的事故。

特大质量事故是指对工程造成特大经济损失或长时间延误工期,经处理后仍对正常使用和工程寿命造成较大影响的事故。

水利工程质量事故分类标准见表3-1。

表3-1 水利工程质量事故分类标准

<table>
<tr><th colspan="2">损失情况</th><th>特大质量事故</th><th>重大质量事故</th><th>较大质量事故</th><th>一般质量事故</th></tr>
<tr><td rowspan="2">事故处理所需的物资、器材和设备、人工等直接损失费用(万元)</td><td>大体积混凝土,金结制作和机电安装工程</td><td>>3 000</td><td>>500
≤3 000</td><td>>100
≤500</td><td>>20
≤100</td></tr>
<tr><td>土石方工程,混凝土薄壁工程</td><td>>1 000</td><td>>100
≤1 000</td><td>>30
≤100</td><td>>10
≤30</td></tr>
<tr><td colspan="2">事故处理所需合理工期(月)</td><td>>6</td><td>>3
≤6</td><td>>1
≤3</td><td>≤1</td></tr>
<tr><td colspan="2">事故处理后对工程功能和寿命影响</td><td>影响工程正常使用,需限制条件运行</td><td>不影响工程正常使用,但对工程寿命有较大影响</td><td>不影响工程正常使用,但对工程寿命有一定影响</td><td>不影响工程正常使用和工程寿命</td></tr>
</table>

注:1.直接经济损失费用为必需条件,其余两项主要适用于大中型工程;

2.小于一般质量事故的质量问题称为质量缺陷。

3.6.2 质量事故的原因分析

工程质量事故的表现形式千差万别,类型多种多样,例如结构倒塌、倾斜、错位、不均匀或超量沉陷、变形、开裂、渗漏、破坏、强度不足、尺寸偏差过大等,但究其原因,归纳起来主要有以下几方面。

3.6.2.1 违背基本建设法规

(1)违背基本建设程序。基本建设程序是工程项目建设过程及其客观规律的反映,但有些工程不按基建程序办事。例如,未做好调查分析就拍板定案;未搞清地质情况就仓促开工;边设计、边施工;无图施工,不经竣工验收就交付使用等。它常是导致重大工程质量事故的重要原因。

(2)违反有关法规和工程合同的规定。例如,无证设计;无证施工;越级设计;越级施工;工程招、投标中的不公平竞争;超常的低价中标,擅自转包或分包;多次转包;擅自修改设计等。

3.6.2.2 **地质勘察原因**

诸如未认真进行地质勘察或勘探时钻孔深度、间距、范围不符合规定要求，地质勘察报告不详细、不准确、不能全面反映实际的地基情况等，从而使得地下情况不清，或对基岩起伏、土层分布误判，或未能查清地下软土层、墓穴、孔洞等，均会导致采用不恰当或错误的基础方案，造成地基不均匀沉降、失稳使上部结构或墙体开裂、破坏，或引发建筑物倾斜、倒塌等质量事故。

3.6.2.3 **对不均匀地基处理不当**

对软弱土、杂填土、冲填土、大孔性土或湿陷性黄土、膨胀土、红黏土、溶岩、土洞、岩层出露等不均匀地基未进行处理或处理不当也是导致重大事故的原因。必须根据不同地基的特点，从地基处理、结构措施、防水措施、施工措施等方面综合考虑，加以治理。

3.6.2.4 **设计计算问题**

诸如盲目套用图纸，采用不正确的结构方案，计算简图与实际受力情况不符，荷载取值过小，内力分析有误，沉降缝或变形缝设置不当，悬挑结构未进行抗倾覆验算以及计算错误等，都是引发质量事故的隐患。

3.6.2.5 **建筑材料及制品不合格**

诸如钢筋物理力学性能不良会导致钢筋混凝土结构产生裂缝或脆性破坏；骨料中活性氧化硅会导致碱骨料反应使混凝土产生裂缝；水泥安定性不良会造成混凝土爆裂；水泥受潮、过期、结块，砂石含泥量及有害物含量超标，外加剂掺量不符合要求，会影响混凝土强度、和易性、密实性、抗渗性，从而导致混凝土结构强度不足、裂缝、渗漏、蜂窝等质量事故。此外，预制构件断面尺寸不足，支承锚固长度不足，未可靠地建立预应力值，漏放或少放钢筋，板面开裂等均可能出现断裂、坍塌事故。

3.6.2.6 **施工与管理问题**

(1)未经设计部门同意擅自修改设计，或不按图施工。例如将铰接做成刚接，将简支梁做成连续梁；用光圆钢筋代替异形钢筋等，导致结构破坏。挡土墙不按图设滤水层、排水孔，导致压力增大，墙体破坏或倾覆。

(2)图纸未经会审即仓促施工，或不熟悉图纸，盲目施工。

(3)不按有关的施工规范和操作规程施工。例如浇筑混凝土时振捣不良造成薄弱部位。

(4)不懂装懂，蛮干施工。例如将钢筋混凝土预制梁倒置吊装，将悬挑结构钢筋放在受压区等均将导致结构破坏，造成严重后果。

(5)管理紊乱，施工方案考虑不周，施工顺序错误，技术交底不清，违章作业，疏于检查、验收等，均可能导致质量事故。

(6)自然条件影响。空气温度、湿度、暴雨、风、浪、洪水、雷电、日晒等均可能成为质量事故的诱因，施工中应特别注意并采取有效的措施预防。

(7)建筑结构或设施的使用不当。对建筑物或设施使用不当也易造成质量事故。例如未经校核验算就任意对建筑物加层，任意拆除承重结构部位，任意在结构物上开槽、打洞和削弱承重结构截面等。

3.6.3　质量事故分析处理的基本程序

质量事故分析处理可分为下达工程施工暂停令，进行质量事故调查，分析事故原因，制订事故处理方案，质量事故处理和检查验收，下达复工令等基本步骤，如图 3-3 所示。

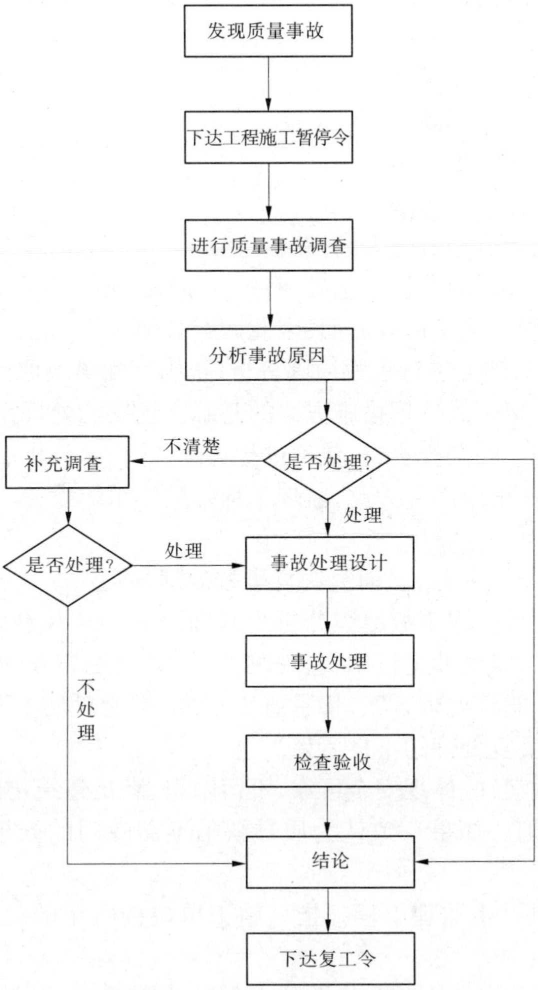

图 3-3　工程质量事故处理监理程序

(1)下达工程施工暂停令。

监理工程师在发现质量事故后，应当依据事故的实际情况，首先向施工中的施工单位下达工程施工暂停令，通知施工单位立即停止有质量事故的工程施工；与质量事故有关的工程部位也要停工，以免造成更大的损失。需要时，还应要求施工单位采取防护措施。同时，要及时上报主管部门。

(2)进行质量事故调查。

施工单位接到施工暂停令后，在监理工程师的参与下，尽快进行质量事故的调查，写出调查报告。

调查的主要目的是要明确事故的范围、缺陷程度、性质、影响和原因，为事故的分析处理提供依据。调查应力求全面、准确、客观。

调查报告的内容主要包括：

①与事故有关的工程情况。

②质量事故的详细情况，诸如质量事故发生的时间、地点、部位、性质、现状及发展变化情况等。

③事故调查中有关的数据、资料。

④质量事故原因分析与判断。

⑤是否需要采取临时防护措施。

⑥事故处理的建议方案与措施。

⑦事故涉及的有关人员和责任者的情况。

事故情况调查是事故原因分析的基础，有些质量事故原因复杂，常涉及勘察、设计、施工、材料、维护管理、工程环境条件等方面，因此调查必须全面、详细、客观、准确。

(3)在事故调查的基础上进行事故原因分析，正确判断事故原因。

事故原因分析是确定事故处理措施方案的基础。正确的处理来源于对事故原因的正确判断。只有对调查提供的调查资料、数据进行详细、深入的分析后，才能由表及里、去伪存真，找出造成事故的真正原因。为此，监理工程师应当组织设计、施工、建设单位等各方参加事故原因分析。

(4)在事故原因分析的基础上，研究制订事故处理方案。

事故处理方案的制订应以事故原因分析为基础。如果某些事故一时认识不清，而且事故一时不至于恶化，可以继续进行调查、观测，以便掌握更充分的资料、数据，做进一步分析，找出原因，以利于制订处理方案；切忌急于求成，不能对症下药，采取的处理措施不能达到预期效果，造成反复处理的不良后果。

制订的事故处理方案，应体现安全可靠、不留隐患、满足建筑物的功能和使用要求、技术可行、经济合理等原则。如果一致认为质量缺陷不需专门的处理，必须经过充分的分析、论证。

(5)确定处理方案后，由监理工程师指令施工单位按既定的处理方案实施对质量缺陷的处理。

发生的质量事故不论是否由于施工单位方面的原因造成，质量缺陷的处理通常都由施工承包单位负责实施。如果发生的质量事故不是由于施工单位方面的原因造成的，则处理质量缺陷所需的费用或延误的工期，应给予施工单位补偿。

(6)在质量事故处理完毕后，监理工程师应组织有关人员对处理的结果进行严格的检查、鉴定和验收，写出质量事故处理报告，提交业主或建设单位，并上报有关主管部门。

3.6.4 质量事故处理的原则和方法

3.6.4.1 质量事故处理的原则

质量事故发生后，应坚持“三不放过”的原则，即事故原因不查清不放过，事故主要责任者和职工未受到教育不放过，补救和防范措施不落实不放过。根据质量事故的严重程度，由施工单位立即召集有关施工队长、班组长和施工人员，共同分析质量事故发生的原因，查明责任，研究防范措施，对责任者按照有关规定批评教育或处罚，防止质量事故重复发生。

在施工过程中，如果发现工程质量事故，不管其属于何种类型，施工人员均应立即上报，并进行初步检查，若属于一般质量事故，班组应写出质量事故报告，经专职质检员核实签字后，报施工单位技术负责人及监理工程师。若属于重大或特大质量事故，施工单位应立即向监理工程师、建设单位和质量监督部门提出书面报告，并通知设计单位，同时按规定向上级报告，及时填报重大质量事故报告(表)。

对因工程质量问题造成的经济损失，应坚持谁承担事故责任谁负担的原则。若是施工单位责任，一切经济损失应由施工单位负责；若质量事故的责任并非施工单位所负，一切经济损失不仅不能由施工单位承担，而且施工单位还有向建设单位提出索赔的权利。

3.6.4.2 质量事故处理的方法

对施工中出现的工程质量事故，一般有三种处理方法：

(1)返工。对于严重未达到规范或标准的质量事故，影响到工程正常使用的安全，且又无法通过修补的方法予以纠正时，必须采取返工的措施。

(2)修补。这种方法适用于通过修补可以不影响工程的外观和正常使用的质量事故。它是利用修补的方法对工程质量事故予以补救，这类工程质量事故在工程施工中是经常发生的。

(3)不作处理。有些工程质量问题虽超出了有关规范规定，已具有质量事故的性质，但可针对具体情况，通过分析讨论可不需专门处理，这样的情况有：

①不影响结构的安全、生产工艺和使用要求。例如，有的建筑物在施工中发生错位事故，若进行彻底引正，不仅困难很大，还将会造成重大经济损失，经过分析论证后，只要不影响生产工艺和使用要求，可不作处理。

②较轻微的质量缺陷，通过后序工程可以弥补的，可以不作处理。例如，混凝土墙板出现了轻微的蜂窝、麻面质量问题，该缺陷可通过后序工序抹灰、喷涂进行弥补，则不需要对墙板缺陷作专门的处理。

③对出现的某些质量事故，经复核验算后，仍能满足设计要求者，可不作处理。例如，结构断面尺寸比设计图纸稍小，经认真验算后，仍能满足设计承载能力者。但必须特别注意，这种方法实际上是挖掘设计的潜力，对此需要格外慎重。

3.6.5 质量事故处理的鉴定验收

质量事故的处理是否达到了预期的目的，是否仍留有隐患，应当通过检查鉴定和验收做出确认。

事故处理的质量检查鉴定，应严格按施工验收规范及有关标准的规定进行，必要时还应通过实际量测、试验和仪表检测等方法获取必要的数据，才能对事故的处理结果做出确切的结论。检查和鉴定的结论可能有以下几种：

(1)事故已排除，可继续施工。

(2)隐患已消除，结构安全有保证。

(3)经修补、处理后,完全能够满足使用要求。

(4)基本上满足使用要求,但使用时应有附加的限制条件,例如限制荷载等。

(5)对耐久性的结论。

(6)对建筑物外观影响的结论等。

(7)对短期难以做出结论者,可提出进一步观测检验的意见。

对于处理后符合规定要求和满足使用要求的,监理工程师可予以验收、确认。

事故处理后,监理工程师须提出事故处理报告,其内容包括事故调查报告,事故原因分析,事故处理依据,事故处理方案、方法及技术措施,事故处理过程中的各种原始记录资料,检查验收纪录,事故结论等。

3.7 工程质量评定与验收

3.7.1 监理机构进行工程质量评定职责

监理机构应按有关规定进行工程质量评定,其主要职责应包括下列内容:

(1)审查承包人填报的单元工程(工序)质量评定表的规范性、真实性和完整性,复核单元工程(工序)施工质量等级,由监理工程师核定质量等级并签证认可。

(2)重要隐蔽单元工程及关键部位单元工程质量经承包人自评、监理机构抽检后,按有关规定组成联合小组,共同检查核定其质量等级并填写签证表。

(3)在承包人自评的基础上,复核分部工程的施工质量等级,报发包人认定。

(4)参加发包人组织的单位工程外观质量评定组的检验评定工作;在承包人自评的基础上,结合单位工程外观质量评定情况,复核单位工程施工质量等级,报发包人认定。

(5)单位工程质量评定合格后,统计并评定工程项目质量等级,报发包人认定。

3.7.2 监理机构进行组织或参加工程验收职责

监理机构应按照有关规定组织或参加工程验收,其主要职责应包括下列内容:

(1)参加或受发包人委托主持分部工程验收,参加发包人主持的单位工程验收、水电站(泵站)中间机组启动验收和合同工程完工验收。

(2)参加阶段验收、竣工验收,解答验收委员会提出的问题,并作为被验单位在验收鉴定书上签字。

(3)按照工程验收有关规定提交工程建设监理工作报告,并准备相应的监理备查资料。

(4)监督承包人按照分部工程验收、单位工程验收、合同工程完工验收、阶段验收等验收鉴定书中提出的遗留问题处理意见完成处理工作。

3.7.3 分部工程验收中的主要监理工作

分部工程验收中的主要监理工作应包括下列内容:

(1)在承包人提出分部工程验收申请后,监理机构应组织检查分部工程的完成情况、施工质量评定情况和施工质量缺陷处理情况，并审核承包人提交的分部工程验收资料。监理机构应指示承包人对申请被验分部工程存在的问题进行处理，对资料中存在的问题进行补充、完善。

(2)经检查分部工程符合有关验收规程规定的验收条件后，监理机构应提请发包人或受发包人委托及时组织分部工程验收。

(3)监理机构在验收前应准备相应的监理备查资料。

(4)监理机构应监督承包人按照分部工程验收鉴定书中提出的遗留问题处理意见完成处理工作。

3.7.4 单位工程验收中的主要监理工作

单位工程验收中的主要监理工作应包括下列内容：

(1)在承包人提出单位工程验收申请后，监理机构应组织检查单位工程的完成情况和施工质量评定情况、分部工程验收遗留问题处理情况及相关记录，并审核承包人提交的单位工程验收资料。监理机构应指示承包人对申请被验单位工程存在的问题进行处理，对资料中存在的问题进行补充、完善。

(2)经检查单位工程符合有关验收规程规定的验收条件后，监理机构应提请发包人及时组织单位工程验收。

(3)监理机构应参加发包人主持的单位工程验收，并在验收前提交工程建设监理工作报告，准备相应的监理备查资料。

(4)监理机构应监督承包人按照单位工程验收鉴定书中提出的遗留问题处理意见完成处理工作。

(5)单位工程投入使用验收后，工程若由承包人代管，监理机构应协调合同双方按有关规定和合同约定办理相关手续。

3.7.5 合同工程完工验收中的主要监理工作

合同工程完工验收中的主要监理工作应包括下列内容：

(1)承包人提出合同工程完工验收申请后，监理机构应组织检查合同范围内的工程项目和工作的完成情况、合同范围内包含的分部工程和单位工程的验收情况、观测仪器和设备已测得初始值和施工期观测资料分析评价情况、施工质量缺陷处理情况、合同工程完工结算情况、场地清理情况、档案资料整理情况等。监理机构应指示承包人对申请被验合同工程存在的问题进行处理，对资料中存在的问题进行补充、完善。

(2)经检查已完合同工程符合施工合同约定和有关验收规程规定的验收条件后，监理机构应提请发包人及时组织合同工程完工验收。

(3)监理机构应参加发包人主持的合同工程完工验收，并在验收前提交工程建设监理工作报告，准备相应的监理备查资料。

(4)合同工程完工验收通过后，监理机构应参加承包人与发包人的工程交接和档案资料移交工作。

(5)监理机构应监督承包人按照合同工程完工验收鉴定书中提出的遗留问题处理意

见完成处理工作。

监理机构应审核承包人提交的合同工程完工申请，满足合同约定条件的，提请发包人签发合同工程完工证书。

3.7.6　阶段验收中的主要监理工作

阶段验收中的主要监理工作应包括下列内容：

(1)工程建设进展到枢纽：工程导(截)流、水库下闸蓄水、引(调)排水工程通水、水电站(泵站)首(末)台机组启动或部分工程投入使用之前，监理机构应核查承包人的阶段验收准备工作，具备验收条件的，提请发包人安排阶段验收工作。

(2)各项阶段验收之前，监理机构应协助发包人检查阶段验收具备的条件，并提交阶段验收工程建设监理工作报告，准备相应的监理备查资料。

(3)监理机构应参加阶段验收，解答验收委员会提出的问题，并作为被验单位在阶段验收鉴定书上签字。

(4)监理机构应监督承包人按照阶段验收鉴定书中提出的遗留问题处理意见完成处理工作。

3.7.7　竣工验收中的主要监理工作

监理机构应协助发包人组织竣工验收自查，核查历次验收遗留问题的处理情况。

竣工验收中的主要监理工作应包括下列内容：

(1)在竣工技术预验收和竣工验收之前，监理机构应提交竣工验收工程建设监理工作报告，并准备相应的监理备查资料。

(2)监理机构应派代表参加竣工技术预验收，向验收专家组报告工程建设监理情况，回答验收专家组提出的问题。

(3)总监理工程师应参加工程竣工验收，代表监理单位解答验收委员会提出的问题，并在竣工验收鉴定书上签字。

3.7.8　缺陷责任期的主要监理工作

(1)监理机构应监督承包人按计划完成尾工项目，协助发包人验收尾工项目，并按合同约定办理付款签证。

(2)监理机构应监督承包人对已完工程项目中所存在的施工质量缺陷进行修复。在承包人未能执行监理机构的指示或未能在合理时间内完成修复工作时，监理机构可建议发包人雇用他人完成施工质量缺陷修复工作，按合同约定确定责任及费用的分担。

(3)根据工程需要，监理机构在缺陷责任期可适时调整人员和设施，除保留必要的外，其他人员和设施应撤离，或按照合同约定将设施移交发包人。

(4)监理机构应审核承包人提交的缺陷责任终止申请，满足合同约定条件的，提请发包人签发缺陷责任期终止证书。

复习思考题

1. 试解释质量、工程质量和质量控制的概念。
2. 试述工程建设各阶段对质量形成的影响。
3. 质量控制的依据有哪些?
4. 质量控制的主要内容有哪些?
5. 监理工程师在质量控制中应遵循的原则是什么?
6. 影响质量的主要因素有哪些?
7. 试述人的因素是影响质量的关键,应从哪些方面予以控制?
8. 试述材料质量控制的要点。
9. 材料质量检验的四种方法是什么?
10. 施工方案应满足哪些基本要求?
11. 如何选用施工机械设备?
12. 图纸会审的主要目的及内容是什么?
13. 施工文件的审查应注意哪几个方面?
14. 简述施工准备的检查的内容。
15. 简述施工过程质量管理的内容。
16. 什么是见证点和停止点? 在实施质量控制时,它们的主要区别是什么?
17. 简述工程质量检验的作用和方法。
18. 监理工程师进行质量监督控制的主要手段是哪六个方面?
19. 简要说明施工监理的质量控制程序及其要点。
20. 简述质量事故处理的基本程序。
21. 简述质量事故处理的原则和方法。

第4章 工程进度控制

4.1 工程进度控制的作用和任务

4.1.1 工程进度控制的概念

工程进度控制是指对工程项目建设各阶段的工作内容、工作程序、持续时间和衔接关系根据进度总目标及资源配置的原则编制计划并付诸实施,然后在进度计划的实施过程中经常检查实际进度是否按计划进度要求进行,对出现的偏差情况进行分析,采取补救措施或调整、修改原计划后再付诸实施,如此循环,直到建设工程竣工验收交付使用。建设工程进度控制的最终目的是确保建设项目按预定的时间动用或提前交付使用,建设工程进度控制的总目标是建设工期。而进度控制目标能否实现,主要取决于处在关键线路上的工程内容能否按预定的时间完成。当然,同时要防止非关键线路上的工作延误而成为关键线路的情况发生。保证工程项目按期建成交付使用,是建设工程施工阶段进度控制的最终目的。为了有效地控制施工进度,首先要将施工进度总目标从不同角度进行层层分解,形成施工进度控制目标体系,从而作为实施进度控制的依据。

工程施工进度控制目标体系是指各单位工程交工动用的分目标以及按承包单位、施工阶段和不同计划期划分的分目标;各目标之间相互联系,共同构成建设工程施工进度控制目标体系。其中,下级目标受上级目标的制约,下级目标保证上级目标,最终保证施工进度总目标的实现。为了提高进度计划的预见性和进度控制的主动性,在确定施工进度控制目标时,必须全面细致地分析与建设工程进度有关的各种有利因素和不利因素。确定施工进度控制目标的主要依据有:建设工程总进度目标对施工工期的要求;工期定额、类似工程项目的实际进度;工程难易程度和工程条件的落实情况等。

在确定施工进度分解目标时,还要考虑以下各个方面:

(1)对于大型建设工程项目,应根据尽早提供可动用单元的原则,集中力量分期分批建设,以便尽早投入使用,尽快发挥投资效益。

(2)合理安排土建与设备的综合施工。

(3)结合本工程的特点,参考同类建设工程的经验来确定施工进度目标。

(4)做好资金供应、施工力量配备、物资(材料、构配件、设备)供应与施工进度的平衡工作,确保满足工程进度目标的要求。

(5)考虑外部协作条件的配合情况。

(6)考虑工程项目所在地区地形、地质、水文、气象等方面的限制条件。

总之,要想对工程项目的施工进度实施控制,就必须有明确、合理的进度目标(进度总目标和进度分目标),否则,控制便失去了意义。

4.1.2 工程进度控制的依据

监理单位只有监督合同双方履行合同的职责，没有修改合同的权力，因此监理工程师严格按合同的有关规定，执行监理工作任务，对合同工期控制遵循以下原则：

(1)以合同工期为准，严格执行合同。

(2)只有发生超常规的自然条件(暴雨、洪水、地震等)或因业主方未能按合同规定提供必要的条件(设计图纸、施工场地、移民搬迁、水源、电源及业主方提供的主要建筑材料)时，监理将根据施工单位申报的调整工期意见，实事求是地核实影响范围、程度和时间，提出初审意见，报业主方审定。

(3)由于施工单位的施工力量投入不足或管理不力，造成工期延误，除要求施工单位及时加大投入或改善管理，以提高施工强度为业主挽回工期外，对延误工期部分将根据合同有关规定提出具体处理意见，报业主方审定。

(4)一个合同中有分阶段交付使用要求的，按分阶段控制，将分段工期同总工期衔接起来，以保证阶段工期和总工期的实现，并及时做好阶段初检工作。

4.1.3 工程进度控制的任务和作用

(1)设计准备阶段进度控制的任务是：收集有关工期的信息，进行工期目标和进度控制决策；编制工程项目建设总进度计划；编制设计准备阶段详细工作计划，并控制其执行；进行环境及施工现场条件的调查和分析。

(2)设计阶段进度控制的任务是：编制设计阶段工作计划，并控制其执行；编制详细的出图计划，并控制其执行。

(3)施工阶段进度控制的任务是：编制施工总进度计划，并控制其执行；编制单位工程施工进度计划，并控制其执行；编制工程年、季、月实施计划，并控制其执行。

为了有效地控制建设工程进度，监理工程师要在设计准备阶段向建设单位提供有关工期的信息，协助建设单位确定工期总目标，并进行环境及施工现场条件的调查和分析。在设计阶段和施工阶段，监理工程师不仅要审查设计单位和施工单位提交的进度计划，而且要编制监理进度计划，以确保进度控制目标的实现。

4.1.4 工程进度控制的措施

在通过招标确定中标单位并签订施工承发包合同后，以承发包合同规定的施工期为监理进度控制目标。如果业主要求提前完工或承包商承诺提前竣工，则监理机构将全力支持、配合、协调、监督施工单位采取一定组织、技术、经济、合同措施力保按期完工。

4.1.4.1 组织措施

进度控制的组织措施主要包括：建立进度控制目标体系，明确建设工程现场监理组织机构中进度控制人员及其职责分工；建立工程进度报告制度及进度信息沟通网络；建立进度计划审核制度和进度计划实施中的检查分析制度；建立进度协调会议制度，包括协调会议举行的时间、地点，协调会议的参加人员等；建立图纸审查、工程变更和设计变更管理制度。

在监理工作中,监理单位召集现场各参建单位参加现场进度协调会议,监理单位协调承包单位不能解决的内外关系。因此,在会议之前监理要收集相关的进度控制资料,如承包商的人员投入情况、机械投入情况、材料进场和验收情况、现场操作方法和施工措施环境情况。这些都将是监理组织进度专题会议的基础资料之一。通过这些事实,监理才能对承包商的施工进度有一个确切的结论,除指出承包商进度落后这一结论和要求承包商进行改正的监理意见外,监理还能建设性地对如何改正提出自己的看法,对承包商将要采取的措施得力与否进行科学的评价。有时,监理单位可以组织现场专题会议,现场专题会议一般是由现场的项目经理、副经理、相关管理人员、各专业工种负责人、业主代表和监理人员参加。由项目总监理工程师主持,会议有记录,会后编制会议纪要。当实际进度与计划进度出现差异时,在分析原因的基础上要求施工单位采取以下组织措施:增加作业队伍,工作人数,工作班次,开内部进度协调会等;必要时同步采取其他配套措施,如改善外部配合条件、劳动条件,实施强有力的调度等。督促承包商调整相应的施工计划、材料设备供应计划、资金供应计划等,在新的条件下组织实现新的协调和平衡。

4.1.4.2 技术措施

进度控制的技术措施主要包括:审查承包商提交的进度计划,使承包商能在合理的状态下施工;编制进度控制工作细则,指导监理人员实施进度控制;采用网络计划技术及其他科学适用的计划方法,并结合电子计算机的应用,对建设工程进度实施动态控制。

进度控制很大程度上是基于对承包商的前期工作、中间工作以及后期工作信息的收集和分析。作为监理工程师,应该具备对承包商现场状态的洞察能力,进度控制的内容也无非是对承包商的资源投入状态、资源过程利用状态以及资源使用后与目标值的比较状态三个方面内容的控制。对这三个方面内容的控制就是监理对进度要素的控制。监理进度控制的方法即是对这些要素具体的综合运用。工程开工时,监理机构指令施工单位及时上报项目实施总进度计划及网络图。总监理工程师审核施工单位提交的总进度计划是否满足合同总工期控制目标的要求,进行进度目标的分解和确定关键线路和节点的进度控制目标,制订监理进度控制计划。为了做好工期的预控,即施工进度的事前控制,监理主要按照建设工程监理规范的要求,审批承包单位报送的施工总进度计划;审批承包单位编制的年、季、月度施工进度计划;专业监理工程师对进度计划实施情况检查、分析;当实际进度符合计划进度时,要求承包单位编制下一期进度计划;当实际进度滞后于计划进度时,专业监理工程师书面通知承包单位采取纠偏措施并监督技术措施的实施,如缩短工艺时间,减少技术间歇,实行平行流水立体交叉作业等。

4.1.4.3 经济措施

进度控制的经济措施主要包括:及时办理工程预付款及工程进度款支付手续;对应急赶工给予优厚的赶工费用;对工期提前给予奖励;对工程延误收取误期损失赔偿金;加强索赔管理,公正地处理索赔。

监理工程师应该认真分析合同中经济条款内容,监理工程师在控制过程中,可以对承包商进行多方面、多层次的交流。经济支付是杠杆,也将是不可缺少的方式之一,而且是最重要的进度控制手段。在进度控制过程中,从对进度有利的前提出发,监理工程师也可以促使甲乙双方对合同的约定进行合理的变更。

4.1.4.4 合同措施

进度控制的合同措施主要包括:推行 CM 承发包模式,对建设工程实行分段设计、分段发包和分段施工;加强合同管理,协调合同工期与进度计划之间的关系,保证合同中进度目标的实现;严格控制合同变更,对各方提出的工程变更和设计变更,监理工程师应严格审查后再补入合同文件之中;加强风险管理,在合同中应充分考虑风险因素及其对进度的影响,以及相应的处理方法。

运用合同措施是控制工程进度最理性的手段,全面实际地履行合同是承包商的法律义务。当建设单位要求暂时停工且工程需要暂停施工,或者为了保证工程质量而需要进行停工处理,或者施工出现了安全隐患,总监理工程师认为有必要停工以消除隐患,或者发生了必须暂时停止施工的紧急事件,或者承包单位未经许可擅自施工,或拒绝项目监理机构管理时,总监理工程师按照监理规范的规定,有权签发工程暂时停工指令。这往往发生在赶工时重进度轻质量状况下,监理要采取强制干预措施,控制施工节奏。

总之,在工程进度管理中,建设单位起主导作用,施工单位起中心作用,监理单位起重要作用;只有三者有机结合,再加上其他单位的大力配合,才能使工程顺利进行,按期竣工。

4.2 影响工程进度控制的主要因素

影响进度的因素很多,在工程建设过程中,常见的影响因素如下:业主因素、勘察设计因素、施工技术因素、自然环境因素、组织管理因素、社会环境因素、材料因素、设备因素、资金因素等。根据因素来源划分,归纳起来有以下几个方面。

(1)建设单位因素:业主使用要求改变而进行设计变更;资金投资不足,并不能及时到位;图纸未及时到位; 建设单位供应材料设备未及时送到施工现场;应确定事项未及时确定;场地拆迁不彻底等。

(2)承建单位因素:承建单位包括总承包单位、各专业分承包单位、材料供应单位、设备制造安装单位,由于人力、技术力量投入不足;施工方案欠佳;出现施工质量问题需处理;所采用工程材料、产品质量差需要整改;工程材料不足供应不及时;资金调用失控,出现资金短缺现象。

(3)设计单位因素:未及时向业主提交满足进度计划的设计文件;现场施工与设计图纸有矛盾需修改;现场发现配套专业设计与土建有矛盾;变更设计较多。

(4)不利自然条件:发生了不可抗力,如台风、暴雨、非典、电网不正常停电、不明障碍物等。

(5)组织管理因素:向有关部门提出各种申请审批手续的延误;合同签订时条款不完善、计划安排不周密,组织协调不力,导致停工停料、相关作业脱节;领导不力,指挥失当,使参加工程建设的各单位、各专业、各个施工过程之间在交接与配合上发生矛盾等。

(6)外部单位因素:施工周边外单位的干扰;与工程有关的市政、规划、消防、电力、自来水、电信等部门没有及时协调而影响等。

4.3 工程进度控制的方法

工程施工前期的进度控制及准备工作是对施工过程进行动态控制和对工程进度进行主动控制的前提和基础,监理单位应针对工程特点和施工总进度目标,绘制施工进度计划网络图,编制施工进度总控制计划;对施工进度总目标进行层层分解,明确各单项工程各阶段的起止时间,通过运用网络技术定期分析、评价承包方的实施进度,当施工进度延误时,要协助承包方查找原因,并督促其制定科学合理的赶工措施;密切注意关键路线项目各重要事件的进展,逐旬、逐月检查承包方的人员、原材料及施工设备的进场情况及进度的实施情况;完善现场例会制度,及时发现、协调和解决影响工程进展的外部条件和干扰因素,促进工程施工的顺利进行;编制和建立适合工程特点的用于进度控制和施工记录的各种图表,便于及时对工程进度进行分析和评价,同时也可作为进度控制和合同管理的依据。

4.3.1 编制和适时调整总进度计划

4.3.1.1 施工总进度计划的编制

施工总进度计划一般是建设工程项目的施工进度计划。它是用来确定建设工程项目中所包含的各单位工程的施工顺序、施工时间及相互衔接关系的计划。编制施工总进度计划的依据有施工总方案、资源供应条件、各类定额资料、合同文件、工程项目建设总进度计划、工程运用时间目标、建设地区自然条件及有关技术经济资料等。

施工总进度计划的编制步骤和方法如下。

1. 计算工程量

根据批准的工程项目一览表,按单位工程分别计算其主要实物工程量,工程量只需粗略地计算即可。

工程量的计算可按初步设计(或扩大初步设计)图纸和有关定额手册或资料进行。

2. 确定各单位工程的施工期限

各单位工程的施工期限应根据合同工期确定,同时还要考虑建筑类型、结构特征、施工方法、施工管理水平、施工机械化程度及施工现场条件等因素。

3. 确定各单位工程的开竣工时间和逻辑关系

确定各单位工程的开竣工时间和相互逻辑关系主要应考虑以下几点:同一时期平行施工的项目不宜过多,以避免人力、物力过于分散。尽量做到均衡施工,以使劳动力、施工机械和主要材料的供应在整个工期范围内达到均衡。尽量提前建设可供工程施工使用的永久性工程,以节省临时工程费用。急需和关键的工程先施工,以保证工程项目如期交工。对于某些技术复杂、施工周期较长、施工困难较多的工程,亦应安排提前施工,以利于整个工程项目按期交付使用。施工顺序必须与主要生产系统投入生产的先后次序相吻合。同时,还要安排好配套工程的施工时间,以保证建设工程能迅速投入生产或交付使用。应注意季节对施工顺序的影响,使施工季节不导致工期拖延,不影响工程质量。安排一部分附属工程或零星项目作为后备项目,用以调整主要项目的施工进度。注意主要工种和主要施工机械能否连续施工。

4. 初拟施工总进度计划

按照各单位工程的逻辑关系和工期初拟施工总进度计划，施工总进度计划既可以用横道图表示，也可以用网络图表示。

5. 修正施工总进度计划

初步施工总进度计划编制完成后，要对其进行检查。主要是检查总工期是否符合要求，资源使用是否均衡且其供应是否能得到保证，从而确定正式施工进度计划。

4.3.1.2　单位工程施工进度计划的编制

单位工程施工进度计划的编制步骤如下。

1. 划分工作项目

工作项目是包括一定工作内容的施工过程，它是施工进度计划的基本组成单元。工作项目内容的多少，划分的粗细程度，应该根据计划的需要来决定。对于大型建设工程，经常需要编制控制性施工进度计划，此时工作项目可以划分得粗一些，一般只明确到分部工程即可。如果编制实施性施工进度计划，工作项目就应划分得细一些。在一般情况下，单位工程施工进度计划中的工作项目应明确到分项工程或更具体，以满足指导施工作业、控制施工进度的要求。

由于单位工程中的工作项目较多，应在熟悉施工图纸的基础上，根据建筑结构特点及已确定的施工方案，按施工顺序逐项列出，以防止漏项或重项。凡与工程对象施工直接有关的内容均应列入计划，而不属于直接施工的辅助性项目和服务性项目则不必列入。

另外，有些分项工程在施工顺序上和时间安排上是相互穿插进行的，或者是由同一专业施工队完成的，为了简化进度计划的内容，应尽量将这些项目合并，以突出重点。

2. 确定施工顺序

确定施工顺序是为了按照施工的技术规律和合理的组织关系，解决各工作项目之间在时间上的先后和搭接问题，以达到保证质量、安全施工、充分利用空间、争取时间、实现合理安排工期的目的。

3. 计算工程量

工程量的计算应根据施工图和工程量计算规则，针对所划分的每一个工作项目进行。计算工程量时应注意以下问题：工程量的计算单位应与现行定额手册中所规定的计量单位相一致，以便计算劳动力、材料和机械数量时直接套用定额，而不必进行换算。要结合具体的施工方法和安全技术要求计算工程量。应结合施工组织的要求，按已划分的施工段分层分段进行计算。

4. 计算劳动量和机械台班数

当某工作项目由若干个分项工程合并而成时，则应分别根据各分项工程的时间定额（或产量定额）及工程量计算出综合时间定额（或综合产量定额）。

5. 确定工作项目的持续时间

根据工作项目所需要的劳动量或机械台班数，以及该工作项目每天安排的工人数或配备的机械台数，即可计算出各工作项目的持续时间。

6.绘制施工进度计划图

绘制施工进度计划图,首先应选择施工进度计划的表达形式。目前,常用来表达建设工程施工进度计划的方法有横道图和网络图两种形式。

7.施工进度计划的检查与调整

当施工进度计划初始方案编制好后,需要对其进行检查与调整,以便使进度计划更加合理。进度计划检查的主要内容包括:各工作项目的施工顺序、平行搭接和技术间歇是否合理;总工期是否满足合同规定;主要工种的工人是否能满足连续、均衡施工的要求;主要机具、材料等的利用是否均衡和充分。首要的是前两个方面的检查,如果不满足要求,必须进行调整。只有在前两个方面均达到要求的前提下,才能进行后两个方面的检查与调整。前者是解决可行与否的问题,而后者则是优化的问题。

4.3.1.3 调整施工总进度计划

工期目标的按期实现,首要前提是要有一个科学合理的进度计划。如果实际进度与计划进度出现偏差,根据工作偏差对后续工作与总工期的影响情况,调整后续施工进度,确保工程进度目标实现。图4-1为进度控制程序。

在工程实施过程中,施工阶段监理工程师严格执行施工合同中对进度、开工及延期开工、暂停施工、工期延误、工程竣工的承诺。建立进度监测系统和进度调整系统,如图4-2所示;通过检查分析,如果发现原有进度计划已不适应实际情况,为确保进度控制目标的实现或需要确定新的计划目标,就必须对原有的进度计划进行调整,以形成新的进度计划,作为进度控制的新依据。

在实际工作中,应根据具体情况进行进度计划的调整。施工进度调整的方法常用的有两种:一种是通过压缩关键工作的持续时间来缩短工期;另一种是通过组织搭接作业或平行作业来缩短工期。

1.缩短关键工作的持续时间

这种方法的特点是不改变工作之间的先后顺序关系,而通过采取增加资源投入、提高劳动效率等措施来缩短某些工作的持续时间,使工程进度加快,以保证按计划工期完成该工程项目。这些被压缩持续时间的工作是位于关键线路和超过计划工期的非关键线路上的工作。同时,这些工作又是其持续时间可被压缩的工作。这种调整方法通常可以在网络图上直接进行。其调整方法视限制条件及其对后续工作的影响程度的不同而有所区别,一般可分为两种情况:

(1)网络计划中某项工作进度拖延的时间已超过其自由时差但未超过其总时差。

此时该工作的实际进度不会影响总工期,而只会对其后续工作产生影响。因此,在进行调整前,需要确定其后续工作允许拖延的时间限制,并以此作为进度调整的限制条件。该限制条件的确定较复杂,尤其当后续工作由多个平行的承包单位负责实施时更是如此。后续工作如不能按原计划进行,在时间上产生的任何变化都可能使合同不能正常履行,而导致蒙受损失的一方提出索赔。因此,寻求合理的调整方案,把进度拖延后对后续工作的影响减少到最低程度,是监理工程师的一项重要工作。

(2)网络计划中某项工作进度拖延的时间超过其总时差。

如果网络计划中某项工作进度拖延的时间超过其总时差,则无论该工作是否为关键

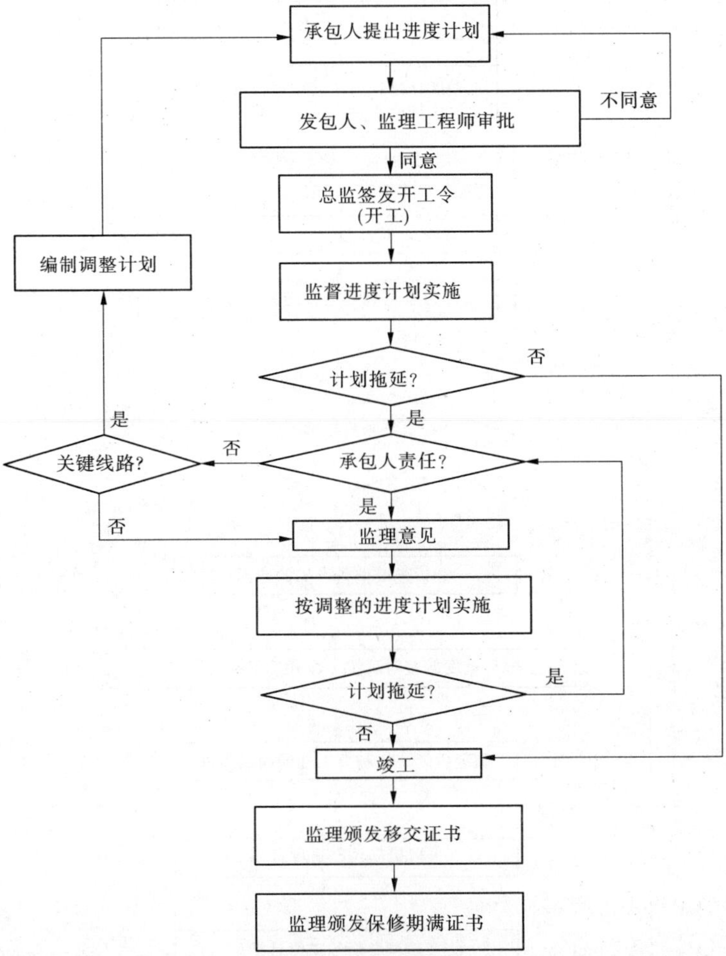

图 4-1　进度控制程序

工作,其实际进度都将对后续工作和总工期产生影响。此时,进度计划的调整方法又可分为以下两种情况:

①项目总工期不允许拖延。如果工程项目必须按照原计划工期完成,则只能采取缩短关键线路上后续工作持续时间的方法来达到调整计划的目的。这种方法实质上就是工期优化的方法。

②项目总工期允许拖延的时间有限。如果项目总工期允许拖延,但允许拖延的时间有限,则当实际进度拖延时间超过此限制时,也需要对网络计划进行调整,以便满足要求。

具体的调整方法是以总工期的限制时间作为规定工期,对检查日期之后尚未实施的网络计划进行工期优化,即通过缩短关键线路上后续工作持续时间的方法来使总工期满足规定工期的要求。

缩短关键工作的持续时间通常需要采取一定的措施来达到目的。具体的措施包括:

组织措施:增加工作面,组织更多的施工队伍;增加每天的施工时间;增加劳动力和施工机械的数量。

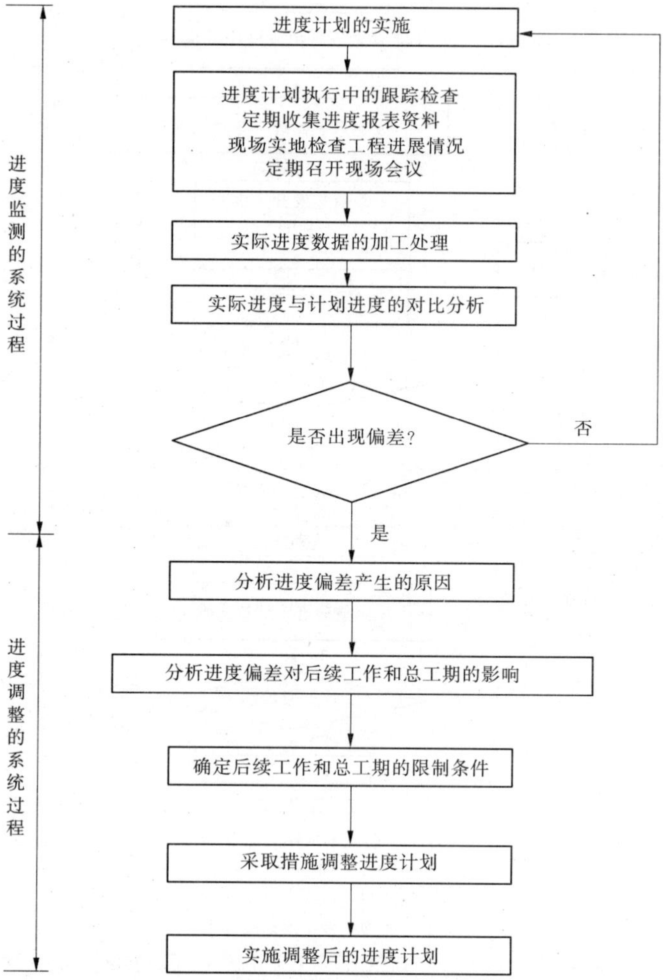

图 4-2　实际进度监测与调整的系统过程

技术措施:改进施工工艺和施工技术,缩短工艺技术间歇时间;采用更先进的施工方法,以减少施工过程的数量;采用更先进的施工机械。

经济措施:实行包干奖励;提高奖金数额;对所采取的技术措施给予相应的经济补偿。

其他配套的措施:改善外部配合条件;改善劳动条件;实施强有力的调度措施等。

一般来说,不管采取哪种措施,都会增加费用。因此,在调整施工进度计划时,应利用费用最低的原理选择单位费用增加量最小的关键工作作为压缩对象。

2. 改变某些工作间的逻辑关系

当工程项目实施中产生的进度偏差影响到总工期,且有关工作的逻辑关系允许改变时,可以改变关键线路和超过计划工期的非关键线路上的有关工作之间的逻辑关系,达到缩短工期的目的。例如,将顺序进行的工作改为平行作业、搭接作业以及分段组织流水作业等,都可以有效地缩短工期。这种方法的特点是不改变工作的持续时间,而只是改变工作的开始时间和完成时间。对于大型的建设工程,由于其单位工程较多且相互间的制约比较少,可调整的幅度比较大,所以容易采取平行作业的方法来调整施工进度计划。而对于单位工程项目,由于受工作之间的工艺关系的限制,可调整的幅度比较小,所以通常采用搭接作业的方法来调整施工进度计划。但不管是搭接作业还是平行作业,建设工程在单位时间内的资源需求量都将会增加。

4.3.2　工序控制

工序控制是指根据工程的施工进展,编制分项工程资源和工序控制计划(包括工程图纸供应计划、施工设备及劳动组织控制计划、材料供应计划、各个工种施工作业计划等)进行进度控制。

一般要求承包商报送的施工进度计划以横道图或网络图的形式编制,同时说明施工方法、施工场地、道路利用的时间和范围、项目法人所提供的临时工程和辅助设施的利用计划,并附机械设备需要计划、主要材料需求计划、劳动力计划、资金计划及附属设施计划等。工序控制一般包括以下几个方面。

4.3.2.1　施工机械、物资供应计划

为了实现月施工计划,对需要的施工机械、物资必须落实,主要包括机械需要计划、主要材料需要计划。

4.3.2.2　技术组织措施计划

合同要求编制技术组织措施方面的具体工作计划,如保证完成关键作业项目,实现安全施工等。对关键线路上的施工项目、施工工序严格控制,并随工程的进展实施动态控制;重要的分部、分项工程的施工方案,承包单位在开工前,应向监理工程师提交详细方案,说明为完成该项工程的施工方法、施工机械设备及人员配备与组织、质量管理措施以及进度安排等,报请监理工程师审查认可后方能实施。

4.3.2.3　施工进度计划控制

总体工程开工前,首先要求承建单位报送施工进度总计划,监理部门审查其逻辑关系、施工程序和资源的均衡投入以及对工程施工质量和合同工期目标的影响。承建单位根据监理部门批准的进度计划,结合实际工程的进展,按月向监理部门报送当月实际完成的施工进度报告和下月的施工进度计划。

4.3.2.4　工程施工过程控制

监理工程师对施工开工申请单中陈述的人员、施工机具、材料及设备到场情况、施工方法和施工环境进行检查。如检查主要专业操作工持证上岗资料;检查五大员(施工员、质检员、材料员、安全员、试验员)是否到岗;检查施工机具是否完好,能否正常运行,能否达到设计要求;检查进场材料是否与设计要求品种、规格一致,有否出厂标签、产品合格证、出厂试验报告单等。工程施工过程中,监理工程师应密切注意施工进度进展情况,并且通过计算机项目管理程序进行动态跟踪,如工程出现工期延误的情况,监理部门应及时召开协调会议,查出原因。不管是不是由于承建单位责任造成的,都应及时与建设单位协商,尽快解决存在的问题。

4.3.3　形象进度控制

施工进度表和材料进场计划表是控制和保证按期完工的形象图。根据批准的施工技

术方案计算各分项工程的工程量所需的劳动力和材料、设备，按照合同工期和劳动工日定额，安排各工序的开、竣工日期和顺序，形成施工进度安排。安排时，要尽可能使主要工序和关键机械（如基槽土方的机械开挖）连续、均衡施工，避免尖峰和停顿。处理好时间和空间、需要与条件、进度与供应等方面的关系。工程进度表一般采用横道图或工程进度曲线，这样能直观、方便地检查和控制。在计划图上进行实际进度记录，并跟踪记载每个施工过程的开始日期、完成日期，记录每日完成数量、施工现场发生的情况、干扰因素的排除情况。跟踪形象进度对工程量、总产值以及耗用的人工、材料和机械台班等的数量进行统计与分析，编制检查期内实际完成和累计完成工程量报表，进行实际进度与计划进度的比较。实际进度与计划进度的比较方法有以下几种。

4.3.3.1 横道图比较法

横道图比较法是指将项目实施过程中检查实际进度收集到的数据，经过加工整理后直接用横道线平行绘于原计划的横道线处，进行实际进度与计划进度的比较方法。采用横道图比较法，可以形象、直观地反映实际进度与计划进度的比较情况。

1. 匀速进展横道图比较法

匀速进展是指在工程施工中，每项工作在单位时间内完成的任务量都是相等的，即工作进展速度是均匀的。此时，每项工作累计完成的任务量与时间成线性关系，如图 4-3 所示。完成的任务量可以用实物工作量、劳动消耗量或费用支出表示。为了便于比较，通常用上述物理量的百分比表示。

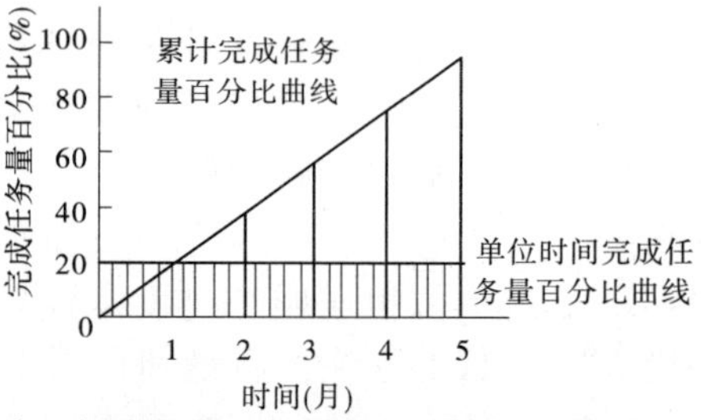

图 4-3 匀速进展工作时间与完成任务量关系曲线

匀速进展横道图比较法实施步骤如下：编制横道图进度计划；在进度计划上标出检查日期；将检查收集到的实际进度数据经加工整理后按比例用涂黑的粗线标于计划进度的下方，如图 4-4 所示。

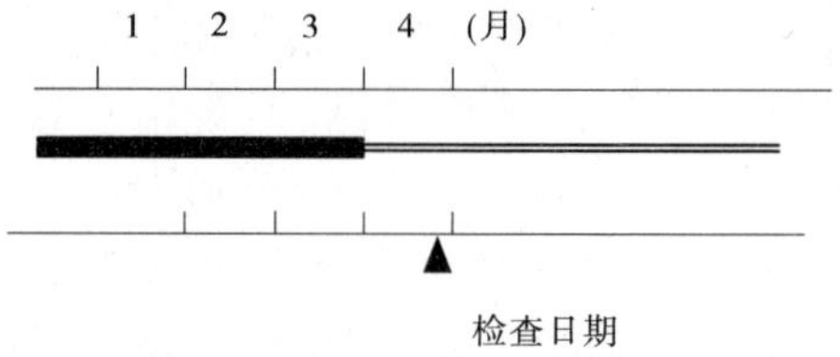

图 4-4 匀速进展横道图比较法

对比分析实际进度与计划进度：如果涂黑的粗线右端落在检查日期左侧，表明实际进度拖后；如果涂黑的粗线右端落在检查日期右侧，表明实际进度超前；如果涂黑的粗线右端与检查日期重合，表明实际进度与计划进度一致。

必须指出，该方法仅适用于工作从开始到结束的整个过程中，其进展速度均为固定不变的情况。如果工作的进展速度是变化的，则不能采用这种方法进行实际进度与计划进度的比较；否则，会得出错误的结论。

2. 非匀速进展横道图比较法

当工作在不同单位时间里的进展速度不相等时，累计完成的任务量与时间的关系就不可能是线性关系。此时，应采用非匀速进展横道图比较法进行实际工作进度与计划进度的比较。

非匀速进展横道图比较法是在用涂黑粗线表示工作实际进度的同时，还要标出其对应时刻完成任务量的累计百分比，并将该百分比与其同时刻计划完成任务量的累计百分比相比较，判断工作实际进度与计划进度之间的关系。

非匀速进展横道图比较法实施步骤如下：编制横道图进度计划；在横道线上方标出各主要时间工作的计划完成任务量累计百分比；在横道线下方标出相应时间工作的实际完成任务量累计百分比；用涂黑粗线标出工作的实际进度，从开始之日标起，同时反映出该工作在实施过程中的连续与间断情况；通过比较同一时刻实际完成任务量累计百分比和计划完成任务量累计百分比，判断工作实际进度与计划进度之间的关系，如图 4-5 所示。如果同一时刻横道线上方累计百分比大于横道线下方累计百分比，表明实际进度拖后，拖欠的任务量为二者之差；如果同一时刻横道线上方累计百分比小于横道线下方累计百分比，表明实际进度超前，超前的任务量为二者之差；如果同一时刻横道线上下方两个累计百分比相等，表明实际进度与计划进度一致。

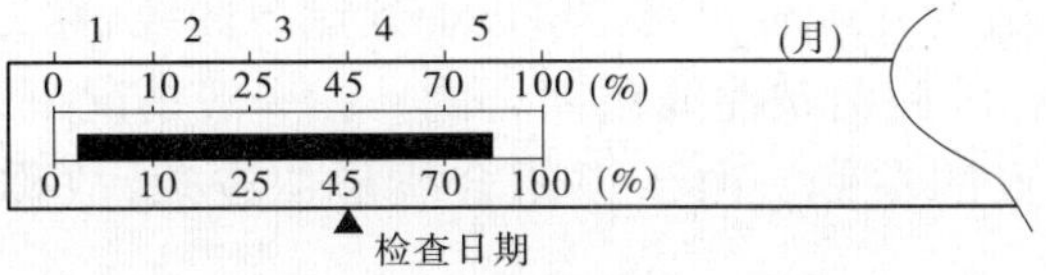

图 4-5　非匀速进展横道图比较法

可以看出，由于工作进展速度是变化的，因此在图中的横道线，无论是计划的还是实际的，只能表示工作的开始时间、完成时间和持续时间，并不表示计划完成的任务量和实际完成的任务量。此外，采用非匀速进展横道图比较法，不仅可以进行某一时刻（如检查日期）实际进度与计划进度的比较，而且还能进行某一时间段实际进度与计划进度的比较。当然，这需要实施部门按规定的时间记录当时的任务完成情况。

横道图比较法虽有记录比较方法简单、形象直观、易于掌握、使用方便等优点，但由于其以横道计划为基础，因而带有不可克服的局限性。当某些工作实际进度出现偏差时，难以预测其对后续工作和工程总工期的影响，也就难以确定相应的进度调整方法。因此，横道图比较法适用于工程项目中某些工作实际情况与计划进度的局部比较。

4.3.3.2　S 曲线比较法

S 曲线比较法是以横坐标表示时间，纵坐标表示累计完成任务量，绘制一条按计划时间累计完成任务量的 S 曲线，然后将工程项目实施过程中各检查时间累计完成任务量的

S 曲线也绘制在同一坐标系中,进行实际进度与计划进度比较的一种方法。实际进度与计划进度的比较同横道图比较法一样,S 曲线比较法也是在图上进行工程项目实际进度与计划进度的直观比较。在工程项目实施过程中,按照规定时间将检查收集到的实际累计完成任务量绘制在计划进度曲线图上,即可得到实际进度曲线,如图 4-6 所示。

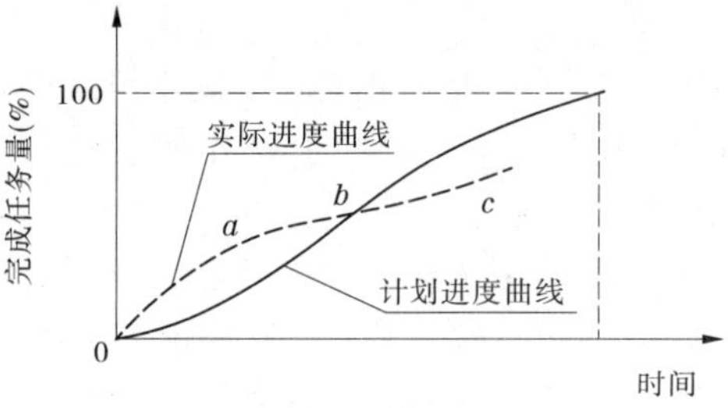

图 4-6　S 曲线比较法

在图 4-6 中,工程项目实际进度状况是:如果工程实际进展点落在计划进度曲线左侧,表明此时实际进度比计划进度超前,如图 4-6 中的 a 点;如果工程实际进展点落在计划进度曲线右侧,表明此时实际进度拖后,如图 4-6 中的 c 点;如果工程实际进展点正好落在计划进度曲线上,则表示此时实际进度与计划进度一致,如图 4-6 中的 b 点。

4.3.3.3　香蕉曲线比较法

香蕉曲线是由两条 S 曲线组合而成的闭合曲线。由 S 曲线比较法可知,工程项目累计完成的任务量与计划时间的关系,可以用一条 S 曲线表示。对于一个工程项目的网络计划来说,如果以其中各项工作的最早开始时间安排进度而绘制 S 曲线,称为 ES 曲线;如果以其中各项工作的最迟开始时间安排进度而绘制 S 曲线,称为 LS 曲线。两条 S 曲线具有相同的起点和终点,因此两条曲线是闭合的。在一般情况下,ES 曲线上的其余各点均落在 LS 曲线的相应点的左侧。由于该闭合线形似香蕉,故称为香蕉曲线,如图 4-7 所示。

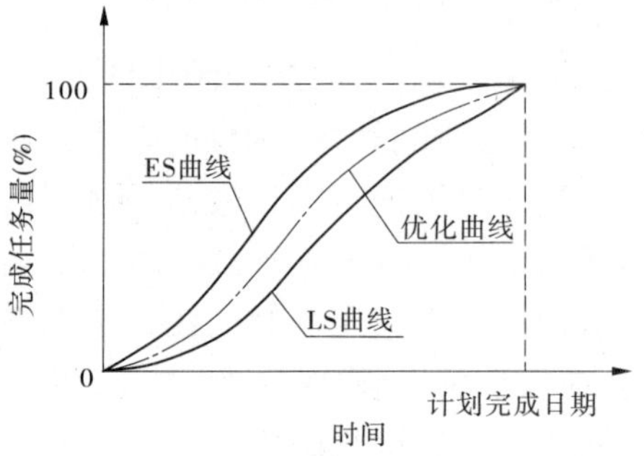

图 4-7　香蕉曲线比较法

香蕉曲线比较法能直观地反映工程项目的实际进度情况,并可以获得比 S 曲线更多的信息。其主要作用如下:

(1)合理安排工程项目进度计划。如果工程项目中的各项工作均按其最早开始时间安排进度,将导致项目的投资加大,而如果各项工作都按其最迟开始时间安排进度,则一且受到进度影响因素的干扰，又将导致工期拖延，使工程进度风险加大。因此，一个科学合理的进度计划优化曲线应处于香蕉曲线所包络的区域之内。

(2)定期比较工程项目的实际进度与计划进度。在工程项目的实施过程中，根据每次检查收集到的实际完成任务量，绘制出实际进度 S 曲线，便可以与计划进度相比较。工程项目实施进度的理想状态是任一时刻工程实际进展点应落在香蕉曲线图的范围之内。如果工程实际进展点落在 ES 曲线的左侧，表明此刻实际进度比各项工作按其最早开始时间安排的计划进度超前；如果工程实际进展点落在 LS 曲线的右侧，表明此刻实际进度比各项工作按其最迟开始时间安排的计划进度拖后。

(3)预测后期工程进展趋势。利用香蕉曲线可以对后期工程的进展情况进行预测。判断工程项目按照目前的施工进度在检查日期之后完成工程的情况。

4.3.3.4 前锋线比较法

前锋线比较法是通过绘制某检查时刻工程项目实际进度前锋线，进行工程实际进度与计划进度比较的方法，它主要适用于时标网络计划。所谓前锋线，是指在原时标网络计划上，从检查时刻的时标点出发，用点画线依次将各项工作实际进度位置点连接而成的折线。前锋线比较法就是通过实际进度前锋线与原进度计划中各工作箭线交点的位置来判断工作实际进度与计划进度的偏差，进而判定该偏差对后续工作及总工期进度影响的一种方法。

采用前锋线比较法进行实际进度与计划进度的比较，其步骤如下。

1. 绘制时标网络计划图

工程项目实际进度前锋线是在时标网络计划图上表示，为清楚起见，可在时标网络计划图的上方和下方各设一时间坐标。

2. 绘制实际进度前锋线

一般从时标网络计划图上方时间坐标的检查日期开始绘制，依次连接相邻工作的实际进展位置点，最后与时标网络计划图下方坐标的检查日期相连接。

工作实际进展位置点的标定方法有两种：

(1)按该工作已完任务量比例进行标定。假设工程项目中各项工作均为匀速进展，根据实际进度检查时刻该工作已完成任务量占其计划完成总任务量的比例，在工作箭线上从左至右按相同的比例标定其实际进展位置点。

(2)按尚需作业时间进行标定。当某些工作的持续时间难以按实物工程量来计算而只能凭经验估算时，可以先估算出检查时刻到该工作全部完成尚需作业的时间，然后在该工作箭线上从右向左逆向标定其实际进展的位置点。

3. 进行实际进度与计划进度的比较

前锋线可以直观地反映出检查日期有关工作实际进度与计划进度之间的关系。对某项工作来说，其实际进度与计划进度之间的关系可能存在以下三种情况：

(1)工作实际进度位置点落在检查日期的左侧，表明该工作实际进度拖后，拖后的时间为二者之差；如图 4-8 所示，C 工作拖后的时间为 2 天，E 工作拖后的时间为 1 天。

(2)工作实际进展位置点与检查日期重合，表明该工作实际进度与计划进度一致，如图 4-8 中 D 工作。

(3)工作实际进展位置点落在检查日期的右侧,表明该工作实际进度超前,超前的时间为二者之差。

4. 预测进度偏差对后续工作及总工期的影响

通过实际进度与计划进度的比较确定进度偏差后,还可根据工作的自由时差和总时差预测该进度偏差对后续工作及项目总工期的影响。由此可见,前锋线比较法既适用于工作实际进度与计划进度的局部比较,又可用来分析和预测工程项目整体进度状况。

例如,某分部工程时标网络计划如图 4-8 所示。当该计划执行到第 5 天结束时检查实际进展情况,实际进度前锋线表明工作 D 仍有总时差 2 天;工作 G 的最早开始时间将会受影响。

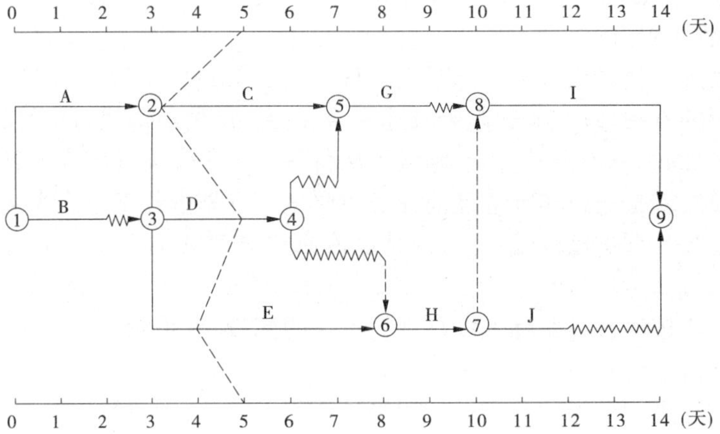

图 4-8　某分部工程时标网络计划

4.3.3.5　列表比较法

当工程进度计划用非时标网络图表示时,可以采用列表比较法进行实际进度与计划进度的比较。这种方法是记录检查日期应该进行的工作名称及其已经作业的时间,然后列表计算有关时间参数,并根据工作总时差进行实际进度与计划进度比较的方法。

采用列表比较法进行实际进度与计划进度的比较步骤如下:

(1)对于实际进度检查日期应该进行的工作,根据已作业的时间,确定其尚需作业时间。

(2)根据原进度计划,计算从检查日期开始至原计划最迟完成时间的尚余时间。

(3)计算工作尚有总时差,其值等于工作从检查日期到原计划最迟完成时间尚余时间与该工作尚需作业时间之差。

(4)比较实际进度与计划进度,可能有以下几种情况:

①如果工作尚有总时差与原有总时差相等,说明该工作实际进度与计划进度一致。

②如果工作尚有总时差大于原有总时差,说明该工作实际进度超前,超前的时间为二者之差。

③如果工作尚有总时差小于原有总时差,且仍为非负值,说明该工作实际进度拖后,拖后的时间为二者之差,此时工作实际进度偏差将影响总工期。

4.4 工程进度控制的措施

4.4.1 施工总进度计划审查

监理机构应在合同工程开工前依据施工合同约定的工期总目标、阶段性目标和发包人的控制性总进度计划,制定施工进度计划的编制要求并书面通知承包人。

4.4.1.1 施工总进度计划的审批程序

(1)承包人应按施工合同约定的内容、期限和施工总进度计划的编制要求,编制施工总进度计划,报送监理机构。

(2)监理机构应在施工合同约定的期限内完成审查并批复或提出修改意见。

(3)根据监理机构的修改意见,承包人应修正施工总进度计划,重新报送监理机构。

(4)监理机构在审查中,可根据需要提请发包人组织设代机构、承包人、设备供应单位、征迁部门等有关方参加施工总进度计划协调会议,听取参建各方的意见,并对有关问题进行分析处理,形成结论性意见。

4.4.1.2 施工总进度计划审查应包括的内容

(1)是否符合监理机构提出的施工总进度计划编制要求。

(2)施工总进度计划与合同工期和阶段性目标的响应性与符合性。

(3)施工总进度计划中有无项目内容漏项或重复的情况。

(4)施工总进度计划中各项目之间逻辑关系的正确性与施工方案的可行性。

(5)施工总进度计划中关键路线安排的合理性。

(6)人员、施工设备等资源配置计划和施工强度的合理性。

(7)原材料、中间产品和工程设备供应计划与施工总进度计划的协调性。

(8)本合同工程施工与其他合同工程施工之间的协调性。

(9)用图计划、用地计划等的合理性,以及与发包人提供条件的协调性。

(10)其他应审查的内容。

4.4.2 分阶段、分项目施工进度计划控制

(1)监理机构应要求承包人依据施工合同约定和批准的施工总进度计划,分年度编制年度施工进度计划,报监理机构审批。

(2)根据进度控制需要,监理机构可要求承包人编制季、月施工进度计划,以及单位工程或分部工程施工进度计划,报监理机构审批。

4.4.3 施工进度的检查

(1)监理机构应检查承包人是否按照批准的施工进度计划组织施工,资源的投入是否满足施工需要。

(2)监理机构应跟踪检查施工进度,分析实际施工进度与施工进度计划的偏差,重点分析关键路线的进展情况和进度延误的影响因素,并采取相应的监理措施。

4.4.4 施工进度计划的调整

(1)监理机构在检查中发现实际施工进度与施工进度计划发生了实质性偏离时，应指示承包人分析进度偏差原因、修订施工进度计划报监理机构审批。

(2)当变更影响施工进度时，监理机构应指示承包人编制变更后的施工进度计划，并按施工合同约定处理变更引起的工期调整事宜。

(3)施工进度计划的调整涉及总工期目标、阶段目标改变，或者资金使用有较大的变化时，监理机构应提出审查意见报发包人批准。

4.4.5 监理机构签发暂停施工指示

(1)在发生下列情况之一时，监理机构应提出暂停施工的建议，报发包人同意后签发暂停施工指示：

①工程继续施工将会对第三者或社会公共利益造成损害。

②为了保证工程质量、安全所必要。

③承包人发生合同约定的违约行为，且在合同约定时间内未按监理机构指示纠正其违约行为，或拒不执行监理机构的指示，从而将对工程质量、安全、进度和资金控制产生严重影响，需要停工整改。

(2)监理机构认为发生了应暂停施工的紧急事件时，应立即签发暂停施工指示，并及时向发包人报告。

(3)在发生下列情况之一时，监理机构可签发暂停施工指示，并抄送发包人：

①发包人要求暂停施工。

②承包人未经许可即进行主体工程施工时，改正这一行为所需要的局部停工。

③承包人未按照批准的施工图纸进行施工时，改正这一行为所需要的局部停工。

④承包人拒绝执行监理机构的指示，可能出现工程质量问题或造成安全事故隐患，改正这一行为所需要的局部停工。

⑤承包人未按照批准的施工组织设计或施工措施计划施工，或承包人的人员不能胜任作业要求，可能会出现工程质量问题或存在安全事故隐患，改正这些行为所需要的局部停工。

⑥发现承包人所使用的施工设备、原材料或中间产品不合格，或发现工程设备不合格，或发现影响后续施工的不合格的单元工程(工序)，处理这些问题所需要的局部停工。

(4)监理机构应分析停工后可能产生影响的范围和程度，确定暂停施工的范围。

(5)发生暂停施工情形时，发包人在收到监理机构提出的暂停施工建议后，应在施工合同约定时间内予以答复；若发包人逾期未答复，则视为其已同意，监理机构可据此下达暂停施工指示。

(6)若由于发包人的责任需暂停施工，监理机构未及时下达暂停施工指示时，在承包人提出暂停施工的申请后，监理机构应及时报告发包人并在施工合同约定的时间内答复承包人。

(7)监理机构应在暂停施工指示中要求承包人对现场施工组织作出合理安排，以尽量减少停工影响和损失。

(8)下达暂停施工指示后,监理机构应按下列程序执行:

①指示承包人妥善照管工程,记录停工期间的相关事宜。

②督促有关方及时采取有效措施,排除影响因素,为尽早复工创造条件。

③具备复工条件后,监理机构应明确复工范围,及时签发复工通知,指示承包人执行。

(9)在工程复工后,监理机构应及时按施工合同约定处理因工程暂停施工引起的有关事宜。

4.4.6　施工进度延误管理

(1)由于承包人的原因造成施工进度延误,可能致使工程不能按合同工期完工的,监理机构应指示承包人编制并报审赶工措施报告。

(2)由于发包人的原因造成施工进度延误,监理机构应及时协调,并处理承包人提出的有关工期、费用索赔事宜。

(3)发包人要求调整工期的,监理机构应指示承包人编制并报审工期调整措施报告,经发包人同意后指示承包人执行,并按照施工合同约定处理有关费用事宜。

(4)监理机构应审阅承包人按施工合同约定提交的施工月报、施工年报,并报送发包人。

(5)监理机构应在监理月报中对施工进度进行分析,必要时提交进度专题报告。

4.4.7　工期延误补救

造成工程进度拖延的原因有两个方面:一是由于承包单位自身的原因;二是由于承包单位以外的原因。前者所造成的进度拖延,称为工程延误;而后者所造成的进度拖延称为工程延期。工程延误是指当出现工期延误时,监理工程师有权要求承包单位采取有效措施加快施工进度。如果经过一段时间后,实际进度没有明显改进,仍然拖后于计划进度,而且显然影响工程按期竣工时,监理工程师应要求承包单位修改进度计划,并提交给监理工程师重新确认。工期延误通常可以采用停止付款、误期损失赔偿、取消承包资格等手段处理。

监理工程师对修改后的施工进度计划的确认,并不是对工程延期的批准,而只是要求承包单位在合理的状态下施工。因此,监理工程师对进度计划的确认,并不能解除承包单位应负的一切责任,承包单位需要承担赶工的全部额外开支和误期损失赔偿。

4.4.7.1　工程延误的处理措施

1. *在原计划范围内采取赶工措施*

在年度计划内调整。当月计划未完成,一般要求在下个月的施工计划中补上。如果由于某种原因(例如发生大的自然灾害,或材料、设备、资金未能按计划要求供应等)计划拖欠较多时,则要求在季度或年度的其他月份内调整。

在合同工期内跨年度调整。工程年度施工计划是报上级主管部门审查批准的,大型工程还须经国家批准,因此是属于国家计划的一部分,应有其严肃性,当年计划应力争在当年内完成。只有在出现意外情况(如发生超标准洪水,出现严重的不良地质情况,材料、设备、资金供应等无法保证)，承包商通过各种努力仍难以完成年度计划时，允许将部分工程施工进度后延。在这种情况下，调整当年剩余月份的施工进度计划时，应保证合同书上规定的工程控制日期不变，因为它是关键线路上的工期。例如，向下一工序的承包商移交工作面、某项工程完工等，若拖后很可能引起发电工期顺延，还可能引起下一工序承包商的索赔，这时，该承包商应加快进度并按原定时间完工。影响上述工程控制工期的关键线路上的施工进度应保证，非关键线路上的施工进度尽可能保证。

当年的月(季)施工进度计划调整需跨年度时，应结合总进度计划调整考虑。

2.超过合同工期的进度调整

当在合同规定的控制工期内调整已无法实现时，只有用超过工期来调整进度。这种情况只有在万不得已时才允许。调整时应注意：先调整投产日期外的其他控制日期。例如，厂房土建工期拖延可考虑以加快机电安装进度来弥补，开挖时间拖延可考虑以加快浇筑进度来弥补等，以不影响第一台机组发电时间为原则，可考虑将工期后延，但应报上级主管部门审批。进度调整时应使竣工日期推迟最短。

3.工期提前的进度调整

当控制投产日期的项目完成计划后，且根据施工总进度安排，其后续施工项目和施工进度有可能缩短时，应考虑工程提前投产的可能性。例如某发电厂工程，厂房标计划完成较好，机组安装力量较强，工期有可能提前；而引水系统由于主客观原因，进度拖后较多，成为控制工程发电工期的“拦路虎”，这时就应想办法把引水系统进度赶上去。

一般情况下，只要能达到预期目标，调整越少越好。在进行项目进度调整时，应充分考虑以下各方面因素的制约：

(1)后续施工项目合同工期的限制。

(2)进度调整后，会不会给后续施工项目造成赶工或窝工而导致其工期和经济上遭受损失。

(3)材料物资供应需求上的制约。

(4)劳动力供应需要的制约。

(5)工程投资分配计划的限制。

(6)外界自然条件的制约。

(7)施工项目之间逻辑关系的制约。

(8)后续施工项目及总工期允许拖延的幅度。

4.4.7.2　工程延期的处理措施

工程延期是指如果由于承包单位以外的原因造成工期拖延，承包单位有权提出延长工期的申请。监理工程师应根据合同规定，审批工程延期时间。经监理工程师核实批准的工程延期时间，应纳入合同工期，作为合同工期的一部分。即新的合同工期应等于原定的合同工期加上监理工程师批准的工程延期时间。发生工程延期事件，不仅影响工程的进展，而且会给业主带来损失。因此，监理工程师应做好以下工作，以减少或避免工程延期事件的发生。

选择合适的时机下达工程开工令。监理工程师在下达工程开工令之前，应充分考虑业主的前期准备工作是否充分。特别应考虑征地、拆迁问题是否已解决，设计图纸能否及时提供,以及付款方面有无问题等,以避免由于上述问题缺乏准备而造成工程延期。

提醒业主履行施工承包合同中所规定的职责。在施工过程中,监理工程师应经常提醒业主履行自己的职责,提前做好施工场地及设计图纸的提供工作,并能及时支付工程进度款,以减少或避免由此而造成的工程延期。

妥善处理工程延期事件。当延期事件发生以后,监理工程师应根据合同规定进行妥善处理,既要尽量减少工程延期时间及其损失,又要在详细调查研究的基础上合理批准工程延期时间。

此外,业主在施工过程中应尽量减少干预、多协调,以避免由于业主的干扰和阻碍而导致延期事件的发生。

4.4.7.3 工期进度计划的贯彻

1. 检查各层次的计划,形成严密的计划保证系统

工期进度的所有施工进度计划,包括施工总进度计划、单位工程施工进度计划、分部分项工程施工进度计划,都是围绕一个总任务而编制的;它们之间关系是高层次的计划为低层次计划的依据,低层次计划为高层次计划的具体化。在其贯彻执行时,应当首先检查是否协调一致,计划目标是否层层分解,互相衔接,组成一个计划实施的保证体系,以施工任务书的方式下达施工队以保证实施。

2. 层层签订承包合同或下达施工任务书

工期进度经理、施工队和作业班组之间分别签订承包合同,按计划目标明确规定合同工期、相互承担的经济责任、权限和利益,或者采用下达施工任务书,将作业下达到施工班组,明确具体施工任务、技术措施、质量要求等内容,使施工班组必须保证按作业计划时间完成规定的任务。

3. 计划全面交底,发动群众实施计划

施工进度计划的实施是全体工作人员的共同的行动,要使有关人员都明确各项计划的目标、任务、实施方案和措施,使管理层和作业层协调一致,将计划变成群众的自觉行动,充分发动群众,发挥群众的干劲和创造精神。在计划实施前要进行计划交底工作,可以根据计划的范围召开全体职工代表大会或各级生产会议进行交底落实。

4.4.7.4 督促施工单位工期进度计划的实施

1. 督促施工单位编制月(旬)作业计划

为了实施施工进度计划,将规定的任务结合现场施工条件,如施工场地的情况、劳动力机械等资源条件和施工的实际进度,在施工开始前和过程中不断地编制本月(旬)的作业计划,使施工计划更具体、切合实际和可行。在月(旬)计划中要明确本月(旬)应完成的任务,所需要的各种资源量,提高劳动生产率和采取节约措施。

2. 督促施工单位签发施工任务书

编制好月(旬)作业计划以后,将每项具体任务通过签发施工任务书的方式使其进一步落实。施工任务书是向班组下达任务实行责任承包、全面管理和原始记录的综合性文件。施工班组必须保证指令任务的完成。它是计划和实施的纽带。

3. 检查施工进度记录,填好施工进度统计表

在计划任务完成的过程中,各级施工进度计划的执行者都要跟踪做好施工记录,记载

计划中的每项工作开始日期、工作进度和完成日期,为工期进度检查分析提供信息,因此要求实事求是地记载,并填好有关图表。

4.做好施工中的调度工作

施工中的调度是组织施工中各阶段、环节、专业和工种的互相配合、进度协调的指挥核心。调度工作是使施工进度计划实施顺利进行的重要手段。其主要任务是掌握计划实施情况,协调各方面关系,采取措施,排除各种矛盾,加强各薄弱环节,实现动态平衡,保证完成作业计划和实现进度目标。

调度工作内容主要有:监督作业计划的实施、调整协调各方面的进度关系;监督检查施工准备工作;督促资源供应单位按计划供应劳动力、施工机具、运输车辆、材料构配件等,并对临时出现问题采取调配措施;按施工平面图管理施工现场,结合实际情况进行必要调整,保证文明施工;了解气候、水、电、气的情况,采取相应的防范和保证措施;及时发现和处理施工中各种事故和意外事件;调节各薄弱环节;定期召开现场调度会议,贯彻工期进度主管人员的决策,发布调度令。

5.督促承包商建立强有力的现场管理机构

督促承包商建立以进度控制为主线的强有力的现场管理机构,狠抓进度计划的落实,对进度计划的落实情况进行考核,促进施工管理水平的提高,以此促进本工程施工的顺利开展。工期进度计划的实施就是施工活动的开展,也就是用施工进度计划指导施工活动、落实和完成计划。工期进度计划逐步实施的过程就是工期进度逐步完成过程。为了保证工期进度计划的实施,并且尽量按编制的计划时间逐步进行,保证各进度目标的实现,应做好如下工作:

检查承建单位的施工管理组织机构、人员配备、资质、业务水平是否适应工程的需要,检查实际参加施工的人力、机械数量及生产效率。对工程中出现窝工人数、窝工机械台班数进行检查并分析原因。

审核施工单位提出的工程项目总进度计划,并督促其执行。审查施工单位月进度计划并督促其执行。要求施工单位定期报下月的月进度计划和本月的完成工作量表。施工过程中,对照监理机构审批的分月施工计划,督促承包人做好周计划安排,并加以审核,认真落实各项施工措施,保证计划的完成。对实际进度与计划的偏差还要进一步分析其大小、对进度目标影响程度及其产生的原因,以便研究对策,提出纠偏措施。必要时,对后期进度计划作出适当的调整。

4.4.7.5 确保资源供应进度计划的实现

在进度控制中,特别是应确保资源供应进度计划的实现。当出现下列情况时,应采取措施处理:

(1)当发现资源供应出现中断、供应数量不足或供应时间不能满足要求时。

(2)由于工程变更引起资源需求的数量变更和品种变化时,应及时调整资源供应计划。

(3)当发包人提供的资源供应进度发生变化不能满足施工进度要求时,应敦促发包人执行原计划。

4.4.7.6　**检查监督计划的实施**

监理工程师对进度计划和实际完成任务随时进行比较,对进度偏差情况、进度管理情况、影响进度的特殊原因进行分析,并报总监理工程师。对进度拖延的,责成施工单位提出加快进度的措施,并督促落实。审核施工单位的进度调整计划并监督其实施。

只有月进度计划的按期或超前完成,年度计划和总目标的实现才有保证。因此,监理要求承包商年末上报下一年度的施工进度计划,审批后,再按年度计划编报月进度计划。在审批月进度计划时,对承包商的质量保证体系、人员到位情况、设备运行状态、原材料供应及施工方法等都要予以考虑。为检查监督计划的实施,采取以下一些措施:

(1)建立月例会制。

(2)建立现场协调令制度。

(3)推行目标管理。

(4)及时解决施工中的“瓶颈”。对于施工中的重点、难点项目,要求承包商制定专门措施,集中一切人力、物力,突击攻关。

(5)大力采用新技术。

复习思考题

1. 试解释工程进度控制和工程施工进度控制目标体系的概念。
2. 建设工程进度控制的依据有哪些?
3. 试述影响工程进度控制的主要因素。
4. 工程进度控制方法有哪些?
5. 如何编制施工总进度计划?
6. 如何编制单位工程施工进度计划?
7. 如何调整施工总进度计划?
8. 缩短关键工作的持续时间有哪些措施?
9. 如何采用前锋线进行实际进度与计划进度的比较?
10. 施工进度计划审查的内容是什么?
11. 网络进度计划工期优化的步骤是什么?
12. 工期延误补救的措施有哪些?
13. 如何督促承包商建立强有力的现场管理机构?

第 5 章 工程资金控制

5.1 资金使用计划

监理机构应审核承包人提交的资金流计划，并协助发包人编制合同工程付款计划。监理机构应建立合同工程付款台账，对付款情况进行记录。根据工程实际进展情况，对合同工程付款情况进行分析，必要时提出合同工程付款计划调整建议。

5.1.1 资金使用计划的编制

工程资金控制的目的是确保投资目标的实现。因此，监理工程师必须编制资金使用计划，合理地确定投资控制目标值。

编制资金使用计划过程中最重要的步骤，就是项目投资目标的分解。根据投资控制目标和要求的不同，投资目标的分解可以分为按子项目分解、按时间进度分解两种类型。

5.1.1.1 按子项目分解的资金使用计划

大中型的工程项目通常是由若干单项工程构成的，而每个单项工程包括了多个单位工程，每个单位工程又是由若干个分部分项工程构成的，因此首先要把项目总投资分解到单项工程和单位工程中。对各个单位工程的建筑安装工程投资还需要进一步分解到分部分项工程。

5.1.1.2 按时间进度分解的资金使用计划

工程项目的投资总是分阶段、分期支出的，资金应用是否合理与资金的时间安排有密切关系。为了编制项目资金使用计划，并据此筹措资金，尽可能减少资金占用和利息支出，有必要将项目总投资按其时间进度进行分解。

编制按时间进度的资金使用计划，通常可利用控制项目进度的网络图进一步扩充而得。在编制网络计划时，应在充分考虑进度控制对项目划分要求的同时，还要考虑确定投资预算对项目划分的要求，要同时兼顾。

5.1.2 资金使用计划的形式

5.1.2.1 按子项目分解得到的资金使用计划表

在完成工程项目投资目标分解之后，接下来就要具体地分配投资，编制工程分项的投资支出计划，从而得到详细的资金使用计划表。其内容一般包括：

(1)工程分项编码；

(2)工程内容；

(3)计量单位；

(4)工程数量；

(5)计划综合单价；

(6)本分项总计。

在编制投资支出计划时，要在项目总的方面考虑总的预备费，也要在主要的工程分项中安排适当的不可预见费，避免在具体编制资金使用计划时，可能发现个别单位工程或工程量表中某项内容的工程量计算有较大出入，使原来的投资预算失实，并在项目实施过程中对其尽可能地采取一些措施。

5.1.2.2　时间—投资累计曲线

通过对项目投资目标按时间进行分解，在网络计划基础上，可获得项目进度计划的横道图，并在此基础上编制资金使用计划。其表示方式有两种：一种是在总体控制时标网络图上表示；另一种是利用时间—投资曲线(S形曲线)表示，见图5-1。

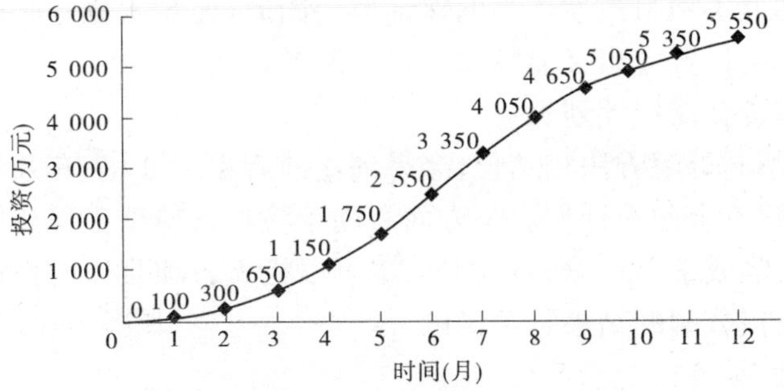

图5-1　时间—投资累计曲线(S形曲线)

时间—投资累计曲线绘制步骤如下：

(1)确定工程项进度计划，编制进度计划的横道图。

(2)根据每单位时间内完成的实物工程量或投入的人力、物力和财力，计算单位时间(月或旬)的投资，在时标网络图上按时间编制投资支出计划，如图5-2所示。

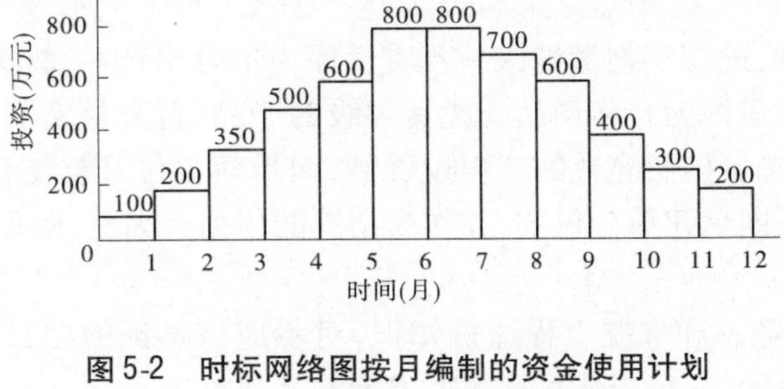

图5-2　时标网络图按月编制的资金使用计划

(3)计算规定时间t计划累计完成的投资额。其计算方法为：各单位时间计划完成的投资额累加求和，可按下式计算：

$$Q_t = \sum_{n=1}^{t} q_n$$

式中　Q_t——时间t计划累计完成投资额；

q_n——单位时间 n 的计划完成投资额；

t——规定计划时刻。

(4)按各规定时间的 Q_t 值，绘制 S 形曲线，如图 5-1 所示。

每一条 S 形曲线都对应某一特定的工程进度计划。因为在进度计划的非关键路线中存在许多有时差的工序或工作，所以 S 形曲线（投资计划值曲线）必然包络在由全部工作都按最早开始时间开始和全部工作都按最迟必须开始时间开始的曲线所组成的香蕉图内。建设单位可根据编制的投资支出预算来合理安排资金，同时建设单位也可以根据筹措的建设资金来调整 S 形曲线，即通过调整非关键路线上的工作的最早或最迟开工时间，力争将实际的投资支出控制在计划的范围内。

一般而言，所有工作都按最迟开始时间开始，对节约建设单位的建设资金贷款利息是有利的，但同时也降低了项目按期竣工的保证率。因此，监理工程师必须合理地确定投资支出计划，达到既节约投资支出又能控制项目工期的目的。

5.1.2.3 综合分解资金使用计划表

将投资目标的不同分解方法相结合，会得到比前者更为详尽、有效的综合分解资金使用计划表。综合分解资金使用计划表一方面有助于检查各单项工程和单位工程的投资构成是否合理，有无缺陷或重复计算，另一方面也可以检查各项具体的投资支出的对象是否明确和落实，并可校核分解的结果是否正确。

5.2 资金控制的方法和手段

5.2.1 资金控制流程

资金控制按资金控制流程进行控制，如图 5-3 所示。

5.2.2 工程计量

通过核实工程量，进行实物量签认。若质量评为不合格产品，视为无效工程量，则不开据支付凭证。若质量评为合格产品或优良等级的产品，首先核实工程量并签发计量证书，再按合同单价或总价核实完成的工程投资额，向承建单位开据支付凭证，建设单位依据监理部的支付凭证向承建单位付款，并作为结算的依据。因此，监理工程师在现场签证审查时应注意：

(1)监理人员应熟悉和掌握工程造价知识，对不应该签证的项目不应盲目签证。对由施工单位填写的签证，一定要认真核实后方能签字盖章。

(2)对施工单位在签证上巧立名目，弄虚作假，以少报多，蒙哄欺骗，遇到问题不及时办理签证，结算时搞突击，互相扯皮的现象应严格审查。

(3)有的施工单位为了中标，自动压价，或为了保住自己的利润对包干工程偷工减料，对非包干工程进行大量的施工现场签证，这类签证应严格审查。

5.2.2.1 可支付的工程量

可支付的工程量应同时符合以下条件：

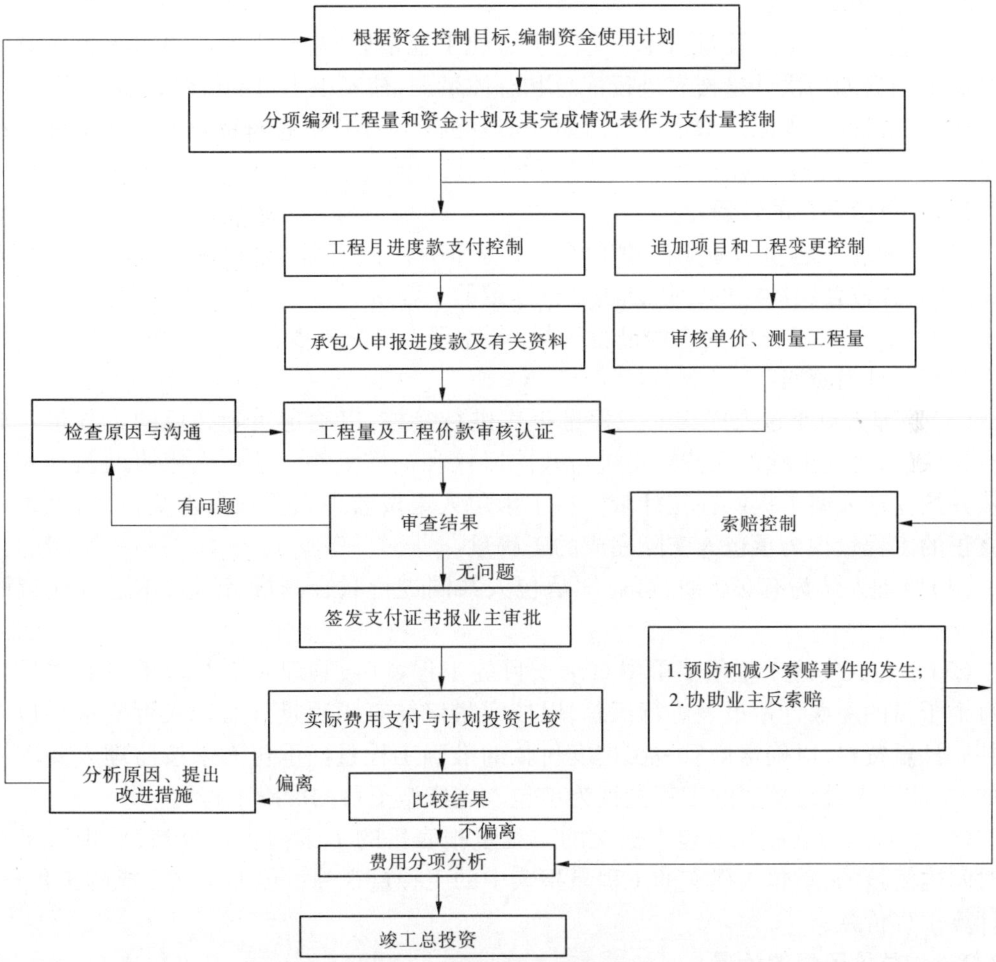

图 5-3　工程资金控制流程

(1)经监理机构签认,属于合同工程量清单中的项目,或发包人同意的变更项目以及计日工。

(2)所计量工程是承包人实际完成的并经监理机构确认质量合格。

(3)计量方式、方法和单位等符合合同约定。

5.2.2.2　工程计量程序

工程计量应符合以下程序:

(1)工程项目开工前,监理机构应监督承包人按有关规定或施工合同约定完成原始地形的测绘,并审核测绘成果。

(2)在接到承包人提交的工程计量报验单和有关计量资料后,监理机构应在合同约定时间内进行复核,确定结算工程量,据此计算工程价款。当工程计量数据有异议时,监理机构可要求与承包人共同复核或抽样复测;承包人未按监理机构要求参加复核,监理机构复核或修正的工程量视为结算工程量。

(3)监理机构认为有必要时,可通知发包人和承包人共同联合计量。

5.2.2.3 核实工程量

当承包人完成了工程量清单中每个子目的工程量后,监理机构应要求承包人派员共同对每个子目的历次计量报表进行汇总和总体量测,核实该子目的最终计量工程量;承包人未按监理机构要求派员参加的,监理机构最终核实的工程量视为该子目的最终计量工程量。

5.2.2.4 单价子目的计量

(1)已标价工程量清单中的单价子目工程量为估算工程量。结算工程量是承包人实际完成的,并按合同约定的计量方法进行计量的工程量。

(2)承包人对已完成的工程进行计量,向监理人提交进度付款申请单、已完成工程量报表和有关计量资料。

(3)监理人对承包人提交的工程量报表进行复核,以确定实际完成的工程量。对数量有异议的,可要求承包人按约定进行共同复核和抽样复测。承包人应协助监理人进行复核并按监理人要求提供补充计量资料。承包人未按监理人要求参加复核,监理人复核或修正的工程量视为承包人实际完成的工程量。

(4)监理人认为有必要时,可通知承包人共同进行联合测量、计量,承包人应遵照执行。

(5)承包人完成工程量清单中每个子目的工程量后,监理人应要求承包人派员共同对每个子目的历次计量报表进行汇总,以核实最终结算工程量。监理人可要求承包人提供补充计量资料,以确定最后一次进度付款的准确工程量。承包人未按监理人要求派员参加的,监理人最终核实的工程量视为承包人完成该子目的准确工程量。

(6)监理人应在收到承包人提交的工程量报表后的7天内进行复核,监理人未在约定时间内复核的,承包人提交的工程量报表中的工程量视为承包人实际完成的工程量,据此计算工程价款。

5.2.2.5 总价子目的计量

除专用合同条款另有约定外,总价子目的分解和计量按照下述约定进行:

(1)总价子目的计量和支付应以总价为基础,不因价格调整的因素而进行调整。承包人实际完成的工程量,是进行工程目标管理和控制进度支付的依据。

(2)承包人应按工程量清单中的要求对总价子目进行分解,并在签订协议书后的28天内将各子目的总价支付分解表提交监理人审批。分解表应标明其所属子目和分阶段需支付的金额。承包人应在批准的各总价子目支付周期内,对已完成的总价子目进行计量,将确定的分项应付金额列入进度付款申请单中。

(3)监理人对承包人提交的上述资料进行复核,以确定分阶段实际完成的工程量和工程形象目标。对其有异议的,可要求承包人按约定进行共同复核和抽样复测。

(4)除约定的变更外,总价子目的工程量是承包人用于结算的最终工程量。

5.2.3 预付款支付

预付款用于承包人为合同工程施工购置材料、工程设备、施工设备、修建临时设施以及组织施工队伍进场等。预付款的额度和预付办法在专用合同条款中约定。预付款必须专用于合同工程。

除专用合同条款另有约定外，承包人应在收到预付款的同时向发包人提交预付款保函，预付款保函的担保金额应与预付款金额相同。保函的担保金额可根据预付款扣回的金额相应递减。

预付款的扣回与还清：预付款在进度付款中扣回，扣回办法在专用合同条款中约定。在颁发工程接收证书前，由于不可抗力或其他原因解除合同时，预付款尚未扣清的，尚未扣清的预付款余额应作为承包人的到期应付款。

预付款支付应符合下列规定：

(1)监理机构收到承包人的工程预付款申请后，应按合同约定核查承包人获得工程预付款的条件和金额，具备支付条件后，签发工程预付款支付证书。监理机构应在核查工程进度付款申请单的同时，核查工程预付款应扣回的额度。

(2)监理机构收到承包人的材料预付款申请后，应按合同约定核查承包人获得材料预付款的条件和金额，具备支付条件后，按照约定的额度随工程进度付款一起支付。

5.2.4　工程进度付款

5.2.4.1　进度付款申请单的编制

承包人应在每个付款周期末，按监理人批准的格式和专用合同条款约定的份数，向监理人提交进度付款申请单，并附相应的支持性证明文件。

5.2.4.2　进度付款证书和支付时间

(1)监理人在收到承包人进度付款申请单以及相应的支持性证明文件后的14天内完成核查，提出发包人到期应支付给承包人的金额以及相应的支持性材料，经发包人审查同意后，由监理人向承包人出具经发包人签认的进度付款证书。监理人有权扣发承包人未能按照合同要求履行任何工作或义务的相应金额。

(2)发包人应在监理人收到进度付款申请单后的28天内，将进度应付款支付给承包人。发包人不按期支付的，按专用合同条款的约定支付逾期付款违约金。

(3)监理人出具进度付款证书，不应视为监理人已同意、批准或接受了承包人完成的该部分工作。

(4)进度付款涉及政府投资资金的，按照国库集中支付等国家相关规定和专用合同条款的约定办理。

5.2.4.3　工程进度付款的修正

在对以往历次已签发的进度付款证书进行汇总和复核中发现错、漏或重复的，监理人有权予以修正，承包人也有权提出修正申请。经双方复核同意的修正，应在本次进度付款中支付或扣除。

5.2.4.4　工程进度付款

(1)监理机构应在施工合同约定时间内，完成对承包人提交的工程进度付款申请单及相关证明材料的审核，同意后签发工程进度付款证书，报发包人。

(2)工程进度付款申请单应符合下列规定：

①付款申请单填写符合相关要求，支持性证明文件齐全。

②申请付款项目、计量与计价符合施工合同约定。

③已完工程的计量、计价资料真实、准确、完整。

(3)工程进度付款申请单应包括以下内容:

①截至上次付款周期末已实施工程的价款。

②本次付款周期已实施工程的价款。

③应增加或扣减的变更金额。

④应增加或扣减的索赔金额。

⑤应支付和扣减的预付款。

⑥应扣减的质量保证金。

⑦价格调整金额。

⑧根据合同约定应增加或扣减的其他金额。

(4)工程进度付款属于施工合同的中间支付。监理机构出具工程进度付款证书,不视为监理机构已同意、批准或接受了该部分工作。在对以往历次已签发的工程进度付款证书进行汇总和复核中发现错、漏或重复的,监理机构有权予以修正,承包人也有权提出修正申请。

5.2.5 计日工支付

发包人认为有必要时,由监理人通知承包人以计日工方式实施变更的零星工作。其价款按列入已标价工程量清单中的计日工计价子目及其单价进行计算。

采用计日工计价的任何一项变更工作,应从暂列金额中支付,承包人应在该项变更的实施过程中,每天提交以下报表和有关凭证报送监理人审批:

(1)工作名称、内容和数量;

(2)投入该工作所有人员的姓名、工种、级别和耗用工时;

(3)投入该工作的材料类别和数量;

(4)投入该工作的施工设备型号、台数和耗用台时;

(5)监理人要求提交的其他资料和凭证。

计日工由承包人汇总后,按约定列入进度付款申请单,由监理人复核并经发包人同意后列入进度付款。

5.2.6 完工付款

5.2.6.1 竣工(完工)付款申请单

(1)承包人应在合同工程完工证书颁发后28天内,按专用合同条款约定的份数向监理人提交完工付款申请单,并提供相关证明材料。完工付款申请单应包括下列内容:完工结算合同总价、发包人已支付承包人的工程价款、应扣留的质量保证金、应支付的完工付款金额。

(2)监理人对完工付款申请单有异议的,有权要求承包人进行修正和提供补充资料。经监理人和承包人协商后,由承包人向监理人提交修正后的完工付款申请单。

5.2.6.2 竣工(完工)付款证书及支付时间

(1)监理人在收到承包人提交的完工付款申请单后的14天内完成核查,提出发包人到期应支付给承包人的价款送发包人审核并抄送承包人。发包人应在收到后14天内审核完毕,由监理人向承包人出具经发包人签认的完工付款证书。监理人未在约定时间内核查,又未提出具体意见的,视为承包人提交的完工付款申请单已经监理人核查同意。发包人未在约定时间内审核又未提出具体意见的,监理人提出发包人到期应支付给承包人的价款视为已经发包人同意。

(2)发包人应在监理人出具完工付款证书后的14天内,将应支付款支付给承包人。发包人不按期支付的,按约定将逾期付款违约金支付给承包人。

(3)承包人对发包人签认的完工付款证书有异议的,发包人可出具完工付款申请单中承包人已同意部分的临时付款证书。存在争议的部分,按约定办理。

(4)完工付款涉及政府投资资金的,按约定办理。

5.2.6.3 完工付款

(1)监理机构应在施工合同约定期限内,完成对承包人提交的完工付款申请单及相关证明材料的审核,同意后签发完工付款证书,报发包人。

(2)监理机构应审核下列内容:

①完工结算合同总价。

②发包人已支付承包人的工程价款。

③发包人应支付的完工付款金额。

④发包人应扣留的质量保证金。

⑤发包人应扣留的其他金额。

5.2.7 最终结清

5.2.7.1 最终结清申请单

(1)工程质量保修责任终止证书签发后,承包人应按监理人批准的格式提交最终结清申请单,提交最终结清申请单的份数在专用合同条款中约定。

(2)发包人对最终结清申请单内容有异议的,有权要求承包人进行修正和提供补充资料,由承包人向监理人提交修正后的最终结清申请单。

5.2.7.2 最终结清证书和支付时间

(1)监理人收到承包人提交的最终结清申请单后的14天内,提出发包人应支付给承包人的价款送发包人审核,并抄送承包人。发包人应在收到后14天内审核完毕,由监理人向承包人出具经发包人签认的最终结清证书。监理人未在约定时间内核查,又未提出具体意见的,视为承包人提交的最终结清申请已经监理人核查同意;发包人未在约定时间内审核又未提出具体意见的,监理人提出应支付给承包人的价款视为已经发包人同意。

(2)发包人应在监理人出具最终结清证书后的14天内,将应支付款支付给承包人。

发包人不按期支付的,按约定,将逾期付款违约金支付给承包人。

(3)承包人对发包人签认的最终结清证书有异议的,按约定办理。

(4)最终结清付款涉及政府投资资金的,按约定办理。

5.2.7.3　**竣工财务决算**

发包人负责编制本工程项目竣工财务决算,承包人应按专用合同条款的约定提供竣工财务决算编制所需的相关材料。

5.2.7.4　**竣工审计**

发包人负责完成本工程竣工审计手续,承包人应完成相关配合工作。

5.2.7.5　**最终结清**

(1)监理机构应在施工合同约定期限内,完成对承包人提交的最终结清申请单及相关证明材料的审核,同意后签发最终结清证书,报发包人。

(2)监理机构应审核下列内容:

①按合同约定承包人完成的全部合同金额。

②尚未结清的名目和金额。

③发包人应支付的最终结清金额。

(3)若发包人和承包人双方未能就最终结清的名目和金额取得一致意见,监理机构应对双方同意的部分出具临时付款证书,只有在发包人和承包人双方有争议的部分得到解决后,方可签发最终结清证书。

5.2.8　质量保证金

监理人应从第一个工程进度付款周期开始,在发包人的进度付款中,按专用合同条款约定扣留质量保证金,直至扣留的质量保证金总额达到专用合同条款约定的金额或比例为止。质量保证金的计算额度不包括预付款的支付与扣回金额。

合同工程完工证书颁发后14天内,发包人将质量保证金总额的一半支付给承包人。在约定的缺陷责任期(工程质量保修期)满时,发包人将在30个工作日内会同承包人按照合同约定的内容核实承包人是否完成保修责任。如无异议,发包人应当在核实后将剩余的质量保证金支付给承包人。

监理机构应按合同约定审核质量保证金退还申请表,签发质量保证金退还证书。

5.2.9　施工合同解除后的支付

施工合同解除后的支付应符合下列规定:

(1)因承包人违约造成施工合同解除的支付。合同解除后,监理机构应按照合同约定完成下列工作:

①商定或确定承包人实际完成工作的价款,以及承包人已提供的原材料、中间产品、工程设备、施工设备和临时工程等的价款。

②查清各项付款和已扣款金额。

③核算发包人按合向约定应向承包人索赔的由于解除合同给发包人造成的损失。

(2)因发包人违约造成施工合同解除的支付。监理机构应按合同约定核查承包人提交的下列款项及有关资料和凭证:

①合同解除日之前所完成工作的价款。

②承包人为合同工程施工订购并已付款的原材料、中间产品、工程设备和其他物品的

金额。

③承包人为完成工程所发生的，而发包人未支付的金额。

④承包人撤离施工场地以及遣散承包人人员的金额。

⑤由于解除施工合同应赔偿的承包人损失。

⑥按合同约定在解除合同之前应支付给承包人的其他金额。

(3)因不可抗力致使施工合同解除的支付。监理机构应根据施工合同约定核查下列款项及有关资料和凭证：

①已实施的永久工程合同金额，以及已运至施工场地的材料价款和工程设备的损害金额。

②停工期间承包人按照监理机构要求照管工程和清理、修复工程的金额。

③各项已付款和已扣款金额。

(4)发包人与承包人就上述解除合同款项达成一致后，出具最终结清证书，结清全部合同款项；未能达成一致时，按照合同争议处理。

5.2.10 价格调整

监理机构应按施工合同约定的程序和调整方法，审核单价、合价的调整。当发包人与承包人因价格调整不能协商一致时，应按照合同争议处理，处理期间监理机构可依据合同授权暂定调整价格。调整金额可随工程进度付款一同支付。

5.2.10.1 物价波动引起的价格调整

由于物价波动原因引起合同价格需要调整的，其价格调整方式在专用合同条款中约定。

1.采用价格指数调整价格差额

(1)价格调整公式。因人工、材料和设备等价格波动影响合同价格时，根据投标函附录中的价格指数和权重表约定的数据，按以下公式计算差额并调整合同价格。

$$\Delta P = P_0\left[A + \left(B_1 \times \frac{F_{t1}}{F_{01}} + B_2 \times \frac{F_{t2}}{F_{02}} + B_3 \times \frac{F_{t3}}{F_{03}} + \cdots + B_n \times \frac{F_{tn}}{F_{0n}}\right) - 1\right]$$

式中 ΔP——需调整的价格差额；

P_0——约定的付款证书中承包人应得到的已完成工程量的金额，此项金额应不包括价格调整、不计质量保证金的扣留和支付、预付款的支付和扣回，约定的变更及其他金额已按现行价格计价的，也不计在内；

A——定值权重(不调部分的权重)；

$B_1, B_2, B_3, \cdots, B_n$——各可调因子的变值权重(可调部分的权重)，为各可调因子在签约合同价中所占的比例；

$F_{t1}, F_{t2}, F_{t3}, \cdots, F_{tn}$——各可调因子的现行价格指数，指约定的付款证书相关周期最后一天的前42天的各可调因子的价格指数；

$F_{01}, F_{02}, F_{03}, \cdots, F_{0n}$——各可调因子的基本价格指数，指基准日期的各可调因子的价格指数。

以上价格调整公式中的各可调因子、定值和变值权重，以及基本价格指数及其来源在投标函附录价格指数和权重表中约定,非招标订立的合同,由合同当事人在专用合同条款中约定。价格指数应首先采用工程造价管理机构发布的价格指数,无前述价格指数时,可采用工程造价管理机构发布的价格代替。

(2)暂时确定调整差额。在计算调整差额时得不到现行价格指数的,可暂用上一次价格指数计算,并在以后的付款中再按实际价格指数进行调整。

(3)权重的调整。按约定的变更导致原定合同中的权重不合理时,由监理人与承包人和发包人协商后进行调整。

(4)因承包人原因工期延误后的价格调整。因承包人原因未按期竣工的,对合同约定的竣工日期后继续施工的工程,在使用价格调整公式时,应采用计划竣工日期与实际竣工日期的两个价格指数中较低的一个作为现行价格指数。

2. 采用造价信息调整价格差额

施工期内,因人工、材料、设备和机械台班价格波动影响合同价格时,人工、机械使用费按国家或省(自治区、直辖市)建设行政管理部门、行业建设管理部门或其授权的工程造价管理机构发布的人工成本信息、机械台班单价或机械使用费系数进行调整;需要进行价格调整的材料,其单价和材料数应由监理人复核,监理人确认需调整的材料单价及数量,作为调整工程合同价格差额的依据。

工程造价信息的来源以及价格调整的项目和系数在专用合同条款中约定。

5.2.10.2 法律变化引起的调整

基准日期后,法律变化导致承包人在合同履行过程中所需要的费用发生除“市场价格波动引起的调整”条款约定外的增加时,由发包人承担由此增加的费用;减少时,应从合同价格中予以扣减。基准日期后,因法律变化造成工期延误时,工期应予以顺延。

因法律变化引起的合同价格和工期调整,合同当事人无法达成一致的,由总监理工程师按“商定或确定”条款的约定处理。

因承包人原因造成工期延误,在工期延误期间出现法律变化的,由此增加的费用和(或)延误的工期由承包人承担。

复习思考题

1. 施工阶段工程计量的依据是什么?
2. 现行工程变更价格确定的方法是什么?
3. 什么叫工程预付款?
4. 如何计算工程进度款?
5. 工程进度款支付的条件是什么?
6. 工程竣工结算的程序是什么?

第 6 章　施工安全监理与文明施工监理

6.1　施工安全监理内容

2003 年 11 月 24 日,国务院颁布了《建设工程安全生产管理条例》,并于 2004 年 2 月 1 日起施行,正式提出了监理单位在工程建设中应承担的安全监理责任以及相关法则,明确了监理单位对建设工程安全生产承担三大职责:审核查验职责、安全检查职责和督促整改职责。工程安全监理是工程监理的重要组成部分,也是工程安全生产管理的重要保障。工程安全监理的实施,是提高施工现场管理水平的有效方法,也是建设管理体制改革中加强安全管理、控制重大伤亡事故的一种有效手段。

6.1.1　安全监理的具体工作

6.1.1.1　审查承包人编制的施工组织设计中施工安全问题

监理机构应审查承包人编制的施工组织设计中的安全技术措施、施工现场临时用电方案,以及灾害应急预案、危险性较大的分部工程或单元工程专项施工方案是否符合工程建设标准强制性条文(水利工程部分)及相关规定的要求。

(1)审核施工组织设计中安全技术措施的编写、审批:

①安全技术措施应由施工企业工程技术人员编写;

②安全技术措施应由施工企业技术、质量、安全、工会、设备等有关部门进行联合会审;

③安全技术措施应由具有法人资格的施工企业技术负责人批准;

④安全技术措施应由施工企业报建设单位审批认可;

⑤安全技术措施变更或修改时,应按原程序由原编制审批人员批准。

(2)审核施工组织设计中安全技术措施或专项施工方案是否符合工程建设强制性标准:

①土方工程:地上障碍物的防护措施是否齐全完整;地下隐蔽物的保护措施是否齐全完整;相邻建筑物的保护措施是否齐全完整;场区的排水防洪措施是否齐全完整;土方开挖时的施工组织及施工机械的安全生产措施是否齐全完整;基坑边坡的稳定支护措施和计算书是否齐全完整;基坑四周的安全防护措施是否齐全完整。

②脚手架:脚手架设计方案(图)是否齐全完整可行;脚手架设计验算书是否正确齐全完整;脚手架施工方案及验收方案是否齐全完整;脚手架使用安全措施是否齐全完整;脚手架拆除方案是否齐全完整。

③模板施工:模板结构设计计算书的荷载取值是否符合工程实际,计算方法是否正确;模板设计应包括支撑系统自身及支撑模板的楼、地面承受能力的强度等;模板设计图

包括结构构件大样及支撑系统体系，连接件等的设计是否安全合理，图纸是否齐全；模板设计中安全措施是否周全。

④高处作业：临边作业的防护措施是否齐全完整；洞口作业的防护措施是否齐全完整；悬空作业的安全防护措施是否齐全完整。

⑤交叉作业：交叉作业时的安全防护措施是否齐全完整；安全防护棚的设置是否满足安全要求；安全防护棚的搭设方案是否完整齐全。

⑥塔式起重机：地基与基础工程施工是否能满足使用安全和设计需要；起重机拆装的安全措施是否齐全完整；起重机使用过程中的检查维修方案是否齐全完整；起重机驾驶员的安全教育计划和班前检查制度是否齐全；起重机的安全使用制度是否健全。

⑦临时用电：电源的进线、总配电箱的装设位置和线路走向是否合理；负荷计算是否正确完整；选择的导线截面和电气设备的类型规格是否正确；电气平面图、接线系统图是否正确完整；施工用电是否采用 TN－S 接零保护系统；是否实行“一机一闸”制，是否满足分级分段漏电保护；照明用电措施是否满足安全要求。

⑧安全文明管理：检查现场挂牌制度、封闭管理制度、现场围挡措施、总平面布置、现场宿舍、生活设施、保健急救、垃圾污水、放火、宣传等安全文明施工措施是否符合安全文明施工的要求。

6.1.1.2 编制安全监理方案

监理机构编制的监理规划应包括安全监理方案，明确安全监理的范围、内容、制度和措施，以及人员配备计划和职责。监理机构对中型及以上项目、危险性较大的分部工程或单元工程应编制安全监理实施细则，明确安全监理的方法、措施和控制要点，以及对承包人安全技术措施的检查方案。

6.1.1.3 核查承包人安全生产管理机构、人员资质

监理机构应按照相关规定核查承包人的安全生产管理机构，以及安全生产管理人员的安全资格证书和特种作业人员的特种作业操作资格证书，并检查安全生产教育培训情况。

具体核查内容包括：

(1)营业执照；

(2)施工许可证；

(3)安全资质证书；

(4)建筑施工安全监督书；

(5)安全生产管理机构的设置及安全专业人员的配备等；

(6)安全生产责任制及管理体系；

(7)安全生产规章制度；

(8)特种作业人员的上岗证及管理情况；

(9)各工种的安全生产操作规程；

(10)主要施工机械、设备的技术性能及安全条件。

6.1.2 施工安全监理内容

施工过程中监理机构的施工安全监理应包括下列内容：

(1)督促承包人对作业人员进行安全交底，监督承包人按照批准的施工方案组织施工，检查承包人安全技术措施的落实情况，及时制止违规施工作业。

(2)定期和不定期巡视检查施工过程中危险性较大的施工作业情况。

(3)定期和不定期巡视检查承包人的用电安全、消防措施、危险品管理和场内交通管理等情况。

(4)核查施工现场施工起重机械、整体提升脚手架和模板等自升式架设设施和安全设施的验收等手续。

(5)检查承包人的度汛方案中对洪水、暴雨、台风等自然灾害的防护措施和应急措施。

(6)检查施工现场各种安全标志和安全防护措施是否符合工程建设标准强制性条文(水利工程部分)及相关规定的要求。

(7)督促承包人进行安全自查工作，并对承包人自查情况进行检查。

(8)参加发包人和有关部门组织的安全生产专项检查。

(9)检查灾害应急救助物资和器材的配备情况。

(10)检查承包人安全防护用品的配备情况。

6.1.3 施工安全隐患

监理机构发现施工安全隐患时，应要求承包人立即整改；必要时，可要求承包人暂停施工，并及时向发包人报告。

现场监督与检查，发现安全事故隐患时及时下达监理通知，要求施工单位整改或暂停施工：

(1)日常现场跟踪监理，根据工程进展情况，监理人员对各工序安全情况进行跟踪监督，现场检查、验证施工人员是否按照安全技术防范措施和操作规程操作施工，发现安全隐患，及时下达监理通知，责令施工企业整改；

(2)对主要结构、关键部位的安全状况，除日常跟踪检查外，视施工情况，必要时可做抽检和检测工作；

(3)每日将安全检查情况记录在监理日记中；

(4)及时与建设行政主管部门进行沟通，汇报施工现场安全情况，必要时，以书面形式汇报，并做好汇报记录。

6.1.4 安全事故处理

当发生安全事故时，监理机构应指示承包人采取有效措施防止损失扩大，并按有关规定立即上报，配合安全事故调查组的调查工作，监督承包人按调查处理意见处理安全事故。

6.1.5 监督安全施工措施费用使用

监理机构应监督承包人将列入合同安全施工措施的费用按照合同约定专款专用。

6.2 安全监理工作方法

6.2.1 施工安全危险源的分析和预控

建筑施工业是一个事故多发的行业，在《中华人民共和国安全生产法》中，将建筑、矿山、化学危险品列为“三大高危”行业。

在整个生产安全事故统计中，建筑施工业事故占有相当高的比例，主要因为建设工程具有以下特点：作业环境的局限性、作业条件的恶劣性、施工作业高空性、安全管理的难度性、个体劳动保护的艰巨性、安全技术措施和安全管理措施的保证性、多工种立体交叉性、拆除作业的不安全性、装修材料的有毒性等。施工安全生产的上述特点，决定了施工生产的不安全隐患多存在于高空作业、交叉作业、垂直运输、个体劳动保护以及使用电气工具上，伤亡事故也多发生在高处坠落、物体打击、机械伤害、起重伤害、触电、坍塌及拆除工程坍塌等方面。

针对上述施工安全生产的特点，监理人员应做好施工安全危险源的分析和预控。危险源既存在于施工活动场所，也存在于施工场所周围区域。其形成原因包括施工前期的勘察设计不符合的结果和施工过程的各种不符合的活动、物质条件（人、物、环）。分析施工现场危险源的方法有以下几种：

（1）现场调查法，即通过询问交谈、现场观察、查阅有关记录来获取外部信息，并加以分析研究，可识别有关的危险源。

（2）工作任务分析法，即通过分析施工现场人员工作任务中所涉及的危害，可识别有关的危险源。

（3）安全检查表法，即运用编制好的安全检查表，对施工现场和工作人员进行系统的安全检查，可识别出存在的危险源。

（4）危险与操作性研究法，它是一种对工艺过程中的危险源实行严格审查和控制的技术，通过指导语句和标准格式寻找工艺偏差，以识别系统存在的危险源，并确定控制危险源的对策。

（5）事件树分析法，即时序逻辑分析判断法，它是一种从初始原因事件开始，分析各环节事件正常或不正常的发展变化过程，并预测各种可能结果的方法。应用这种方法，通过对系统各环节事件的分析，可识别出系统的危险源。

（6）故障树分析法，即根据系统可能发生的或已经发生的事故结果，去寻找与事故发生有关的原因、条件和规律。通过这样一个过程分析，可识别出系统中导致事故的有关危险源。

上述几种危险源识别方法都有各自特点，也有各自的适用范围和局限性。所以，在识别危险源的过程中，往往使用一种还不足以全面地分析到所存在的危险源，必须综合地运用两种和两种以上的方法。

根据国务院《建设工程安全生产管理条例》相关规定和参照《危险化学品重大危险源辨识》(GB 18218—2009)有关原理,进行施工安全重大危险源的辨识,是加强施工安全生产管理,预防重大事故发生的基础性的、迫在眉睫的工作;而这方面的工作在一些工程建设管理中尚未引起人们足够的重视。笔者认为对建设施工有关重大危险源进行辨识分析,应考虑从工程组成、工序、施工设施、机械和物质及其影响范围来进行。建设施工安全重大危险源初步可分为施工场所重大危险源、施工场所及周围地段重大危险源两类,其意外危害发生后,可造成人员死亡或重伤或重大财产损失。

存在于施工现场可能产生危害的活动,主要与施工分部、分项(工序)工程,施工装置(设施、机械)及物资有关。

(1)脚手架(包括落地架、悬挑架、爬架等)、模板和支撑、起重塔吊、物料提升机、施工电梯安装与运行,人工挖孔(井)、基坑(槽)施工,局部结构工程或临时建筑(工棚、围墙等)失稳,造成坍塌、倒塌意外。

(2)高度大于2 m的作业面(包括高空、洞口、临边作业),因安全防护设施不符合或无防护设施、人员未配系防护绳(带)等造成人员踏空、滑倒、失稳等意外。

(3)焊接、金属切割、冲击钻孔(凿岩)等施工及各种施工电器设备的安全保护(如漏电、绝缘、接地保护、一机一闸)不符合,造成人员触电、局部火灾等意外。

(4)工程材料、构件及设备的堆放与搬(吊)运等发生高空坠落、堆放散落、撞击人员等意外。

(5)工程拆除、人工挖孔(井)、浅岩基及隧道凿进等爆破,因误操作、防护不足等,发生人员伤亡、建筑及设施损坏等意外。

(6)人工挖孔(井)、隧道凿进、室内涂料(油漆)及粘贴等因通风排气不畅造成人员窒息或气体中毒等意外。

(7)施工用易燃易爆化学物品临时存放或使用不符合、防护不到位,造成火灾或人员中毒意外;工地饮食因卫生不符合,造成集体中毒或患病。

存在于施工场所及周围地段可能危害周围社区的活动,主要与工程项目所在地区地质条件、工程类型、工序、施工装置及物资有关。

(1)邻街或居民聚集、居住区的工程深基坑、隧道、地铁、竖井、大型管沟的施工,因为支护和顶撑等设施失稳、坍塌,不但造成施工场所破坏,还往往引起地面、周边建筑的坍塌、坍陷、爆炸与火灾等意外。

(2)基坑开挖、人工挖孔(井)等施工降水,造成周围建筑物因地基不均匀沉降而倾斜、开裂、倒塌等意外。

(3)邻街施工高层建筑或高度大于2 m的临空(街)作业面,因无安全防护设施或不符合,造成外脚手架、滑模失稳等坠落物体(件)打击人员等意外。

(4)工程拆除、人工挖孔(井)、浅岩基及隧道凿进等爆破,因设计方案、误操作、防护不足等造成发生施工场所及周围已有建筑及设施损坏、人员伤亡等意外。

分析识别了工程项目的危险源后,即可对危险源进行安全风险评价。评价围绕可能性和后果两个方面综合进行,一般通过定量和定性相结合的方法进行危险源的评价,让每个监理人员充分参与,详细了解一般危险源和重大危险源的分布范围和存在时段,以便能有针对性地采取有效措施予以防范。对危险源的预控,应按危险源的评价分级分别对待。对于一般危险源,可督促施工单位按现有的安全控制措施,加强安全管理。对于重大危险源,监理工程师应要求施工单位具体制定相应的安全技术和安全管理控制措施,改善相应的计划。其后进行控制措施计划,其结果应形成书面记录,一般可与危险源识别、评价结果合并列表记录。在控制措施计划实施前还应进行充分性评审,其主要内容是计划的控制措施是否能使施工安全风险降低到可接受或可容许的水平,是否会产生新的危险源,安全防范资金是否能够保证,是否具有可操作性等。

6.2.2　监理人员控制施工安全的方法和手段

我国现行的安全生产方针是"安全第一、预防为主",安全生产的基本原则是:管生产必须管安全、安全一票否决权、职业安全卫生"三同时"、事故处理"四不放过"。

施工过程体现在一系列的现场施工作业和管理活动中,作业和管理活动的效果将直接影响到施工过程的施工安全,监理工程师对施工过程的安全监理应着重体现在对作业和管理活动的控制上。为确保建设工程施工安全,监理工程师要对施工过程进行全过程、全方位的控制,对整个施工过程要按事前、事中及事后进行控制,重点要突出事前和事中控制,这与安全生产方针所凸显的"预防"相符合。同时,要采取组织措施、技术措施、经济措施、合同措施等方法,加强对施工安全的控制,确保安全控制横向到边、纵向到底,贯穿、覆盖于整个工程项目。

监理人员对施工安全的控制主要体现为监理人员对施工安全所承担的三大监理职责:审核查验职责、安全检查职责和督促整改职责。

6.2.2.1　审核技术文件、报告和报表

对技术文件、报告和报表的审核,是监理工程师对建设工程施工安全进行全面监督检查和控制的重要手段。审核内容如下:有关技术证明文件、专项施工方案、有关安全物资的检验报告、反映工序施工安全的图表、有关安全设施和施工机械验收核查资料等。

6.2.2.2　现场安全检查和监督

1. 现场安全检查的内容

(1)监督、检查在施工作业和管理过程中,施工人员、机械设备、材料、施工方法、施工工艺、施工操作以及施工环境条件等是否均处于良好的状态,是否符合保证工程施工安全的要求,若发现有问题,要及时纠偏和加以控制。

(2)对于重要的和对工程施工安全有重大影响的工序、工程部位、作业活动,监理人员还应在现场对施工过程进行监控。

(3)对安全记录资料进行检查,确保各项安全管理制度的有效落实。

2. 现场安全检查的类型

现场安全检查的类型有日常安全检查、定期安全检查、专业性安全检查、季节性及节假日后安全检查等。

3. 现场安全检查的方式

(1)旁站。旁站是指在关键部位或关键工序施工过程中,由监理人员在现场进行的

监督活动。在施工阶段,许多建设工程安全事故隐患是由于现场施工或操作不当或不符合标准、规范、规程所致,违章操作或违章指挥往往带来安全事故的发生。一旦安全事故发生,就会造成人员伤亡或直接经济损失。通过监理人员有效的现场旁站监督和检查,及时发现存在的安全问题并及时解决问题,能有效地避免安全事故的发生。确定旁站的工程部位、工艺和作业活动,应根据每个建设工程的特点、重大危险源部位、施工单位安全管理水平等。一般而言,高空作业、爆破作业、深基础工程、地下暗挖工程、起重吊装工程、起重机械安装拆卸施工等高危作业应进行旁站监控。

(2)巡视。巡视是监理人员对正在施工的部位及工序现场进行的定期或不定期的监督活动。巡视不限于某一部位及工艺过程,其检查范围是施工现场的所有生产安全状况。

(3)平行检验。平行检验是监理人员利用一定的检查检测手段,在施工单位自检的基础上,按照一定的比例独立进行检查和检测的活动。平行检验在安全技术复核及复验工作中采用较多,是监理人员对安全设施、施工机械等进行安全验收核查,做出独立判断的重要依据之一。

6.2.2.3 安全隐患的处理

监理人员应按下列规定对事故安全隐患进行处理:

(1)监理人员应区别“通病”、“顽症”、首次出现、不可抗力等类型,要求施工单位修定和完善安全整改措施。

(2)监理人员对检查发现的安全事故隐患应立即发出安全隐患整改通知单。督促施工单位对安全隐患原因进行分析,制定纠正和预防措施。安全事故整改措施经监理人员确认后实施。

(3)监理人员对检查发现的违章指挥和违章作业行为应立即向责任人当场指出,督促立即纠正。

(4)监理人员对事故安全整改措施的实施过程和实施效果进行跟踪检查,保存检查记录。

6.2.2.4 工地例会和安全专题会议

(1)工地例会是施工过程中参加建设工程各方沟通情况、解决分歧、形成共识、作出决定的主要渠道。通过工地例会,监理人员分析施工过程的安全状况,指出存在的安全问题,提出整改意见,要求施工单位限期整改完成。

(2)针对某些专门安全问题,监理人员还应组织专题会议,集中解决较重大或普遍存在的安全问题。

6.2.2.5 规定安全监理工作程序

规定双方必须遵守的安全监理工作程序,这也是监理人员按规定的程序进行安全控制的必要手段。

6.2.2.6 安全生产奖惩制

执行安全生产协议书中安全生产奖惩制,确保施工过程中的安全,促使施工生产顺利进行。

6.3 现场安全监理

6.3.1 做好现场安全控制的宣传工作

想要做好工地现场安全的控制工作,首先要有一个良好的工作条件和氛围。在这方面,现场的监理人员要通过主动、积极的工作来创造和争取。监理人员应该向施工单位宣传《中华人民共和国建筑法》、《建设工程安全生产管理条例》等国家法规,包括很多地方政府制定的安全生产法规,宣传施工安全的有关规定和重要性,说明施工安全与单位以及个人的关系,引起工程项目建设参与者的高度重视。

建设单位作为工程款的支付方,其在工地安全问题上是最具有权力及影响力的,监理单位必须争取业主对安全工作的支持。现在有不少项目业主想要工程以最低价格及在最快的时间内完工,这直接影响施工单位安全施工的开支和导致削减安全基本要求,甚至有些时候业主的要求不利于工地施工的安全。在这种情况下,监理人员应该及时、耐心地向业主说明其中的利弊,争取建设单位创造和提供施工安全的环境条件,如设立安全生产奖罚制度,对施工单位安全工作表现佳的予以一定的奖励,相反就给予处罚。

在进行施工安全控制工作时,要注意形成书面文件。如召开安全生产专题会议形成的会议纪要、工程业务联系单、监理工作联系单、建设单位与总承包单位的安全生产协议书、总承包单位和分包单位的安全生产协议书等。

施工单位要认真做好工程施工安全交底,并做好施工安全交底记录,见表6-1。

6.3.2 安全隐患的整改控制

《建设工程安全生产管理条例》规定:在实施监理过程中,监理单位发现存在安全事故隐患的,应当要求施工单位整改;情况严重的,应当要求施工单位暂时停止施工,并及时报告建设单位。

上述规定在具体操作时存在诸多不确定性。因为如果施工现场真的出现安全事故,就涉及这样的问题:监理单位是否发现过事故隐患?对该事故隐患是否提出过整改要求?如果在没有发出过整改通知的情况下出现安全事故,对于监理单位在事故发生前是否发现过事故隐患的判断是很困难的,因为这涉及事故责任。此时,判断的准则很可能会变成监理单位是否应该发现这些事故隐患,这就涉及监理单位安全控制的标准问题。《建设工程安全生产管理条例》第十四条要求监理单位按照法律、法规和工程建设强制性标准进行监理,这实际上就是条例规定的监理单位安全控制标准。应当认为,凡是条例及强制性标准规定的事项,都应随时处在监理单位的控制范围之内。所以,监理单位要想真正地回避该风险,必须熟悉条例及工程建设强制性标准关于安全施工的所有相关规定,并按照这些规定进行经常性的安全检查,对所发现的安全隐患及时发出书面整改通知。

表 6-1　施工安全交底记录

（承包[　　]安　　号）

合同名称：　　　　　　　　　　　　　　　　　　　　　　合同编号：

<table>
<tr><td>单位工程名称</td><td></td><td>承包人</td><td></td></tr>
<tr><td>分部工程名称</td><td></td><td>施工内容</td><td></td></tr>
<tr><td>主持人/交底人</td><td></td><td>时间/地点</td><td></td></tr>
<tr><td colspan="4">1. 施工安全交底依据文件清单：
（国家法律法规、工程建设标准强制性条文、合同文件、施工组织设计及施工措施计划中的安全技术措施、专项施工方案、施工现场临时用电方案等。）
2. 施工安全交底内容：</td></tr>
<tr><td colspan="4">施工安全交底记录：

记录人：</td></tr>
<tr><td colspan="4">与会人员签名：</td></tr>
</table>

说明：可加附页。

安全检查的方法有以下几种。

6.3.2.1　资料性审核

(1)施工单位资质和管理层人员资质、特殊工种人员上岗审核。

(2)各种重要施工机械安装及整体提升脚手架、模板等自升式架设设施的合格性审核(施工单位应出具检测部门的合格性检测证明)。

(3)重要的施工安全制度及安全技术交底。

(4)施工单位安全管理、责任、检查、教育制度等。

6.3.2.2　验收性检查

(1)各种施工质量验收规范明文规定需要验收的事项,如模板工程、土方开挖工程等一些既涉及施工质量又涉及施工安全的项目。

(2)某些分项工程开工前的开工条件验收。

(3)为迎接政府或建设单位上级主管部门各种检查验收而由监理单位提前组织进行的内部验收等。

一般情况下,验收性检查后都会有书面验收意见或验收总结会议,对于发现的安全隐患可以通过验收记录或验收会议纪要的形式要求施工单位整改。

6.3.2.3　定期检查

定期检查一般由建设单位、施工单位、监理单位三方共同参加,监理机构应规定定期现场检查的周期,通常有:

(1)季节转换时的现场准备检查。

(2)每月评比检查。

(3)每周例行检查等。

季节转换检查主要检查因季节转换可能导致的不安全因素的预防情况,如冬雨季的现场防滑设施检查、夏季预防高温措施检查等;每月评比检查适合于多个施工单位的施工现场,通过评比能起到表扬先进、督促落后作用;每周例行检查一般安排在周例会前进行,对检查中发现的问题便于及时在例会上提出改进要求。所有定期检查都应召开总结会议,并编制会议纪要。

6.3.2.4　日常检查

日常检查通常与监理机构的现场日常巡查相结合,安全检查作为其中的一项内容。对日常检查中发现的安全隐患,及时填写安全检查记录(见表6-2),并及时报告总监理工程师,由总监理工程师及时发出整改通知。

如遇到下列情况,监理人员要直接下达暂停施工令,并及时向项目总监理工程师和建设单位汇报:

(1)施工中出现安全异常,经提出后,施工单位未采取改进措施或改进措施不符合要求时。

(2)对已发生的工程事故未进行有效处理而继续作业时。

(3)安全措施未经自检而擅自使用时。

(4)擅自变更设计图纸进行施工时。

(5)使用没有合格证明的材料或擅自替换、变更工程材料时。

表6-2　安全检查记录

（监理[　　]安检　　号）

合同名称：　　　　　　　　　　　　　　　　　　合同编号：

<table>
<tr><td>日期</td><td></td><td>检查人</td><td colspan="3"></td></tr>
<tr><td>时间</td><td></td><td>天气</td><td></td><td>温度</td><td></td></tr>
<tr><td>检查部位</td><td colspan="5"></td></tr>
<tr><td>人员、设备、
施工作业及
环境和条件等</td><td colspan="5"></td></tr>
<tr><td>危险品及危险源
安全情况</td><td colspan="5"></td></tr>
<tr><td>发现的安全隐患及
消除隐患的监理指示</td><td colspan="5"></td></tr>
<tr><td>承包人的安全措施
及隐患消除情况
（安全隐患未消除的，
检查人必须上报）</td><td colspan="5"></td></tr>
<tr><td colspan="6">检查人：（签名）
日　期：　　年　月　日</td></tr>
</table>

说明：1. 本表可用于监理人员安全检查的记录。

2. 本表单独汇编成册。

(6)未经安全资质审查的分包单位的施工人员进入施工现场施工时。

(7)出现安全事故时。

6.3.3 施工单位拒不整改时及时向政府有关部门报告

在施工单位拒不整改或不停止施工时,监理单位应及时向有关部门报告。为此,监理单位应与各级质量安全监督站建立良好的工作关系和通畅的联系机制,这在实际操作中是不存在问题的。关键的问题是在必要时如何真正使用好这条沟通渠道。对一些理解上有争议的问题,还可以通过咨询来解决。

6.3.4 确立监理机构内部的安全控制责任制度

监理机构中各监理人员的工作将直接决定安全控制的效果。由于专业知识的限制,监理人员不可能样样精通,因此有必要进行安全控制的职责分工,建立监理机构内部的安全控制责任制度。

在确立安全控制责任制度时,可以由各专业监理工程师负责本专业施工范围内的安全控制工作,包括日常检查、定期检查、登记备案制度等,并及时向总监理工程师汇报检查结果。对所发现的问题应及时提醒总监理工程师注意。总监理工程师则负责全面的组织、协调及内部工作检查。对各专业所发生的安全事故,在监理机构内部,各专业监理工程师应负直接监理责任,总监理工程师负管理责任。对一些大型群体项目,总监理工程师应做好监理人员分工安排;而对某些可能同时涉及多个专业的检查项目,总监理工程师应明确其中的分工协作方法和相应的责任划分。

另外,针对现实中工程质量与施工安全事故时有发生,给国家和人民生命财产造成重大损失的状况,《建设工程安全生产管理条例》赋予了广大监理人员施工安全控制的责任和义务。为防止和减少工程质量、安全事故和维护好自身的合法权益,广大监理人员要努力完成好这项工作,有经验的多交流经验,取长补短;有些地方没有经验的,完全可以创造性地开展工作,积累工程安全控制监理经验,共同促进安全监理水平的提高。

6.4 文明施工监理

文明施工是保持施工现场良好的作业环境、卫生环境和工作秩序。文明施工主要包括以下几个方面的工作:

(1)规范施工现场的场容,保持作业环境的整洁卫生。

(2)科学组织施工,使生产有序进行。

(3)减少施工对周围居民和环境的影响。

(4)保证职工的安全和身体健康。

6.4.1 施工现场文明施工一般要求

施工现场文明施工一般要求如下:

(1)施工现场必须设置明显的标牌,标明工程项目名称、建设单位、设计单位、施工单位、项目经理和施工现场总代表人的姓名、开竣工日期、施工许可证批准文号等。施工单位负责施工现场标牌的保护工作。

(2)施工现场的管理人员在施工现场应当佩戴证明其身份的证卡。

(3)应当按照施工总平面布置图设置各项临时设施。现场堆放的大宗材料、成品、半成品和机具设备不得侵占场内道路及安全防护等设施。

(4)施工现场的用电线路、用电设施的安装和使用必须符合安装规范和安全操作规程,并按照施工组织设计进行架设,严禁任意拉线接电。施工现场必须设有保证施工安全要求的夜间照明;危险潮湿场所的照明以及手持照明灯具,必须采用符合安全要求的电压。

(5)施工机械应当按照施工总平面布置图规定的位置和线路设置,不得任意侵占场内道路。施工机械进场须经过安全检查,经检查合格的方能使用。施工机械操作人员必须建立机组责任制,并依照有关规定持证上岗,禁止无证人员操作。

(6)应保证施工现场道路畅通,排水系统处于良好使用状态;保持场容场貌整洁,随时清理建筑垃圾。在车辆、行人通行的地方施工,应设置施工标志,并对沟井坎穴进行覆盖。

(7)施工现场的各种安全设施和劳动保护器具,必须定期进行检查和维护,及时消除隐患,保证其安全有效。

(8)施工现场应当设置各类必要的职工生活设施,并符合卫生、通风、照明等要求。职工的膳食、饮水供应等应当符合卫生要求。

(9)应当做好施工现场安全保卫工作,采取必要的防盗措施,在现场周边设立围护设施。

(10)应当严格依照《中华人民共和国消防法》的规定,在施工现场建立和执行防火管理制度,设置符合消防要求的消防设施,并保持完好的备用状态。在容易发生火灾的地区施工,或者储存、使用易燃易爆器材时,应当采取特殊的消防安全措施。

(11)施工现场发生工程建设重大事故的处理,依照工程建设重大事故报告和调查程序规定执行。

6.4.2　现场文明施工的措施

6.4.2.1　现场管理

(1)工地现场设置大门和连续、密闭的临时围护设施,且牢固、安全、整齐美观;围护外部色彩与周围环境协调。

(2)严格按照相关文件规定的尺寸和规格制作各类工程标志标牌,如施工总平面图、工程概况牌、文明施工管理牌、组织网络牌、安全记录牌、防火须知牌等。其中,工程概况牌设置在工地大门入口处,标明项目名称、规模,开竣工日期、施工许可证号、建设单位、设计单位、施工单位、监理单位和联系电话等。

(3)场内道路要平整、坚实、畅通,有完善的排水措施;严格按施工组织设计中平面布置图划定的位置整齐堆放原材料和机具、设备。

(4)施工区和生活、办公区有明确的划分;责任区分片包干,岗位责任制健全,各项管理制度健全并上墙;施工区内废料和垃圾及时清理,成品保护措施健全有效。

6.4.2.2　安全防护

(1)安全帽、安全带佩戴符合要求,特殊工种个人防护用品符合要求。

(2)预留洞口、电梯口防护符合要求,电梯井内每隔两层(不大于10 m)设一安全网。

(3)脚手架搭设牢固、合理,梯子使用符合要求。

(4)设备、材料放置安全合理,施工现场无违章作业。

(5)安全技术交底及安全检查资料齐全,大型设备吊装运输方案有审批手续。

6.4.2.3 **临时用电**

(1)施工区、生活区、办公区的配电线路架设和照明设备、灯具的安装、使用应符合规范要求,特殊施工部位的内外线路按规范要求采取特殊安全防护措施。

(2)配电箱和开关箱选型、配置合理,安装符合规定,箱体整洁、牢固,具备防潮、防水功能。

(3)配电系统和施工机具采用可靠的接零或接地保护,配电箱和开关箱设两级漏电保护;值班电工个人防护整齐,持证上岗。

(4)电动机具电源线压接牢固,绝缘完好,无乱拉、扯、压、砸现象;电焊机一、二次线防护齐全,焊把线双线到位,无破损。

(5)临时用电有设计方案和管理制度,值班电工有值班、检测、维修记录。

6.4.2.4 **机械设备**

(1)室外设备有防护棚、罩;设备及加工场地整齐、平整,无易燃及妨碍物。

(2)设备的安全防护装置、操作规程、标识、台账、维护保养等齐全并符合要求,操作人员持证上岗。

(3)起重机械和吊具的使用应符合其性能、参数及施工组织设计(方案)的规定。

6.4.2.5 **消防、保卫**

(1)施工现场有明显防火标志,消防通道畅通,消防设施、工具、器材符合要求;施工现场不准吸烟。

(2)易燃、易爆、剧毒材料的领退、存放、使用应符合相关规定。

(3)明火作业符合规定要求,电、气焊工必须持证上岗。

(4)施工现场有保卫、消防制度和方案、预案,有负责人和组织机构,有检查落实和整改措施。

6.4.2.6 **材料管理**

(1)工地的材料、设备、库房等按平面图规定地点、位置设置;材料、设备分规格存放整齐,有标识,管理制度、资料齐全并有台账。

(2)料场、库房整齐,易燃、易爆物品单独存放,库房有防火器材。做到"活完料净脚下清",施工垃圾集中存放、回收、清运。

6.4.2.7 **环境保护**

(1)施工中使用易飞撒物料(如矿棉)、沥青、有毒溶剂等,应有防大气污染措施。

主要场地应全部硬底化,未做硬底化的场地,要定期压实地面和洒水,减少灰尘对周围环境的污染。

(2)施工及生活废水、污水、废油按规定处理后排放到指定地点。

(3)强噪声机械设备的使用应有降噪措施,人为活动噪声应有控制措施,防止污染周围居民工作与生活。当施工噪声可能超过施工现场的噪声限值时,应在开工前向建设行政主管部门和环保部门申请,核准后才能开工。

(4)夜间施工应向有关部门申请,核准后才能施工。

(5)在施工组织设计中要有针对性的环保措施,建立环保体系并有检查记录。

6.4.2.8　环卫管理

(1)建立卫生管理制度、明确卫生责任人、划分责任区,有卫生检查记录。

(2)施工现场各区域整齐清洁、无积水,运输车辆必须冲洗干净后才能离场上路行使。

(3)生活区宿舍整洁,不随意泼污水、倒污物,生活垃圾按指定地点集中,及时清理。

(4)食堂应符合卫生标准,加工、保管生、熟食品要分开,炊事员上岗须穿戴工作服帽,持有效的健康证明。

(5)卫生间屋顶、墙壁严密,门窗齐全有效,按规定采用水冲洗或加盖措施,每日有专人负责清扫、保洁、灭蝇蛆。

(6)应设茶水亭和茶水桶,做到有盖、加锁和有标志,夏季施工备有防暑降温措施;配备药箱,购置必要的急救、保健药品。

6.4.2.9　宣传教育

(1)现场组织机构健全,动员、落实、总结表彰工作扎实。

(2)施工现场黑板报、宣传栏、标志标语板、旗帜等规范醒目,内容适时。使施工现场各类员工知法、懂法并自觉遵守和维护国家的法律、法令,增强员工的防火、防灾及质量、安全意识,防止和杜绝盗窃、斗殴及黄、赌、毒等非法活动的发生。

6.4.3　文明施工监理

监理机构应依据有关文明施工规定和施工合同约定,审核承包人的文明施工组织机构和措施。

监理机构应检查承包人文明施工的执行情况,并监督承包人通过自查和改进,完善文明施工管理。

监理机构应督促承包人开展文明施工的宣传和教育工作,并督促承包人积极配合当地政府和居民共建和谐建设环境。

监理机构应监督承包人落实合同约定的施工现场环境管理工作。

复习思考题

1. 建设工程安全控制工作的重要性有哪些?
2. 建设工程施工安全监理的责任有哪些?
3. 安全监理的具体工作有哪些?
4. 试述施工阶段安全监理的程序。
5. 试述施工安全危险源的分析和预控方法。
6. 监理人员控制施工安全的方法和手段有哪些?
7. 安全检查的方法有哪些?
8. 文明施工监理的内容有哪些?

第7章　施工合同管理的其他工作

施工合同管理包括工程质量、工程进度、工程资金及施工安全等主要内容，已在前面介绍过，以下介绍施工合同管理的其他工作。

7.1　变更管理

7.1.1　变更的范围和内容

除专用合同条款另有约定外，在履行合同中发生以下情形之一时，应按照变更管理规定进行变更：

(1)取消合同中任何一项工作，但被取消的工作不能转由发包人或其他人实施；

(2)改变合同中任何一项工作的质量或其他特性；

(3)改变合同工程的基线、标高、位置或尺寸；

(4)改变合同中任何一项工作的施工时间或改变已批准的施工工艺或顺序；

(5)为完成工程需要追加的额外工作。

7.1.2　变更权

在履行合同过程中，经发包人同意，监理人可按约定的变更程序向承包人作出变更指示，承包人应遵照执行。没有监理人的变更指示，承包人不得擅自变更。

7.1.3　变更程序

7.1.3.1　变更的提出

(1)在合同履行过程中，可能发生约定情形的，监理人可向承包人发出变更意向书。变更意向书应说明变更的具体内容和发包人对变更的时间要求，并附必要的图纸和相关资料。变更意向书应要求承包人提交包括拟实施变更工作的计划、措施和竣工时间等内容的实施方案。发包人同意承包人根据变更意向书要求提交的变更实施方案的，由监理人约定发出变更指示。

(2)在合同履行过程中，发生约定情形的，监理人应按照约定向承包人发出变更指示。

(3)承包人收到监理人按合同约定发出的图纸和文件，经检查认为其中存在约定情形的，可向监理人提出书面变更建议。变更建议应阐明要求变更的依据，并附必要的图纸和说明。监理人收到承包人书面建议后，应与发包人共同研究，确认存在变更的，应在收到承包人书面建议后的14天内作出变更指示。经研究后不同意作为变更的，应由监理人书面答复承包人。

(4)若承包人收到监理人的变更意向书后认为难以实施此项变更,应立即通知监理人,说明原因并附详细依据。监理人与承包人和发包人协商后确定撤销、改变或不改变原变更意向书。

7.1.3.2 变更估价

1. 相关规定

(1)除专用合同条款对期限另有约定外,承包人应在收到变更指示或变更意向书后的14天内,向监理人提交变更报价书。报价内容应根据约定的估价原则,详细开列变更工作的价格组成及其依据,并附必要的施工方法说明和有关图纸。

(2)变更工作影响工期的,承包人应提出调整工期的具体细节。监理人认为有必要时,可要求承包人提交要求提前或延长工期的施工进度计划及相应施工措施等详细资料。

(3)除专用合同条款对期限另有约定外,监理人收到承包人变更报价书后的14天内,根据约定的估价原则,按照约定商定或确定变更价格。

2. 变更的估价原则

除专用合同条款另有约定外,因变更引起的价格调整按照以下约定处理:

(1)已标价工程量清单中有适用于变更工作的子目的,采用该子目的单价。

(2)已标价工程量清单中无适用于变更工作的子目,但有类似子目的,可在合理范围内参照类似子目的单价,由监理人按约定商定或确定变更工作的单价。

(3)已标价工程量清单中无适用或类似子目的单价,可按照成本加利润的原则,由监理人按约定商定或确定变更工作的单价。

7.1.3.3 变更指示

(1)变更指示只能由监理人发出。

(2)变更指示应说明变更的目的、范围,变更内容以及变更的工程量及其进度和技术要求,并附有关图纸和文件。承包人收到变更指示后,应按变更指示进行变更工作。

7.1.4 变更管理

(1)变更的提出、变更指示、变更确定和变更实施等过程应按施工合同约定的程序进行。

(2)监理机构可依据合同约定向承包人发出变更意向书,要求承包人就变更意向书中的内容提交变更实施方案(包括实施变更工作的计划、措施和完工时间);审核承包人的变更实施方案,提出审核意见,并在发包人同意后发出变更指示。若承包人提出难以实施此项变更的原因和依据,监理机构应与发包人、承包人协商后确定撤销、改变或不改变原变更意向书。

(3)监理机构收到承包人的变更建议后,应按下列内容进行审查;监理机构若同意变更,应报发包人批准后,发出变更指示。

①变更的原因和必要性。

②变更的依据、范围和内容。

③变更可能对工程质量、价格及工期的影响。

④变更的技术可行性及可能对后续施工产生的影响。

(4)监理机构应根据监理合同授权和施工合同约定,向承包人发出变更指示。变更指示应说明变更的目的、范围、内容、工程量、进度和技术要求等。

(5)需要设代机构修改工程设计或确认施工方案变化的,监理机构应提请发包人通知设代机构。

(6)监理机构审核承包人提交的变更报价时,应依据批准的变更项目实施方案,按下列原则审核后报发包人:

①当施工合同工程量清单中有适用于变更工作内容的子目时,采用该子目的单价。

②当施工合同工程量清单中无适用于变更工作内容的子目,但有类似子目时,可采用合理范围内参照类似子目单价编制的单价。

③当施工合同工程量清单中无适用或类似子目的单价时,可采用按照成本加利润原则编制的单价。

(7)当发包人与承包人就变更价格和工期协商一致时,监理机构应见证合同当事人签订变更项目确认单。当发包人与承包人就变更价格不能协商一致时,监理机构应认真研究后审慎确定合适的暂定价格,通知合同当事人执行;当发包人与承包人就工期不能协商一致时,按合同约定处理。

7.2 索赔管理

7.2.1 承包人索赔的提出

根据合同约定,承包人认为有权得到追加付款和(或)延长工期的,应按以下程序向发包人提出索赔:

(1)承包人应在知道或应当知道索赔事件发生后 28 天内,向监理人递交索赔意向通知书,并说明发生索赔事件的事由。承包人未在前述 28 天内发出索赔意向通知书的,丧失要求追加付款和(或)延长工期的权利。

(2)承包人应在发出索赔意向通知书后 28 天内,向监理人正式递交索赔通知书。索赔通知书应详细说明索赔理由以及要求追加的付款金额和(或)延长的工期,并附必要的记录和证明材料。

(3)索赔事件具有连续影响的,承包人应按合理时间间隔继续递交延续索赔通知,说明连续影响的实际情况和记录,列出累计的追加付款金额和(或)工期延长天数。

(4)在索赔事件影响结束后的 28 天内,承包人应向监理人递交最终索赔通知书,说明最终要求索赔的追加付款金额和延长的工期,并附必要的记录和证明材料。

7.2.2 承包人索赔处理程序

(1)监理人收到承包人提交的索赔通知书后,应及时审查索赔通知书的内容、查验承包人的记录和证明材料,必要时监理人可要求承包人提交全部原始记录副本。

(2)监理人应按约定商定或确定追加的付款和(或)延长的工期,并在收到上述索赔通知书或有关索赔的进一步证明材料后的 42 天内,将索赔处理结果答复承包人。

（3）承包人接受索赔处理结果的，发包人应在作出索赔处理结果答复后28天内完成赔付。承包人不接受索赔处理结果的，按约定办理。

7.2.3 承包人提出索赔的期限

（1）承包人按约定接受了竣工付款证书后，应被认为已无权再提出在合同工程接收证书颁发前所发生的任何索赔。

（2）承包人按约定提交的最终结清申请单中，只限于提出工程接收证书颁发后发生的索赔。提出索赔的期限自接受最终结清证书时终止。

7.2.4 发包人的索赔

（1）发生索赔事件后，监理人应及时书面通知承包人，详细说明发包人有权得到的索赔金额和（或）延长缺陷责任期的细节和依据。发包人提出索赔的期限和要求与合同的约定相同，延长缺陷责任期的通知应在缺陷责任期届满前发出。

（2）监理人按约定商定或确定发包人从承包人处得到赔付的金额和（或）缺陷责任期的延长期。承包人应付给发包人的金额可从拟支付给承包人的合同价款中扣除，或由承包人以其他方式支付给发包人。

7.2.5 索赔管理

（1）监理机构应按施工合同约定受理承包人和发包人提出的合同索赔。

（2）监理机构在收到承包人的索赔意向通知后，应确定索赔的时效性，查验承包人的记录和证明材料，指示承包人提交持续性影响的实际情况说明和记录。

（3）监理机构在收到承包人的中期索赔申请报告或最终索赔申请报告后，应进行以下工作：

①依据施工合同约定，对索赔的有效性进行审核。

②对索赔支持性资料的真实性进行审查。

③对索赔的计算依据、计算方法、计算结果及其合理性逐项进行审核。

④对由施工合同双方共同责任造成的经济损失或工期延误，应通过协商，公平合理地确定双方分担的比例。

⑤必要时要求承包人提供进一步的支持性资料。

（4）监理机构应在施工合同约定的时间内做出对索赔申请报告的处理决定，报送发包人并抄送承包人。若合同双方或其中任一方不接受监理机构的处理决定，则按争议解决的有关约定进行。

（5）在承包人提交了完工付款申请后，监理机构不再接受承包人提出的在合同工程完工证书颁发前所发生的任何索赔事项；在承包人提交了最终结清申请后，监理机构不再接受承包人提出的任何索赔事项。

（6）发生合同约定的发包人索赔事件后，监理机构应根据合同约定和发包人的书面要求及时通知承包人，说明发包人的索赔事项和依据，按合同要求商定或确定发包人从承包人处得到赔付的金额和（或）缺陷责任期的延长期。

7.3 违约管理

7.3.1 承包人违约

7.3.1.1 承包人违约的情形

在履行合同过程中发生的下列情况属承包人违约：

(1)承包人违反约定，私自将合同的全部或部分权利转让给其他人，或私自将合同的全部或部分义务转移给其他人。

(2)承包人违反约定，未经监理人批准，私自将已按合同约定进入施工场地的施工设备、临时设施或材料撤离施工场地。

(3)承包人违反约定使用了不合格的材料或工程设备，工程质量达不到标准要求，又拒绝清除不合格工程。

(4)承包人未能按合同进度计划及时完成合同约定的工作，已造成或预期造成工期延误。

(5)承包人在缺陷责任期内，未能对工程接收证书所列的缺陷清单的内容或缺陷责任期内发生的缺陷进行修复，而又拒绝按监理人指示再进行修补。

(6)承包人无法继续履行或明确表示不履行或实质上已停止履行合同。

(7)承包人不按合同约定履行义务的其他情况。

7.3.1.2 对承包人违约的处理

(1)承包人发生“承包人无法继续履行或明确表示不履行或实质上已停止履行合同”的违约情况时，发包人可通知承包人立即解除合同，并按有关法律处理。

(2)承包人发生除“承包人无法继续履行或明确表示不履行或实质上已停止履行合同”约定外的其他违约情况时，监理人可向承包人发出整改通知，要求其在指定的期限内改正。承包人应承担其违约所引起的费用增加和(或)工期延误。

(3)经检查证明承包人已采取了有效措施纠正违约行为，具备复工条件的，可由监理人签发复工通知复工。

7.3.1.3 承包人违约解除合同

监理人发出整改通知28天后，承包人仍不纠正违约行为的，发包人可向承包人发出解除合同通知。合同解除后，发包人可派员进驻施工场地，另行组织人员或委托其他承包人施工。发包人因继续完成该工程的需要，有权扣留使用承包人在现场的材料、设备和临时设施。但发包人的这一行动不免除承包人应承担的违约责任，也不影响发包人根据合同约定享有的索赔权利。

7.3.1.4 合同解除后的估价、付款和结清

(1)合同解除后，监理人约定商定或确定承包人实际完成工作的价值，以及承包人已提供的材料、施工设备、工程设备和临时工程等的价值。

(2)合同解除后，发包人应暂停对承包人的一切付款，查清各项付款和已扣款金额，包括承包人应支付的违约金。

(3)合同解除后,发包人应按约定向承包人索赔由于解除合同给发包人造成的损失。

(4)合同双方确认上述往来款项后,出具最终结清付款证书,结清全部合同款项。

(5)发包人和承包人未能就解除合同后的结清达成一致而形成争议的,按约定办理。

7.3.1.5 协议利益的转让

因承包人违约解除合同的,发包人有权要求承包人将其为实施合同而签订的材料和设备的订货协议或任何服务协议利益转让给发包人,并在解除合同后的14天内,依法办理转让手续。

7.3.1.6 紧急情况下无能力或不愿进行抢救

在工程实施期间或缺陷责任期内发生危及工程安全的事件,监理人通知承包人进行抢救,承包人声明无能力或不愿立即执行的,发包人有权雇佣其他人员进行抢救。此类抢救按合同约定属于承包人义务的,由此发生的金额和(或)工期延误由承包人承担。

7.3.2 发包人违约

7.3.2.1 发包人违约的情形

在履行合同过程中发生的下列情形,属发包人违约:

(1)发包人未能按合同约定支付预付款或合同价款,或拖延、拒绝批准付款申请和支付凭证,导致付款延误的。

(2)发包人原因造成停工的。

(3)监理人无正当理由没有在约定期限内发出复工指示,导致承包人无法复工的。

(4)发包人无法继续履行或明确表示不履行或实质上已停止履行合同的。

(5)发包人不履行合同约定其他义务的。

7.3.2.2 承包人有权暂停施工

发包人发生除"发包人无法继续履行或明确表示不履行或实质上已停止履行合同"外的违约情况时,承包人可向发包人发出通知,要求发包人采取有效措施纠正违约行为。发包人收到承包人通知后的28天内仍不履行合同义务,承包人有权暂停施工,并通知监理人,发包人应承担由此增加的费用和(或)工期延误,并支付承包人合理利润。

7.3.2.3 发包人违约解除合同

(1)发生"发包人无法继续履行或明确表示不履行或实质上已停止履行合同"的违约情况时,承包人可书面通知发包人解除合同。

(2)发生"承包人有权暂停施工"的情况,承包人暂停施工28天后,发包人仍不纠正违约行为的,承包人可向发包人发出解除合同通知。但承包人的这一行动不免除发包人承担的违约责任,也不影响承包人根据合同约定享有的索赔权利。

7.3.2.4 解除合同后的付款

因发包人违约解除合同的,发包人应在解除合同后28天内向承包人支付下列金额,承包人应在此期限内及时向发包人提交要求支付下列金额的有关资料和凭证:

(1)合同解除日以前所完成工作的价款。

(2)承包人为该工程施工订购并已付款的材料、工程设备和其他物品的金额,发包人付还后,该材料、工程设备和其他物品归发包人所有。

(3)承包人为完成工程所发生的,而发包人未支付的金额。

(4)承包人撤离施工场地以及遣散承包人人员的金额。

(5)由于解除合同应赔偿的承包人损失。

(6)按合同约定在合同解除日前应支付给承包人的其他金额。

发包人应按本项约定支付上述金额并退还质量保证金和履约担保,但有权要求承包人支付应偿还给发包人的各项金额。

7.3.2.5　解除合同后的承包人撤离

因发包人违约而解除合同后,承包人应妥善做好已竣工工程和已购材料、设备的保护和移交工作,按发包人要求将承包人设备和人员撤出施工场地。承包人撤出施工场地应遵守约定,发包人应为承包人撤出提供必要条件。

7.3.3　第三人造成的违约

在履行合同过程中,一方当事人因第三人的原因造成违约的,应当向对方当事人承担违约责任。一方当事人和第三人之间的纠纷,依照法律规定或者按照约定解决。

7.3.4　违约管理

(1)对于承包人违约,监理机构应依据施工合同约定进行下列工作:

①在及时进行查证和认定事实的基础上,对违约事件的后果做出判断。

②及时向承包人发出书面警告,限其在收到书面警告后的规定时限内予以弥补和纠正。

③承包人在收到书面警告的规定时限内仍不采取有效措施纠正其违约行为或继续违约,严重影响工程质量、进度,甚至危及工程安全时,监理机构应限令其停工整改,并要求承包人在规定时限内提交整改报告。

④在承包人继续严重违约时,监理机构应及时向发包人报告,说明承包人违约情况及其可能造成的影响。

⑤当发包人向承包人发出解除合同通知后,监理机构应协助发包人按照合同约定处理解除施工合同后的有关合同事宜。

(2)对于发包人违约,监理机构应根据施工合同约定进行下列工作:

①由于发包人违约,致使工程施工无法正常进行,监理机构在收到承包人书面要求后,应及时报发包人,促使工程尽快恢复施工。

②在发包人收到承包人提出解除施工合同要求后,监理机构应协助发包人尽快进行调查、澄清和认定等工作。若合同解除,监理机构应按有关规定和施工合同约定处理解除施工合同后的有关合同事宜。

(3)当承包人违约,发包人要求保证人履行担保义务时,监理机构应协助发包人按要求及时向保证人提供全面、准确的书面文件和证明资料。

7.4　工程保险监理

7.4.1　工程保险

除专用合同条款另有约定外,承包人应以发包人和承包人的共同名义向双方同意的保险人投保建筑工程一切险、安装工程一切险。其具体的投保内容、保险金额、保险费率、保险期限等有关内容在专用合同条款中约定。

7.4.2　人员工伤事故的保险

(1)承包人员工伤事故的保险。承包人应依照有关法律规定参加工伤保险,为其履行合同所雇佣的全部人员缴纳工伤保险费,并要求其分包人也进行此项保险。

(2)发包人员工伤事故的保险。发包人应依照有关法律规定参加工伤保险,为其现场机构雇佣的全部人员缴纳工伤保险费,并要求其监理人也进行此项保险。

7.4.3　人身意外伤害险

(1)发包人应在整个施工期间为其现场机构雇佣的全部人员,投保人身意外伤害险,缴纳保险费,并要求其监理人也进行此项保险。

(2)承包人应在整个施工期间为其现场机构雇佣的全部人员,投保人身意外伤害险,缴纳保险费,并要求其分包人也进行此项保险。

7.4.4　第三者责任险

(1)第三者责任系指在保险期内,对因工程意外事故造成的、依法应由被保险人负责的工地上及毗邻地区的第三者人身伤亡、疾病或财产损失(本工程除外),以及被保险人因此而支付的诉讼费用和事先经保险人书面同意支付的其他费用等赔偿责任。

(2)在缺陷责任期终止证书颁发前,承包人应以承包人和发包人的共同名义,投保合同约定的第三者责任险,其保险费率、保险金额等有关内容在专用合同条款中约定。

7.4.5　其他保险

除专用合同条款另有约定外,承包人应为其施工设备、进场的材料和工程设备等办理保险。

7.4.6　对各项保险的一般要求

7.4.6.1　保险凭证

承包人应在专用合同条款约定的期限内向发包人提交各项保险生效的证据和保险单副本,保险单必须与专用合同条款约定的条件保持一致。

7.4.6.2　保险合同条款的变动

承包人需要变动保险合同条款时,应事先征得发包人同意,并通知监理人。保险人做出变动的,承包人应在收到保险人通知后立即通知发包人和监理人。

7.4.6.3 **持续保险**

承包人应与保险人保持联系,使保险人能够随时了解工程实施中的变动,并确保按保险合同条款要求持续保险。

7.4.6.4 **保险金不足的补偿**

保险金不足以补偿损失的,应由承包人和(或)发包人按合同约定负责补偿。

7.4.6.5 **未按约定投保的补救**

(1)由于负有投保义务的一方当事人未按合同约定办理保险,或未能使保险持续有效的,另一方当事人可代为办理,所需费用由对方当事人承担。

(2)由于负有投保义务的一方当事人未按合同约定办理某项保险,导致受益人未能得到保险人的赔偿,原应从该项保险得到的保险金应由负有投保义务的一方当事人支付。

7.4.6.6 **报告义务**

当保险事故发生时,投保人应按照保险单规定的条件和期限及时向保险人报告。

7.4.7 工程保险监理

工程保险监理工作应符合下列规定:

(1)当承包人未按施工合同约定办理保险时,监理机构应指示承包人补办;若承包人拒绝办理,监理机构可提请发包人代为办理,保险费用从应支付给承包人的金额中扣除。

(2)当承包人已按施工合同约定办理了保险,其为履行合同义务所遭受的损失不能从承保人处获得足额赔偿时,监理机构在接到承包人申请后,应依据施工合同约定界定风险与责任,确认责任者或经协商合理划分合同双方分担保险赔偿不足部分费用的比例。

7.5 工程分包管理

7.5.1 工程分包要求

(1)承包人不得将其承包的全部工程转包给第三人,或将其承包的全部工程肢解后以分包的名义转包给第三人。

(2)承包人不得将工程主体、关键性工作分包给第三人。除专用合同条款另有约定外,未经发包人同意,承包人不得将工程的其他部分或工作分包给第三人。

(3)分包人的资格能力应与其分包工程的标准和规模相适应。

(4)按投标函附录约定分包工程的,承包人应向发包人和监理人提交分包合同副本。

(5)承包人应与分包人就分包工程向发包人承担连带责任。

7.5.2 工程分包管理

工程分包管理应符合下列规定:

(1)监理机构在施工合同约定或有关规定允许分包的工程项目范围内,对承包人的分包申请进行审核,并报发包人批准。

(2)只有在分包项目最终获得发包人批准,承包人与分包人签订了分包合同并报监理机构备案后,监理机构方可允许分包人进场。

(3)分包管理应包括下列工作内容:

①监理机构应监督承包人对分包人和分包工程项目的管理,并监督现场工作,但不受理分包合同争议。

②分包工程项目的施工技术方案、开工申请、工程质量报验、变更和合同支付等,应通过承包人向监理机构申报。

③分包工程只有在承包人自检合格后,方可由承包人向监理机构提交验收申请报告。

7.6 化石和文物保护监理

7.6.1 化石和文物保护要求

(1)在施工场地发掘的所有文物、古迹以及具有地质研究或考古价值的其他遗迹、化石、钱币或物品属于国家所有。一旦发现上述文物,承包人应采取有效合理的保护措施,防止任何人员移动或损坏上述物品,并立即报告当地文物行政部门,同时通知监理人。发包人、监理人和承包人应按文物行政部门要求采取妥善保护措施,由此导致费用增加和(或)工期延误由发包人承担。

(2)承包人发现文物后不及时报告或隐瞒不报,致使文物丢失或损坏的,应赔偿损失,并承担相应的法律责任。

7.6.2 化石和文物保护监理

化石和文物保护监理工作应符合下列规定:

(1)一旦在施工现场发现化石、钱币、有价值的物品或文物、古建筑结构以及有地质或考古价值的其他遗物,监理机构应立即指示承包人按有关文物管理规定采取有效保护措施,防止任何人移动或损害上述物品,并立即通知发包人。必要时,可规定实施暂停施工。

(2)监理机构应受理承包人由于对文物采取保护措施而发生的费用和工期延误的索赔申请,提出意见后报发包人。

7.7 争议的解决

7.7.1 争议的解决方式

发包人和承包人在履行合同中发生争议的,可以友好协商解决或者提请争议评审组评审。合同当事人友好协商解决不成、不愿提请争议评审或者不接受争议评审组意见的,可在专用合同条款中约定下列一种方式解决:

(1)向约定的仲裁委员会申请仲裁。

(2)向有管辖权的人民法院提起诉讼。

7.7.2 友好解决

在提请争议评审、仲裁或者诉讼前,以及在争议评审、仲裁或诉讼过程中,发包人和承包人均可共同努力友好协商解决争议。

7.7.3 争议评审

(1)采用争议评审的,发包人和承包人应在开工日后的28天内或在争议发生后,协商成立争议评审组。争议评审组由有合同管理和工程实践经验的专家组成。

(2)合同双方的争议,应首先由申请人向争议评审组提交一份详细的评审申请报告,并附必要的文件、图纸和证明材料,申请人还应将上述报告的副本同时提交给被申请人和监理人。

(3)被申请人在收到申请人评审申请报告副本后的28天内,向争议评审组提交一份答辩报告,并附证明材料。被申请人应将答辩报告的副本同时提交给申请人和监理人。

(4)除专用合同条款另有约定外,争议评审组在收到合同双方报告后的14天内,邀请双方代表和有关人员举行调查会,向双方调查争议细节;必要时,争议评审组可要求双方进一步提供补充材料。

(5)除专用合同条款另有约定外,在调查会结束后的14天内,争议评审组应在不受任何干扰的情况下进行独立、公正的评审,做出书面评审意见,并说明理由。在争议评审期间,争议双方暂按总监理工程师的决定执行。

(6)发包人和承包人接受评审意见的,由监理人根据评审意见拟定执行协议,经争议双方签字后作为合同的补充文件,并遵照执行。

(7)发包人或承包人不接受评审意见,并要求提交仲裁或提起诉讼的,应在收到评审意见后的14天内将仲裁或起诉意向书面通知另一方,并抄送监理人,但在仲裁或诉讼结束前应暂按总监理工程师的决定执行。

7.7.4 争议的解决

争议解决期间,监理机构应督促发包人和承包人仍按监理机构就争议问题做出的暂时决定履行各自的义务,并明示双方,根据有关法律、法规或规定,任何一方均不得以争议解决未果为借口拒绝或拖延按施工合同约定应履行的义务。

7.8 清场与撤离

7.8.1 竣工清场

(1)除合同另有约定外,工程接收证书颁发后,承包人应按以下要求对施工场地进行清理,直至监理人检验合格为止。竣工清场费用由承包人承担。

①施工场地内残留的垃圾已全部清除出场;

②临时工程已拆除,场地已按合同要求进行清理、平整或复原;

③按合同约定应撤离的承包人设备和剩余的材料,包括废弃的施工设备和材料,已按计划撤离施工场地;

④工程建筑物周边及其附近道路、河道的施工堆积物,已按监理人指示全部清理;

⑤监理人指示的其他场地清理工作已全部完成。

(2)承包人未按监理人的要求恢复临时占地,或者场地清理未达到合同约定的,发包人有权委托其他人恢复或清理,所发生的金额从拟支付给承包人的款项中扣除。

7.8.2 施工队伍的撤离

工程接收证书颁发后的56天内,除经监理人同意需在缺陷责任期内继续工作和使用的人员、施工设备和临时工程外,其余的人员、施工设备和临时工程均应撤离施工场地或拆除。除合同另有约定外,缺陷责任期满时,承包人的人员和施工设备应全部撤离施工场地。

7.8.3 清场与撤离监理

(1)监理机构应依据有关规定或施工合同约定,在合同工程完工证书颁发前或在缺陷责任期满前,监督承包人完成施工场地的清理和环境恢复工作。

(2)监理机构应在合同工程完工证书颁发后的约定时间内,检查承包人在缺陷责任期内为完成尾工和修复缺陷应留在现场的人员、材料和施工设备情况,其余的人员、材料和施工设备均应按批准的计划退场。

复习思考题

1. 什么情况下,工期可以顺延而承包人不承担责任?
2. 简述确定工程变更价款的程序及注意事项。
3. 简述发包人、承包人违约情况及应承担的责任。
4. 简述索赔的程序。
5. 简述合同执行中争议的解决方法。
6. 简述合同的分包管理。
7. 建设工程施工合同中对工程保险有何规定?

第 8 章 工程建设项目的信息管理

8.1 信息管理概述

工程建设项目的信息管理,是指以工程建设项目作为目标系统的管理信息系统。它通过对工程建设项目建设监理过程的信息的采集、加工和处理为监理工程师的决策提供依据,对工程的投资、进度、质量进行控制,同时也为确定索赔的内容、金额和反索赔提供确凿的事实依据。因此,信息管理是监理工作的一项重要内容。

8.1.1 信息管理的任务

信息管理是指信息的收集、加工整理、传递、存储、应用等工作的总称。根据工程建设投资大、工期长、工艺复杂、质量要求高、各分部分项工程合同多、使用机械设备及材料数量多等的特点,信息管理采取人工决策和计算机辅助管理相结合的手段,特别是利用先进的信息存储、处理设备及时准确地收集、处理、传递和存储大量的数据,并进行工程进度、质量、投资的动态分析,达到工程监理的高效、迅速、准确。

8.1.2 监理信息的类型

建设监理过程中涉及大量的信息,依据不同的标准可以分为下列几类。

8.1.2.1 按照建设监理的目的划分

(1)质量控制信息。如国家有关的质量政策及质量标准、项目建设标准、质量目标的分解结果、质量控制的工作流程、质量控制的工作制度、质量控制的风险分析、质量抽样检查的数据等。

(2)进度控制信息。如施工定额、项目总进度计划、关键路线和关键工作、进度目标分解、里程碑路标、进度控制的工作流程、进度控制的工作制度、进度控制的风险分析、某段时间的进度记录等。

(3)资金使用信息。即与工程造价有关的信息,如各种物价指数、设计概算、合同价、工程报价表、币种汇率、利率、保险、施工阶段的支付账单、原材料价格、机械设备台班费、人工费、运杂费等。

8.1.2.2 按照建设监理信息的来源划分

(1)内部信息。来自建设项目本身的信息称为内部信息,如工程概况、设计文件、施工方案、合同文件、合同管理制度、信息资料的编码系统、信息目录表、会议制度、监理班子的组织、项目的投资目标、质量目标、进度目标、施工现场管理、交通管理等。

(2)外部信息。来自项目外部环境的信息称为外部信息,如国家有关的政策法规及规章、国内及国际市场上原材料及设备价格、物价指数、类似工程造价、类似工程进度、投标单位的实力、投标单位的信誉、毗邻单位情况与主管部门和当地政府的有关信息等。

8.1.2.3　按照信息的稳定程度划分

(1)固定信息。固定信息是指在一定时间内相对稳定不变的信息,这类信息又可分为三种:

①标准信息。它主要是指各种定额和标准,如施工定额、原材料消耗定额、生产作业计划标准、设备和工具的耗损程度等。

②计划信息。它反映在计划期内拟定各项指标的情况。

③查询信息。它是指在一个较长的时期内,很少发生变更的信息,如国家和专业部门颁发的技术标准、不变价格、监理工作制度、监理实施细则等。

(2)流动信息。流动信息是指在不断地变化着的信息,如项目实施阶段的质量、投资及进度的统计信息,它反映在某一时刻项目建设的实际进度及计划完成情况。再如,项目实施阶段的原材料消耗量、机械台班数、人工工日数等,都属于流动信息。

8.1.2.4　按照信息的层次划分

(1)战略性信息。指有关项目建设过程的战略决策所需的信息,如项目规模、项目投资总额、建设总工期、承包商的选定、合同价的确定等信息。

(2)策略性信息。供有关人员或机构进行短期决策用的信息,如项目年度计划、财务计划等。

(3)业务性信息。指的是各业务部门的日常信息,如日进度、月支付额等。这类信息是经常的,也是大量的。

8.1.3　监理信息的特点

建设工程监理信息除具有信息的一般特征外,还具有一些自身的特点。

(1)信息来源的广泛性。建设工程监理信息来自工程业主(建设单位)、设计单位、施工承包单位、材料供应单位及监理组织内部各个部门,来自可行性研究、设计、招标、施工及保修等各个阶段中的各个单位乃至各个专业,来自质量控制、投资控制、进度控制、合同管理等各个方面。监理信息来源的广泛性,往往给信息的收集工作造成很大困难。如果信息收集得不完整、不准确、不及时,必然会影响到监理工程师判断和决策的正确性、及时性。

(2)信息量大。由于工程建设规模大、牵涉面广、协作关系复杂,建设工程监理工作涉及大量的信息。监理工程师不仅要了解国家及地方有关的政策、法规、技术标准规范,而且要掌握工程建设各个方面的信息。其既要掌握计划的信息,又要掌握实际进度的信息,还要对它们进行对比分析。因此,监理工程师每天都要处理成千上万的数据,而这样大的数据量单靠人手工操作处理是极困难的,只有使用电子计算机才能及时、准确地进行处理,才能为监理工程师的正确决策提供及时可靠的支持。

(3)动态性强。工程建设的过程是一个动态过程,监理工程师实施的控制也是动态控制,因而大量的监理信息都是动态的,这就需要及时地收集和处理。

(4)有一定的范围和层次。业主委托监理的范围不一样,监理信息也不一样。监理信息不等同于工程建设信息。工程建设过程中,会产生很多信息,这些信息并非都是监理信息，只有那些与监理工作有关的信息才是监理信息。不同的工程建设项目，所需的信息既有共性，又有个性。另外，不同的监理组织和监理组织的不同部门，所需的信息也不同。

(5)信息的系统性。建设工程监理信息是在一定时空内形成的，与建设工程监理活动密切相关。而且，建设工程监理信息的收集、加工、传递及反馈是一个连续的闭合环路，具有明显的系统性。

8.1.4 建设项目信息的作用

建设项目信息资源对工程建设的监理活动产生巨大影响，其主要作用有以下几个方面：

(1)信息是建设项目管理不可缺少的资源。

工程建设项目的建设过程，实际上是人、财、物、技术、设备等资源投入的过程，而要高效、优质、低耗地完成工程建设任务，必须通过信息的收集、加工、处理和应用实现对上述资源的规划和控制。项目管理的主要功能就是通过信息的作用来规划、调节上述资源的数量、方向、速度和目标，使上述资源按照一定的规划运动，实现工程建设的投资、进度和质量目标。

(2)信息是监理人员实施控制的基础。

控制是建设项目管理的主要手段。控制的主要任务是将计划目标与实际目标进行分析比较，找出差异和产生问题的原因，采取措施排除和预防偏差，保证项目建设目标的实现。

为有效地控制项目的三大目标，监理工程师应当掌握项目建设的投资、进度和质量目标的计划值和实际值。只有掌握了这两方面的信息，监理工程师才能实施控制工作。因此，从控制角度讲，如果没有信息，监理工程师就无法实施正确的监督。

(3)信息是进行项目决策的依据。

建设项目管理决策正确与否，直接影响工程建设项目建设总目标的实现，而影响决策正确与否的主要因素之一就是信息。如果没有可靠、正确的信息作依据，监理工程师就不能做出正确的决策。如施工阶段对工程进度款的支付，监理工程师只有在掌握有关合同规定及实际施工状况等信息后，才能决定是否支付或支付多少等。因此，信息是项目正确决策的依据。

(4)信息是监理工程师协调工程建设项目各参与单位之间关系的纽带。

工程建设项目涉及众多的单位，如上级主管政府部门、建设单位、监理单位、设计单位、施工单位、材料设备供应单位、交通运输、保险、外围工程单位(水、电、通信等)和税务部门等，这些单位都会对工程建设项目目标的实现带来一定影响。要使这些单位协调一致，就必须通过信息将它们组织起来，处理好各方面的关系，协调好它们之间的活动，实现建设目标。

总之，信息渗透到建设监理工作的各个方面，是建设监理活动不可缺少的要素。同其他资源一样，信息是十分重要和宝贵的资源，必须充分地开发和利用。

8.2　工程建设信息管理的内容

建设项目信息管理主要包括以下四项内容：明确建设项目监理工作信息流程；建立建设项目信息编码系统；建立健全项目信息收集制度；利用高效的信息处理手段处理项目信息。

8.2.1　建设项目监理工作信息流程

建设项目监理工作信息流程反映了工程建设项目建设过程中，各参与单位、部门之间的关系。为保证建设项目管理工作的顺利进行，监理人员应首先明确建设项目信息流程，使项目信息在建设项目管理机构内部上下级之间及项目管理组织与外部环境之间的流动畅通无阻。

建设项目信息流结构如图 8-1 所示，它反映了工程建设项目设计单位、物资供应单位、施工单位（承包商）、建设单位和工程建设监理组织之间的关系。

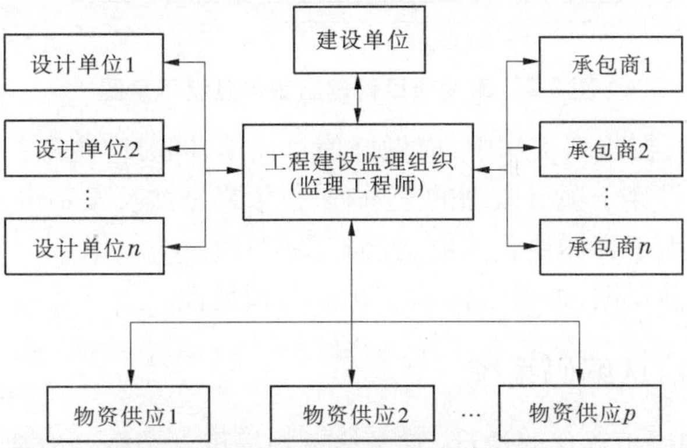

图 8-1　建设项目信息流结构

建设项目管理组织内部存在着三种信息流，如图 8-2 所示。这三种信息流要畅通无阻，以保证项目管理工作的顺利实施。

（1）自上而下的信息流。这类信息流主要指从项目经理开始，流向中层项目管理人员和基层项目管理人员的信息。信息接收者是下级，这些信息主要包括项目建设管理目标、管理任务、管理制度、规范规定、指令、办法和业务指导意见。

（2）自下而上的信息流。这类信息流是指从基层项目管理人员开始，流向中层项目管理人员及项目经理的信息。信息接收者是上级。这些信息主要是建设项目实施情况和项目管理工作完成情况，包括进度控制、质量控制、投资控制和安全生产及管理工作人员的工作情况等，还包括基层管理人员对上级有关部门对工程管理和控制情况的意见和建议等。

（3）横向的信息流。这类信息流主要是指在建设项目管理工作中，处在同一层次上的职能部门和管理人员之间相互提供和接收的信息。这些信息是由于各部门之间，为了实现管理的共同目标，在同一层次上相互协作、互相配合、互通有无或补充而产生的信息。

在一些特殊情况下，为节省信息流通时间，有时各部门之间也需要横向提供信息。

上述三种信息流都有明晰的流线，并都要畅通。但在实际工作中，往往是自下而上的信息流比较畅通，而自上而下的信息流不够畅通。信息流不畅通，监理工程师将无法收集必要的信息，将会失去控制的基础、决策的依据和协调的媒介，监理工程师将无所作为。

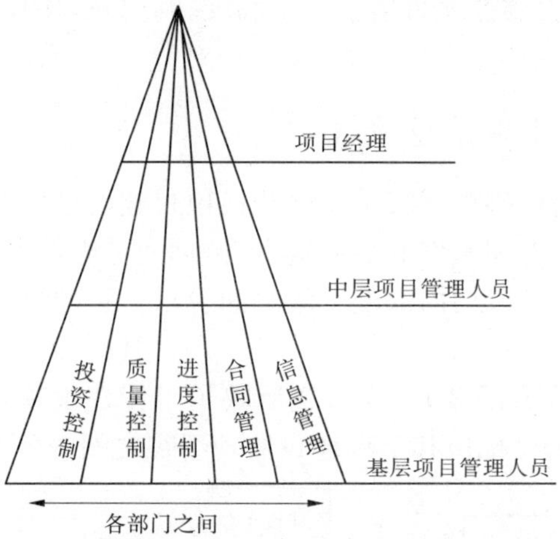

图 8-2　建设项目管理组织信息流示意图

信息流是双向的，在监理工作中，应做好信息反馈，同时应注意：

(1)信息反馈应贯穿于项目监理的全过程，仅依靠一次反馈不可能解决所有问题。

(2)反馈速度应大于客体变化速度，且修正要及时。

(3)力争做到超前反馈，即对客体的变化要有预见性。

8.2.2　建设项目信息编码系统

建设项目信息编码也称代码设计，它是给事物提供一个概念清楚的标识，用以代表事物的名称、属性和状态。代码有两个作用：一是便于对数据进行存储、加工和检索；二是可以提高数据的处理效率和精度。此外，对信息进行编码，还可以大大节省存储空间。

在建设项目管理工作中，会涉及大量的信息，如文字、报表、图纸、声像等，在对数据进行处理时，都需要建立数据编码系统。这不仅能在一定程度上减少项目管理工作的工作量，而且能大大提高建设项目管理工作的效率。对于大中型建设项目，没有计算机辅助管理是难以想象的，而没有适当的信息系统，计算机的辅助管理的作用也难以发挥。

8.2.2.1　信息编码原则

信息编码是管理工作的基础，进行信息编码时要遵循以下原则：

(1)唯一确定性。每一个代码代表一个实体的属性和状态。

(2)可扩充性和稳定性。代码设计应留出适当的扩充位置，当增加新的内容时，便于直接利用源代码进行扩充，无须更改代码系统。

(3)标准化和通用性。国家有关编码标准是代码设计的重要依据，要严格执行国家标准以及行业编码标准，以便于系统扩展。

(4)逻辑性和直观性。代码不仅具有一定的逻辑含义，以便于数据的统计汇总，而且要简明直观，便于识别和记忆。

（5）精练性。代码的长度不仅影响所占据的空间和处理速度，而且也会影响代码输入时出错的概率及输入输出速度，因而要适当压缩代码的长度。

8.2.2.2 信息编码方法

（1）顺序编码法。顺序编码法是一种按对象出现的顺序进行排列编码的方法，例如土方工程01、基础工程02、外墙工程03、内墙与柱04、楼板与楼梯05、屋面工程06等。

顺序编码法简单易懂，用途广泛。但这种代码缺乏逻辑性，不宜分类。而且当增加新数据时，只能在最后进行排列，删除数据时又会出现空码。所以，此方法一般不单独使用，只用来作为其他分类编码后进行细分类的一种手段。

（2）分组编码法。分组编码法是在顺序编码法的基础上发展起来的，它是先将数据信息进行分组，然后对每组的信息进行顺序编码。每个组内留有后备编码，便于增加新的数据。

（3）十进制编码法。这种编码方法是先将数据对象分成十大类，编以0～9的代码，每类中再分成十小类，给以第二个0～9的代码，依次类推。这种方法可以无限地扩充下去，直观性较好。国家目前要求执行的"设备材料标准编码"基本上是采用这种方法，不过是百进制的，而不是十进制的，即整个代码为八位，分成四段，前两位代表大类，次两位代表中类，再次两位代表小类，最后两位代表品种。当然，每一品种还有不同的规格，还可以通过附加顺序代码的方法加以区别。

（4）文字数字编码法。这种方法是用文字表明数字属性，而文字一般用英文缩写或汉语拼音的声母。这种代码直观性好，记忆使用方便，但数据较多时，单靠字母很容易使含义模糊，造成错误的理解。

（5）多面码法。一个事物可能有多个属性，如果在编码中能为这些属性各规定一个位置，就形成了多面码。例如，对于金属材料可采用如表8-1所示的规定。

表8-1 金属材料编码规定示例

来源	生产方式	种类	规格
		1——角铁	00——1/16″×20′
	1——热轧	2——平板	01——1/8″×20′
1——国产	2——冷拉	3——铁丝	02——1/4″×20′
2——进口	3——铸造	4——管子	

这样，11202编码就代表了国产热轧平板，规格为02—1/4″×20′。这种方法的优点是逻辑性好，便于扩充。但这种代码位数较长，会有较多的空码。

上述几种编码方法，各有其优缺点，在实际工作中，要针对具体情况灵活应用，也可以结合具体情况结合使用。

8.2.2.3 建设监理信息的编码

以民用建筑项目投资为例说明编码方法。首先对总投资进行分块，本例先将其分成8块，即（1）建筑基地费、（2）建筑基地外围（红线外）开拓费、（3）建筑物造价、（4）设备费、(5)建筑物外围(红线内)设施费、(6)附加设施费、(7)建设单位管理费、(8)建设单位专项预留费。然后对子系统的每一块进行切块,以建筑物造价为例,将其分成 5 块,即(31)建筑工程造价、(32)设备安装工程造价、(33)预留费、(34)建筑设施费、(35)特殊施工费。这 5 块则称为投资子系统的组成项,见图 8-3。

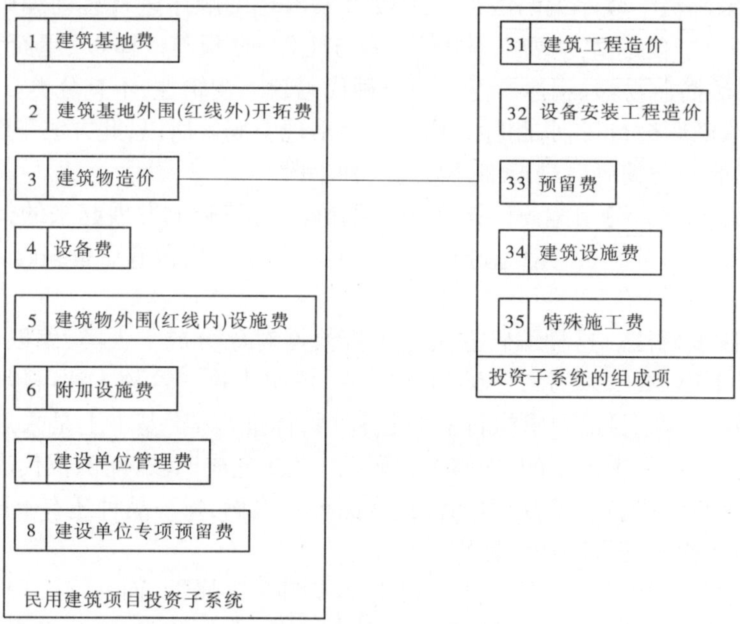

图 8-3　民用建筑项目投资分解(1)

对子系统组成项的每一块还可以继续往下分。如建筑工程造价可分成如下 8 条,即(311)土方工程、(312)基础工程、(313) ±0.00 以下外墙工程、(314)外墙工程、(315)内墙与柱、(316)楼板与楼梯工程、(317)屋面工程、(318)大型临时设施费。又如设备安装工程造价分成如下 9 条,即(321)排水工程、(322)上水工程、(323)供暖工程、(324)煤气工程、(325)供电工程、(326)通信工程、(327)通风工程、(328)运输工程、(329)其他工程。上述的 8 条、9 条可称投资的大类项,如图 8-4 所示。

对大类项可继续往下分。以内墙与柱为例,可将其分成 8 个功能项,即(3151)承重墙、(3152)框架、(3153)轻质隔墙、(3154)墙体抹灰粉刷(墙纸)、(3155)内部窗、(3156)内部门、(3157)内墙防护设施、(3158)其他内墙构造。功能项还可再往下分解,如框架可以分解成(315210)柱、(315220)柱子装饰、(315230)悬挂构造等构造分项,如图 8-5 所示。

本投资结构的编码体系,原则上是一个层次一位数字。但这也不是绝对的,也就是说,层次数与编码数不一定是一对一的关系,当某一层次所包含的数项超过 10 时,该层所对应的编码位数就要超过一位数。

8.2.3　监理信息的收集

工程项目建设的每一个阶段都要产生大量的信息。但是,要得到有价值的信息,只靠

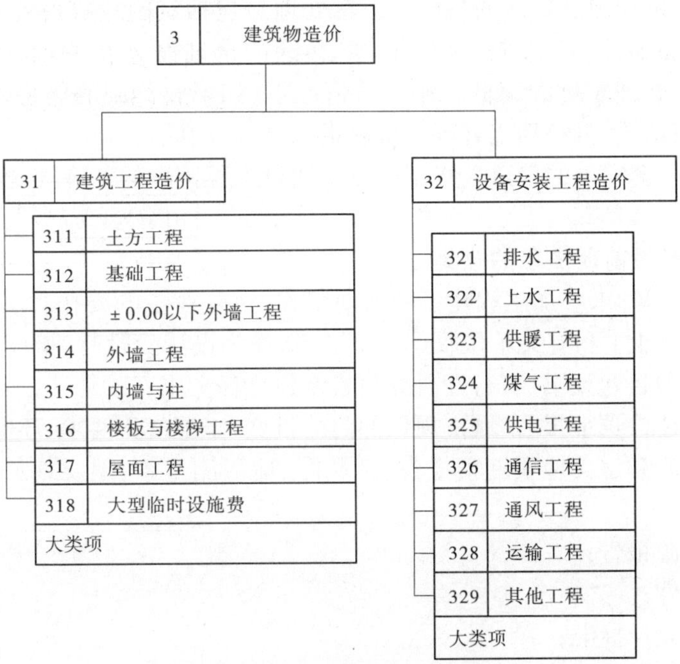

图 8-4　民用建筑项目投资分解(2)

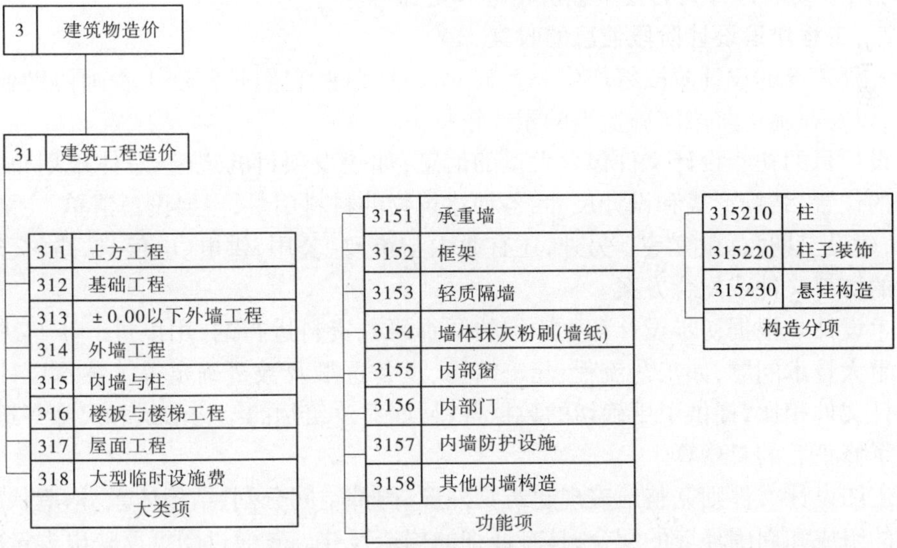

图 8-5　民用建筑项目投资分解(3)

自发产生的信息是远远不够的，还必须根据需要进行有目的、有组织、有计划的收集，才能提高信息质量，充分发挥信息的作用。

收集信息是运用信息的前提。各种信息一经产生，就必然会受到传输条件、人们的思想意识及各种利益关系的影响。所以，信息有真假、虚实、有用无用之分。监理工程师要取得有用的信息，必须通过各种渠道，采取各种方法收集信息，然后经过加工、筛选，从中选择出对决策有用的信息，没有足够的信息作依据，决策就会产生失误。

收集信息是进行信息处理的基础。信息处理是包括对已经取得的原始信息，进行分类、筛选、分析、加工、评定、编码、存储、检索、传递的全过程。信息收集工作的好坏，直接决定着信息加工处理质量的高低。在一般情况下，如果收集到的信息时效性强、真实度高、价值大、全面系统，再经加工处理质量就更高，反之则低。

因此，建立一套完善的信息采集制度收集建设工程监理的各阶段、各类信息是监理工作所必需的。

8.2.3.1 工程建设前期信息的收集

如果监理工程师未参加工程建设的前期工作，在受业主的委托对工程建设设计阶段实施监理时，应向业主和有关单位收集以下资料，作为设计阶段监理的主要依据：

(1)批准的项目建议书、可行性研究报告及设计任务书；

(2)批准的建设选址报告、城市规划部门的批文、土地使用要求、环保要求；

(3)工程地质和水文地质勘察报告、区域图、地形测量图，地质气象和地震烈度等自然条件资料；

(4)矿藏资源报告；

(5)设备条件；

(6)规定的设计标准；

(7)国家或地方的监理法规或规定；

(8)国家或地方有关的技术经济指标和定额等。

8.2.3.2 工程建设设计阶段信息的收集

在工程建设的设计阶段将产生一系列的设计文件，它们是监理工程师协助业主选择承包商，以及在施工阶段实施监理的重要依据。

建设项目的初步设计文件包含大量的信息，如建设项目的规模、总体规划布置，主要建筑物的位置、结构形式和设计尺寸，各种建筑物的材料用量，主要设备清单，主要技术经济指标，建设工期，总概算等。另外，还有业主与市政、公用、供电、电信、铁路、交通、消防等部门的协议文件或配合方案。

技术设计是根据初步设计和更详细的调查研究资料进行的，用以进一步解决初步设计中的重大技术问题，如工艺流程、建筑结构、设备选型及数量确定等。技术设计文件与初步设计文件相比，提供了更确切的数据资料，如对建筑物的结构形式和尺寸等进行修正并编制了修正后的总概算。

施工图设计文件则完整地表现建筑物外形、内部空间分割、结构体系、构造状况，以及建筑群的组成和周围环境的配合，具有详细的构造尺寸。它通过图纸反映出大量的信息，如施工总平面图、建筑物的施工平面图和剖面图、设备安装详图、各种专门工程的施工图，以及各种设备和材料的明细表等。

8.2.3.3 施工招标阶段信息的收集

在工程建设招标阶段，业主或其委托的监理单位要编制招标文件，而投标单位要编制投标文件，在招标投标过程中及在决标以后，招、投标文件及其他一些文件将形成一套对工程建设起制约作用的合同文件，这些合同文件是建设工程监理的具有约束力的法律文件，是监理工程师必须熟悉和掌握的。

这些文件主要包括投标邀请书、投标须知、合同双方签署的合同协议书、履约保函、合同条款、投标书及其附件、标价的工程量清单及其附件、技术规范、招标图纸、发包单位在招标期内发出的所有补充通知、投标单位在投标期内补充的所有书面文件、投标单位在投标时随投标书一起递送的资料与附图、发包单位发出的中标通知书、合同双方在洽商合同时共同签字的补充文件等。除上述各种文件资料外，上级有关部门关于建设项目的批文和有关批示、有关征用土地、迁建赔偿等协议文件，都是十分重要的监理信息。

8.2.3.4　工程建设施工阶段信息的收集

在工程建设的整个施工阶段，每天都会产生大量的信息，需要及时收集和处理。因此，工程建设的施工阶段，可以说是大量的信息产生、传递和处理的阶段，监理工程师的信息管理工作，也就主要集中在这一阶段。

1. 收集业主方的信息

业主作为工程建设的组织者，在施工过程中要按照合同文件规定提供相应的条件，并要不时发表对工程建设各方面的意见和看法，下达某些指令。因此，监理工程师应及时收集业主提供的信息。

当业主负责某些设备、材料的供应时，监理工程师需收集业主所提供材料的品种、数量、规格、价格、提货地点、提货方式等信息。例如，有一些项目合同约定业主负责供应钢材、木材、水泥、砂石等主要材料，业主就应及时将这些材料在各个阶段提供的数量、材质证明、检验（试验）资料、运输距离等情况告知有关方面，监理工程师也应及时收集这些信息资料。另外，业主对施工过程中有关进度、质量、投资、合同等方面的看法和意见，监理工程师也应及时收集，同时还应及时收集业主的上级主管部门对工程建设的各种意见和看法。

2. 收集承包商提供的信息

在项目的施工过程中，随着工程的进展，承包商一方也会产生大量的信息，除承包商本身必须收集和掌握这些信息外，监理工程师在现场管理中也必须收集和掌握。这类信息主要包括开工报告、施工组织设计、各种计划、施工技术方案、材料报验单、月支付申请表、分包申请、工料价格调整申报表、索赔申报表、竣工报验单、复工申请、各种工程项目自检报告、质量问题报告、有关问题的意见等。承包商应向监理单位报送这些信息资料，监理工程师也应全面系统地收集和掌握这些信息资料。

3. 建设工程监理的现场记录

现场监理人员必须每天利用特定的方式或以日志的形式记录工地上所发生的事情。所有记录应始终保存在工地办公室内，供监理工程师及其他监理人员查阅。这类记录每月由专业监理工程师整理成书面资料上报监理工程师办公室。监理人员在现场遇到的施工中不得不采取紧急措施而对承包商所发出的书面指令，应尽快通报上一级监理组织，以征得其确认或修改指令。

4. 工地会议记录

工地会议是监理工作的一种重要方法，会议中包含大量的信息。监理工程师必须重视工地会议，并建立一套完善的会议制度，以便于会议信息的收集。会议制度包括会议的名称、主持人、参加人、举行会议的时间及地点等，每次会议都应有专人记录，会后应有正式会议纪要,由与会者签字确认,这些纪要将成为今后解决问题的重要依据。会议纪要应包括以下内容:会议地点及时间;出席者姓名、职务及他们所代表的单位;会议中发言者的姓名及主要内容;形成的决议;决议由何人及何时执行;未解决的问题及其原因等。

工地会议一般每月召开一次,会议由监理人员、业主代表及承包商参加。会议主要内容包括确认上次工地会议纪要、当月进度总结、进度预测、技术事宜、变更事宜、财务事宜、管理事宜、索赔和延期、下次工地会议及其他事宜。工地会议确定的事宜视为合同文件的一部分。

5. 计量与支付记录

计量与支付记录包括所有计量及付款资料。应清楚地记录哪些工程进行过计量,哪些工程没有进行计量,哪些工程已经进行了支付,已同意或确定的费率和价格变更等。

6. 试验记录

除正常的试验报告外,试验室应由专人每天以日志形式记录试验室工作情况,包括对承包商的试验的监督、数据分析等。

7. 工程照片和录像

工程照片和录像能直观、真实地反映包括试验、质量、隐蔽工程、引起索赔的事件、工程事故现场等信息。

8.2.3.5 工程建设竣工阶段信息的收集

在工程建设竣工验收阶段,需要大量与竣工验收有关的各种信息资料,这些信息资料一部分是在整个施工过程中,长期积累形成的;一部分是在竣工验收期间,根据积累的资料整理分析得到的。完整的竣工资料应由承包商收集整理,经监理工程师及有关方面审查后,移交业主。

8.2.4 建设项目信息处理

8.2.4.1 建设项目信息处理的要求

建设项目信息处理必须符合及时、准确、适用、经济的要求。及时,就是信息传递的速度要快;准确,就是信息要真实地反映工程实际情况;适用,就是信息要符合实际需要,具有应用价值;经济,就是在信息处理时以符合经济效果的要求来确定处理方式。

8.2.4.2 建设项目信息处理的内容

建设项目信息处理一般包括信息的收集、加工整理、传输、存储、检索和输出六项内容。

1. 信息收集

信息收集就是收集原始信息,这是信息处理的基础。信息处理质量的好坏,直接取决于原始信息资料的准确性、全面性和可靠性。

2. 信息加工整理

所谓信息加工整理,是对收集来的大量原始信息进行筛选、分类、排序、压缩、分析、比较、计算等过程。监理工程师为了有效地控制工程建设的投资、进度和质量目标,提高工程建设的投资效益,应在全面、系统收集监理信息的基础上,加工整理收集来的信息资料。

信息的加工整理作用很大。首先,通过加工,将信息分类,使之标准化、系统化。收集到的原始信息只有经过加工,使之成为标准的、系统的信息资料,才能使用、存储,以及提供检索和传递。其次,经过收集的资料,真实程度、准确程度都比较低,甚至还混有一些错误,经过对它们进行分析、比较、鉴别,乃至计算、校正,使获得的信息准确、真实。另外,原始状态的信息,一般不便于使用和存储、检索、传递,经加工后,可以使信息浓缩,以便于进行以上操作。还有,信息在加工过程中,通过对信息的综合、分解、整理、增补,可以得到更多有价值的新信息。

总之,本着标准化、系统化、准确性、时间性和适用性等原则,通过对信息资料的加工整理,一方面可以掌握工程建设实施过程中各方面的进展情况,另一方面可直接或借助于数学模型来预测工程建设未来的进展状况,从而为监理工程师做出正确的决策提供可靠的依据。

在建设项目的施工过程中,监理工程师加工整理的监理信息主要有以下几个方面:

(1)现场监理日报表,由现场监理人员根据每天的现场记录加工整理而成。

(2)现场监理工程师周报,是现场监理工程师根据监理日报加工整理而成的报告,每周向项目总监理工程师汇报一周内发生的所有重大事件。

(3)监理工程师月报,是集中反映工程实况和监理工作的重要文件。一般由项目总监理工程师组织编写,每月一次上报业主。大型项目的监理月报,往往由各合同段或子项目的总监理工程师代表组织编写,上报总监理工程师审阅后报业主。

3. 信息传输

信息传输是指信息借助于一定的载体(如纸张、胶片、软盘、电子邮件等)在监理工作的各部门、各参加单位之间进行传播,通过传输,形成各种信息流,成为监理工程师工作和处理工程问题的重要依据。

4. 信息存储

经收集和整理后的大量信息资料,应当存档以备将来使用。为了便于管理和使用监理信息,必须在监理组织内部建立完善的信息资料存储制度。

信息的储存,可汇集信息,建立信息库,有利于进行检索,可以实现监理信息资源的共享,促进监理信息的重复利用,便于信息的更新和剔除。

监理信息存储的主要载体是文件、报告报表、图纸、音像材料等。监理信息的存储,主要就是将这些材料按不同的类别,进行详细的登录、存放,建立资料归档系统。该系统应简单和易于保存,但内容应足够详细,以便很快查出任何已归档的资料。因此,资料的文档管理工作(具体、微小且烦琐)就显得非常重要。监理资料归档,一般按以下几类进行:

(1)一般函件:与业主、承包商和其他有关部门来往的函件按日期归档,监理工程师主持或出席的所有会议记录按日期归档。

(2)监理报告:各种监理报告按次序归档。

(3)计量与支付资料:每月计量与支付证书,连同其所附资料每月按编号归档;监理人员每月提供的计量与支付有关的资料应按月份归档;物价指数的来源等资料按编号归档。

(4)合同管理资料:承包商对延期、索赔和分包的申请,批准的延期、索赔和分包文件按编号归档;变更的有关资料按编号归档;现场监理人员为应急发出的书面指令及最终指令应按项目归档。

(5)图纸:按分类编号存放归档。

(6)技术资料:现场监理人员每月汇总上报的现场记录及检验报表按月归档,承包商提供的竣工资料分项归档。

(7)试验资料:监理人员所完成的试验资料分类归档,承包商所报试验资料分类归档。

(8)工程照片:各类工程照片,诸如反映工程实际进度的,反映现场监理工作的,反映工程质量事故及处理情况的,以及其他照片,如工地会议和重要监理活动的都要按类别和日期归档。

以上资料在归档的同时,要进行登录,建立详细的目录表,以便随时调用、查询。

目前,信息存储的介质主要有各类纸张、胶卷、录音(像)带和计算机存储器等。用纸张存储信息的主要优点是便宜,永久保存性好,不易涂改,其缺点是占用大量的空间,不便于检索,传递速度慢。因此,应掌握各种存储介质的特点,扬长避短,将纸和计算机及其他存储介质结合起来使用。随着技术的不断发展,计算机的存储量越来越大,且成本越来越低。因此,监理信息的存储应尽量采用计算机,以提高检索、传递和使用的效率。

5.信息检索

监理工作中虽然存储了大量的信息,为了查找方便,需要拟定一套科学的、迅速的查找方法和手段,这就称为信息检索。完善的信息检索系统可以使报表、文件、资料、人事和技术档案既保存完好,又查找方便。

6.信息输出

处理好的信息,要按照需求编印成各类报表和文件,或通过计算机网络进行传输,以供监理工程师使用。

8.2.4.3 监理信息处理的方式

监理信息处理方式一般有三种,即手工处理方式、机械处理方式和计算机处理方式。

(1)手工处理方式。在信息处理过程中,主要依靠人填写、收集原始资料;计算主要靠人工来完成;人工编制报表和文件;人工保存和存储资料;信息的输出也主要靠人用电话、信函传输通知、报表和文件。

(2)机械处理方式。指用按键式计算器、穿孔卡数据处理器等进行数据加工。

(3)计算机处理方式。计算机处理方式是指利用计算机进行数据处理的方式。在建设监理工作中,不仅需要大量的信息,而且对信息的质量(如信息的正确性、及时性等)提出了更高的要求。要做好监理工作中的信息处理工作,单纯靠手工处理方式和机械处理方式是不能胜任的,必须借助于计算机来完成。运用计算机存储量大的特点,集中存储工程建设项目的有关信息;利用计算机计算速度快的特点,高速准确地处理工程监理所需要的信息,快捷、方便地形成各种报表;运用计算机局域网络和 Internet 来传递各类信息。

8.2.4.4 建设项目信息的使用

建设项目信息管理的目的就是更好地使用信息,为建设项目监理服务。经过加工处理的信息,要按照建设监理工作的要求,以各种形式如报表、文字、图形、图像、声音等提供给各类项目管理人员。信息的使用效率和使用质量随着计算机的普及而提高。存储于计算机的信息,通过计算机网络技术,实现信息在各个部门、各个区域、各项工程管理组织中的共享。因此,运用计算机进行信息管理,已成为当前更好地使用建设项目信息的前提条件,同时也成为建设监理组织监理工作水平高低的重要标志。

8.3 建设工程监理信息系统

计算机技术的飞速发展,使得监理工作信息的大量存储、快速处理和传递成为可能。监理信息系统就是管理信息系统(MIS)原理和方法在建设监理工作中的具体应用。

建设监理的信息管理系统一般由资金使用控制子模块、进度控制子模块、质量控制子模块、合同管理子模块、行政事务管理子模块等五个子模块和一个数据库管理系统组成。各子模块之间既相互独立,各有其自身目标控制的内容和方法,又相互联系,互为其他子模块提供信息。

8.3.1 资金使用控制子模块

建设项目的资金使用控制首要问题是对项目的总投资进行分解,也就是说,将项目的总投资按照项目的构成进行分解。例如水利工程,可以分解成若干个单位工程,每一个单位工程均有投资数额要求,它们的投资数额加在一起构成项目的总投资。在整个控制过程中,要详细掌握每一项投资发生在哪一部位,一旦投资的实际值和计划值发生偏差,就应找出其原因,以便采取措施进行纠偏,使其满足总投资控制的要求。

资金使用控制子模块(见图8-6)的主要功能有:

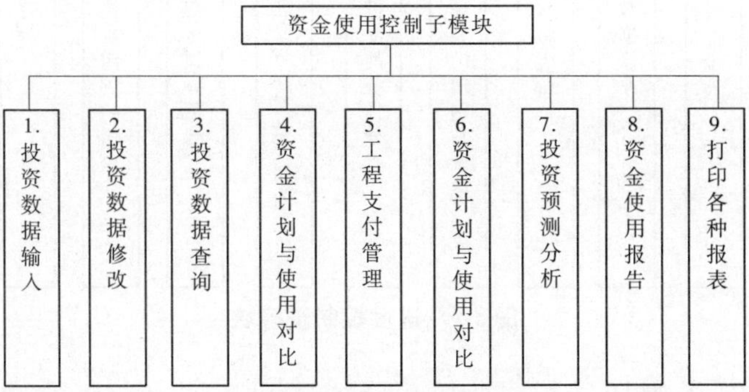

图8-6 资金使用控制子模块

(1)资金使用计划管理。

(2)概算和预算的调整。

(3)资金分配、概算的对比分析。

(4)项目概算与项目预算的对比分析。

(5)合同价格与投资分配、概预算的对比分析。

(6)实际费用支出的统计分析。

(7)实际投资与计划投资的动态比较。

(8)项目投资变化趋势预测。

(9)项目计划投资的调整。

(10)项目结算与预算、合同价的对比分析。

(11)项目投资信息查询。

(12)提供各种项目投资的管理报表等。

8.3.2 进度控制子模块

进行进度控制的方法主要是定期地收集工程项目实际进度的数据,并与工程项目进度计划进行分析比较。如发现进度实际值与进度计划值有偏差,要及时采取措施,调整工程进度计划,才能确保工期目标实现。进度控制子模块(见图8-7)的主要功能为:

(1)进度控制数据的存储、修改、查询。

(2)进度计划的编制与调整,包括横道图计划、网络计划、日历进度计划等不同形式。

(3)工程实际进度的统计分析。

(4)实际进度与计划进度的动态比较。

(5)工程进度变化趋势预测。

(6)各种进度控制图表的打印输出。

(7)各种资源的统计分析等。

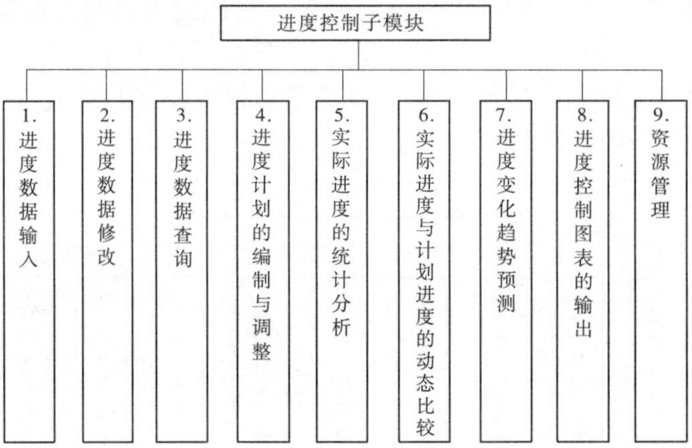

图8-7 进度控制子模块

8.3.3 质量控制子模块

质量控制子模块(见图8-8)的主要功能有:

(1)设计质量控制:存储设计文件;核查记录;技术规范、技术方案;进行计算机统计分析;提供有关信息;存储设计质量鉴定结果;存储设计文件鉴证记录,包括鉴证项目、鉴证时间、鉴证资料等内容;提供图纸资料交付情况报告,统计图纸资料按时交付率、合格率等指标;择要登录设计变更文件。

(2)施工过程质量控制:质量检验评定记录;单元工程、分部工程、单位工程的检查评定结果及有关质量保证资料;进行数据的校验和统计分析;根据单元工程评定结果和有关质量检验评定标准,进行分部工程、单位工程质量评定,为建设主管部门进行质量评定提供参考依据;运用数据统计方法,对重点工序和重要质量指标的数据进行统计分析,绘制直方图、控制图等管理图表;根据质量控制的不同要求,提供各种报表。

(3)材料质量跟踪:对主要的建筑材料、成品、半成品及构件进行跟踪管理,处理信息包括材料入库或到货验收记录、材料分配记录、施工现场材料验收记录等。

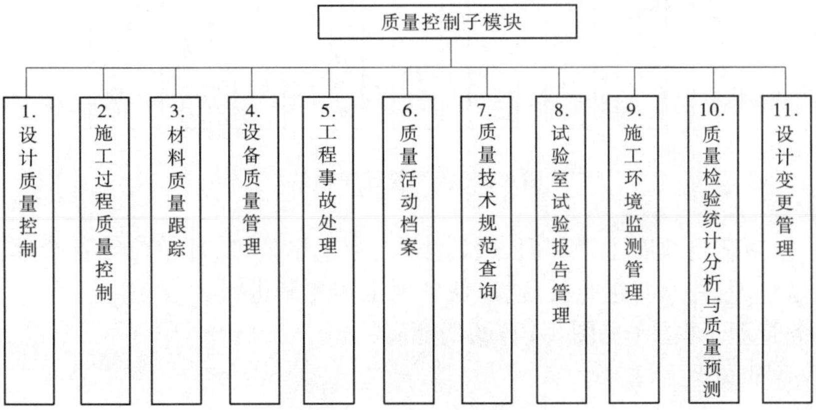

图 8-8 质量控制子模块

(4)设备质量管理:是指对大型设备及其安装调试的质量管理。大型设备的供应有两种方式:订购和委托外系统加工,订购设备的质量管理包括开箱检验、安装调试、试运行三个环节;委托外系统加工的设备还包括设计控制、设备监造等环节,计算机存储各环节的记录信息,并提出有关报表。

(5)工程事故处理:存储重大工程事故的报告,登录一般事故报告摘要,提供多种工程事故统计分析报告。

(6)质量活动档案:记录质检人员的一些基本情况,如职务、职责等;根据单元工程质量检验评定记录等资料进行的统计汇总,提供质检人员活动月报等报表。

此外,还有一些其他功能。

8.3.4 合同管理子模块

合同管理子模块(见图 8-9)应具备如下功能:

(1)合同文件、资料、会议记录的登录、修改、删除、查询和统计。

(2)合同条款的查询与分析。

(3)技术规范的查询。

(4)合同执行情况的跟踪及其管理。

(5)合同管理信函、报表、文件的打印输出。

(6)法规文件的查询等。

8.3.5 行政事务管理子模块

行政事务管理是监理工程中不可缺少的一项工作。在监理工作中,应将各类文件分

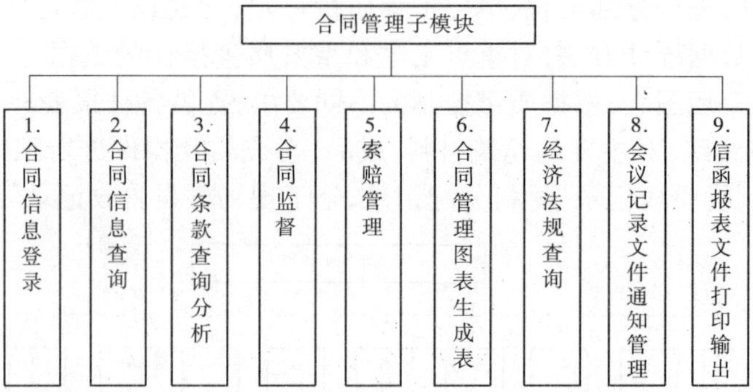

图 8-9　合同管理子模块

别归类建档，包括来自政府主管部门、项目法人、施工单位、监理单位等各个部门的文件，进行编辑登录整理，并及时进行处理，以便各项工作顺利进行。

行政事务管理子模块（见图 8-10）的功能有：

(1)公文编辑处理。

(2)公文排版处理。

(3)公文登录。

(4)公文处理。

(5)公文查询。

(6)公文统计。

(7)组卷登录。

(8)修改案卷。

(9)删除案卷。

(10)后勤管理。

(11)外事管理。

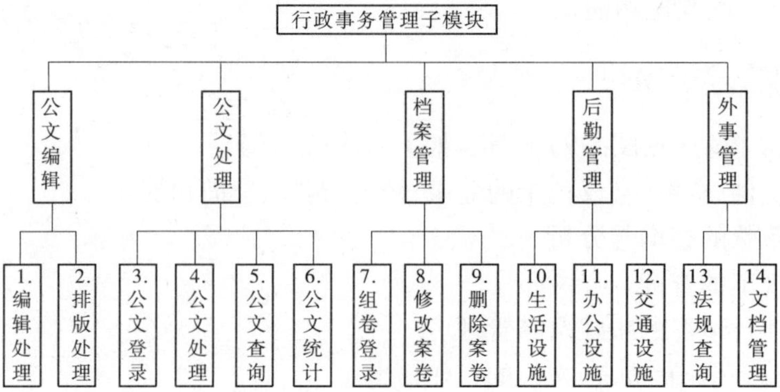

图 8-10　行政事务管理子模块

8.4 水利工程监理信息管理

8.4.1 监理机构建立的监理信息管理体系

(1)配置信息管理人员并制定相应岗位职责。

(2)制定包括文档资料收集、分类、保管、保密、查阅、复制、整编、移交、验收和归档等的制度。

(3)制定包括文件资料签收、送阅程序,制定文件起草、打印、校核、签发等管理程序。

(4)文件、报表格式应符合下列规定:

①常用报告、报表格式宜采用《水利工程施工监理规范》(SL 288—2014)附录E所列的施工监理工作常用表格和国务院水行政主管部门印发的其他标准格式。

②文件格式应遵守国家及有关部门发布的公文管理格式,如文号、签发、标题、关键词、主送与抄送、密级、日期、纸型、版式、字体、份数等。

(5)建立信息目录分类清单、信息编码体系,确定监理信息资料内部分类归档方案。

(6)建立计算机辅助信息管理系统。

8.4.2 监理文件要求

(1)应按规定程序起草、打印、校核、签发。

(2)应表述明确、数字准确、简明扼要、用语规范、引用依据恰当。

(3)应按规定格式编写,紧急文件宜注明"急件"字样,有保密要求的文件应注明密级。

8.4.3 通知与联络

(1)监理机构发出的书面文件,应由总监理工程师或其授权的监理工程师签名、加盖本人执业印章,并加盖监理机构章。

(2)监理机构与发包人和承包人以及与其他人的联络应以书面文件为准。在紧急情况下,监理工程师或监理员现场签发的工程现场书面通知可不加盖监理机构章,作为临时书面指示,承包人应遵照执行,但事后监理机构应及时以书面文件确认;若监理机构未及时发出书面文件确认,承包人应在收到上述临时书面指示后24 h内向监理机构发出书面确认函,监理机构应予以答复。监理机构在收到承包人的书面确认函后24 h内未予以答复的,该临时书面指示视为监理机构的正式指示。

(3)监理机构应及时填写发文记录,根据文件类别和规定的发送程序,送达对方指定联系人,并由收件方指定联系人签收。

(4)监理机构对所有来往书面文件均应按施工合同约定的期限及时发出和答复,不得扣压或拖延,也不得拒收。

(5)监理机构收到发包人和承包人的书面文件,均应按规定程序办理签收、送阅、收回和归档等手续。

(6)在监理合同约定期限内,发包人应就监理机构书面提交并要求其做出决定的事宜予以书面答复;超过期限,监理机构未收到发包人的书面答复,则视为发包人同意。

(7)对于承包人提出要求确认的事宜,监理机构应在合同约定时间内做出书面答复,逾期未答复,则视为监理机构已经确认。

8.4.4 书面文件的传递

(1)除施工合同另有约定外,书面文件应按下列程序传递:

①承包人向发包人报送的书面文件均应报送监理机构,经监理机构审核后转报发包人。

②发包人关于工程施工中与承包人有关事宜的决定,均应通过监理机构通知承包人。

(2)所有来往的书面文件,除纸质文件外,还宜同时发送电子文档。当电子文档与纸质文件内容不一致时,应以纸质文件为准。

(3)不符合书面文件报送程序规定的文件,均视为无效文件。

8.4.5 监理日志、报告与会议纪要

(1)现场监理人员应及时、准确地完成监理日志。由监理机构指定专人按照规定格式与内容填写监理日志并及时归档。

(2)监理机构应在每月的固定时间,向发包人、监理单位报送监理月报。

(3)监理机构可根据工程进展情况和现场施工情况,向发包人报送监理专题报告。

(4)监理机构应按照有关规定,在工程验收前,提交工程建设监理工作报告,并提供监理备查资料。

(5)监理机构应安排专人负责各类监理会议的记录和纪要编写。会议纪要应经与会各方签字确认后实施,也可由监理机构依据会议决定另行发文实施。

8.4.6 档案资料管理

(1)监理机构应要求承包人安排专人负责工程档案资料的管理工作,监督承包人按照有关规定和施工合同约定进行档案资料的预立卷和归档。

(2)监理机构对承包人提交的归档材料应进行审核,并向发包人提交对工程档案内容与整编质量情况审核的专题报告。

(3)监理机构应按有关规定及监理合同约定,安排专人负责监理档案资料的管理工作。凡要求立卷归档的资料,应按照规定及时预立卷和归档,妥善保管。

(4)在监理服务期满后,监理机构应对要求归档的监理档案资料逐项清点、整编、登记造册,移交发包人。

复习思考题

1. 建设项目信息有哪些类型?
2. 建设工程监理信息有什么特点?

3. 建设项目信息有什么作用?

4. 建设项目信息管理主要包括哪些内容?

5. 建设监理信息一般是如何编码的?

6. 建设工程监理应收集哪些信息?

7. 建设项目信息处理一般包括哪些内容?

8. 建设监理的信息管理系统一般包括哪些模块? 其各自功能是什么?

第9章　工程建设项目的组织协调

协调又称协调管理，它是指通过协商、沟通、调度，联合所有力量，使各项活动衔接有序地正常展开，以实现预定目标。

在项目建设的不同阶段、不同部位和参加项目建设的不同单位、不同层次之间，存在着大量的界面和结合部，协调的作用就是沟通和理顺这些结合部的关系，化解各种矛盾，排除各种时空上的干扰，组织好各种工艺、工序之间的衔接，使工程总体建设活动能有机地交叉进行，实现质量高、投资省、工期短的建设目标。

9.1　协调的作用

9.1.1　协调可以纠偏和预控错位

在工程施工中，经常出现作业行为偏离合同和规范的标准，如工期超前和滞后、后续工序脱节、由于涉及修改和材料代用给下阶段施工带来影响的变更，以及水文、地质变化带来的影响，或人为因素对工期和质量带来的影响等，都会造成计划与实际的偏离。监理协调的重要作用之一就是及时纠偏，或采取预控措施事前调整错位。

9.1.2　协调是控制进度的关键

在建设工程施工中，有许多单位工程或单项工程是由不同的专业化的施工队伍完成的，这就存在着不同专业施工队伍间的相互衔接和相互协调的问题。如果某一专业施工队伍出现工期延误，就会直接影响着建设总工期，这就需要监理工程师进行组织与协调。由此可以看出，进度控制的关键是协调。

9.1.3　协调是平衡的手段

在工程施工中，一些大中型的建设项目，往往由许多施工队伍进行施工，加上设计单位、土建单位、安装单位、设备材料供应单位等，既有纵向的串接，又有横向的联合，各自又有不同的作业计划、质量目标，这就存在着上述单位之间的协调问题。监理工程师应当从工程内部分析，既要进行各子系统之间的平衡协调，又要进行队伍之间、上下之间和内外之间的协调，发挥监理工程师的核心作用，突出协调功能。

十几年的工程监理实践证明，一个工程建设项目的顺利完成，是多方配合相互合作的共同成果。参与建设管理的有关部门，包括建设单位、设计单位、施工单位、设备供应单位、材料生产单位、地方政府有关部门、交通运输、水电供应单位等，需要多方配合和合作，这就必然要求监理工程师具有良好的人际关系和较强的组织协调能力。

9.2　组织协调的内容

协调工作贯穿于工程建设项目的全过程,渗透到工程建设项目的每一个环节。工程建设的每个过程、每个环节,都存在着不同程度的矛盾和干扰,甚至会产生冲突,需要不同层次的人员去协调。协调的内容包罗万象,丰富多彩,小到短时间的停工停电,大到不可抗力的破坏和重大设计变更而引起的资金、施工方案的调整。归纳起来,协调的主要内容有:协调日常施工干扰和相关单位或层次的协作配合;平衡调配资源供给;协调设计变更引起的施工组织、施工方案的调整;协调工程建设外部条件及其他重大问题等。

根据上述内容,协调可分为项目系统内部的协调和项目系统外部的协调。

9.2.1　项目系统内部协调

项目系统内部协调主要包括项目系统内部人际关系协调、项目系统内部组织关系协调、项目系统内部需求关系协调和建设各方之间的协调。

9.2.1.1　项目系统内部人际关系的协调

工程建设项目系统是由人组成的工作体系。工作效率如何,在很大程度上取决于人际关系的协调程度,监理工程师应首先抓好人际关系的协调。

(1)人员安排要量才录用。对各种人员,要根据每个人的专长进行安排,做到人尽其才。人员的搭配要注意能力和性格的互补,少而精干。

(2)工作分工要职责分明。对组织内的每一个岗位,都应订立明确的目标和岗位责任,使管理职能不重不漏,做到事事有人管、人人有专责,同时要明确岗位职责。

(3)效率评价要实事求是。每个人员都希望自己工作做出成绩,并得到组织肯定。但工作成绩的取得,不仅需要主观努力,而且需要有一定的工作条件和相互配合。评价一个人的成绩应实事求是,以免无功自傲或有功受委屈,这样才能使每个人热爱自己的工作,并对工作充满信心和希望。

(4)矛盾调解要恰到好处。人员之间的矛盾是难免的,一旦出现矛盾就应当进行调解。调解要注意工作方法,如果通过及时沟通、个别谈话和必要的批评,还无法解决矛盾时,应采取必要的岗位变动措施。对上下级矛盾要区别对待,是上级的问题就作自我批评,是下级的问题应启发引导,对无原则的争论应当批评制止,这样才能使人们处于团结、和谐、热情的工作气氛中。

9.2.1.2　项目系统内部组织关系的协调

项目系统内部组织关系协调主要从以下几个方面入手:

(1)要在职能和分工的基础上设置组织机构。

(2)要明确规定每个机构的目标职责、权限,形成制度。

(3)要事先确定各个机构在工作中的相互关系,防止出现脱节等贻误工作的现象。

(4)建立信息沟通制度,如采用工作例会、业务碰头会、发会议纪要、工作流程图、计算机网络信息传递等方式来沟通信息,这样才能使局部了解全局,服从全局的需要。

(5)及时消除工作中的矛盾和冲突。解决矛盾的方法应根据具体情况而定。如配合不佳导致的矛盾和冲突，应从配合关系入手来消除；争功夺利导致的矛盾和冲突，应从考核评价标准入手来消除；奖罚不公导致的矛盾和冲突，应从明确奖罚制度入手来解决；过高要求导致矛盾和冲突，应从领导的思想方法和工作方法入手来消除等。

9.2.1.3 项目系统内部需求关系的协调

工程建设项目实施中有人员需求、材料需求、能源动力需求等，然而资源是有限的，因此内部需求平衡至关重要。

需求关系的协调主要抓好以下几个关键环节：

（1）抓计划环节，平衡人、财、物的需求。工程建设项目实施的不同阶段，往往有不同的需求，同一工程的不同部位在同一时间往往有相同的需求。这不仅是个供求平衡问题，而且是个均衡配置问题。解决的关键在于计划。抓计划环节，要注意抓住期限上的及时性、规格上的明确性、数量上的准确性、质量上的规定性。这样才能体现计划的严肃性，发挥计划的作用。

（2）对建设力量的平衡，要抓住"瓶颈"环节。施工现场千变万化，有些项目的进度往往受到人力、材料、设备、技术、自然条件的限制或人为因素的影响而成为"卡脖子"的环节。这样"瓶颈"环节就会成为阻碍全局的"拦路虎"。一旦发生这样的"瓶颈"环节，就应通过资源、力量的调整，集中力量攻破"瓶颈"，为整个工程建设项目建设的均衡推进创造条件。抓关键、抓主要矛盾，网络计划技术关键路线法是一种有效的工具。

（3）对专业工种配合，要抓住调度环节。一个工程建设项目施工，往往需要机械化施工、土建、机电安装等专业工种交替配合进行。交替有个衔接问题，配合有个步调问题，这些都需要抓好调度协调工作。

9.2.1.4 建设各方之间的关系协调

建设项目各方的关系，主要是指建设单位与施工单位、建设单位与设计单位、设计单位与施工单位、各施工单位之间的关系等。这些关系在合同签订和履行过程中，由于各方的理解、认识、做法的不同以及变更和外部环境的影响，会不可避免地产生误解、纠纷、施工干扰以致冲突。监理工程师应站在公正的立场上，本着实事求是的原则，认真细致地处理各种矛盾。

1. 建设单位与施工单位之间的协调

建设单位与施工单位对工程承包合同负有共同履约的责任，工作往来频繁，在往来中对一些具体问题产生某些意见的分歧是常有的事。在这个层次的协调中，由于工程进展的各个阶段的不同，建设单位与施工单位的关系也不尽相同，协调工作随着工程进展阶段的变化而变化。

（1）招标阶段的协调。中标后建设单位与施工单位的合同洽谈与签订，是协调的主要内容。首先，要对双方的法人资格和履约能力进行复核。其次，合同中要明确双方的权、责、利，如建设单位要保证资金、材料、设计、建设场地及外部水、电、通信、道路的"五落实"；施工单位要实行"五包"，即包工期、质量、单价或总价、材料和配套竣工。"五落实"未落实而影响"五包"或"五包"未按合同兑现，均应受到处罚。双方处罚条件应当对等。

（2）施工准备阶段的协调。施工准备是顺利组织施工的先决条件。施工准备工作包括所必要的劳动力、材料、机具、技术和场地准备，这就需要建设单位和施工单位双方协作，共同完成，为开工和顺利施工创造条件。

开工的条件是：有完整的施工图纸；由政府管理部门签发的施工许可证；资金和材料已经落实，能按工程进度需要拨款、供料；施工组织计划已经批准；加工订货设备已经落实；施工条件已经基本落实，现场已"五通一平"（水、电、路、气、电信通和场地平整）。

建设单位和施工单位双方应有明确的约定和分工。对一些习惯性的做法和问题应事先沟通，以便协调行动。

(3)施工阶段的协调。这个阶段的协调工作包括解决进度、质量、中间计量和支付签证、合同纠纷等一系列问题。主要有下列协调问题：

①进度问题的协调。影响进度的因素错综复杂，协调工作也十分复杂。实践证明，有两项协调工作很有效：一是建设单位和施工单位双方共同商定一级网络计划，并由双方负责人在一级网络计划上签字，作为工程承包合同的附件；二是设立提前竣工奖。监理按一级网络计划节点考核，让施工单位设立施工进度奖，调动施工单位职工的积极性。

②质量问题的协调。实行监理工程师质量签字制度，对没有出厂证明、不符合使用要求的原材料、设备和构件，不准使用，对于不合格的工程部位不予验收签证，也不予工程计量，不予支付进度款。

③签证协调。设计变更和工程建设项目的增减是不可避免的，是合同签订时无法预料的。对于这种变更，监理工程师要仔细研究，合理计算价格，与有关方面充分协商，达成一致意见。

④合同纠纷的协调。对合同纠纷，首先应协商解决，协商不成时再向合同管理机关申请调解和仲裁。如合同约定由法院裁决，应按照《中华人民共和国合同法》和《中华人民共和国民法通则》的有关规定向人民法院提起诉讼。若系国际工程，应按 FIDIC 条款执行。一般合同争议切忌诉讼，尽量协商解决，避免伤害感情，贻误工作。只有当对方严重违约而使自己的利益受到重大损失而不能得到补偿时，才用诉讼手段保护自己的利益。如果遇到非常棘手的问题，不妨暂时搁置等待时机，另谋良策。

(4)交工验收阶段的协调。建设单位在交工验收中可能提出这样那样的问题，施工单位应根据技术文件、合同、中间验收签证和验收规范做出详细的解释，对不符合要求的工程要采取补救措施，使其达到设计、合同、规范要求。

2. 建设单位与设计单位之间的协调

建设单位与设计单位之间的协调，主要涉及设计进度、设计质量、工程概算、设计变更、设计标准、技术条件及新技术、新工艺、新材料的采用等方面。

3. 设计单位与施工单位之间的协调

设计单位与施工单位之间的协调主要涉及设计交底、领会设计意图以及设计与施工配合问题，如设计要方便施工，施工必须符合设计要求等。

4. 施工单位之间的协调

施工单位之间的协调，包括总包与分包之间的协调，以及分别直接发包情况下各施工单位之间的协调。总包与分包之间的协调，主要由总包负责。各施工单位之间的协调，主要有施工协作配合、施工干扰、施工安全、工程进度、计划的统筹安排等事项。

9.2.2　项目系统外部协调

参与项目建设的单位和部门，除作为建筑市场主体的建设、设计、施工、制造、供应和监理单位外，还有国家主管部门、各级地方政府、当地有关部门、金融机构、新闻媒介及其他社会团体。协调好项目系统外部的关系，争取各方面的支持，改善建设环境，对于实现项目目标具有十分重要的意义。

争取各级地方政府支持，是改善建设环境的重要环节。征地、拆迁、移民安置是政策性很强、涉及千家万户的利益、实施起来比较困难的工作，只有争取各级地方政府的支持，充分发挥各级地方政府的作用，才能做好这项工作。同样，对外交通保障、大构件运输要求的桥梁加固、抗洪救灾、工地治安、建筑材料的调配供应等问题的妥善解决，都离不开地方政府的支持，都需要地方政府做好协调工作。

协调好与金融机构的关系，如与投资公司、银行的关系，及时报告工程进展和资金使用情况，接受金融系统对建设资金的监督，按期归还建设贷款，建立良好的信誉，实事求是地反映资金供应上的困难，对于确保建设资金按时到位都具有十分重要的意义。

协调好新闻媒介及其他社会团体的关系，争取新闻机构的支持，利用广播、报纸、电视等大众宣传媒介，宣传项目建设的意义、建设进度、取得的成绩、项目建设对地方经济发展的贡献等，有利于得到社会各界的支持，鼓舞建设者的士气，顺利实现建设目标。

9.3　组织协调的方式方法

9.3.1　协调的方式

项目协调最常用的方式是召开协调会议，在工程建设项目的施工中，工地会议就成为项目协调的主要方式。

通过工地会议，便于监理工程师对施工进度和质量的矛盾进行协调，同时方便各种信息在建设单位、施工单位之间传递，有利于工程的顺利进行。工地会议可以用来协调建设单位、监理工程师、施工单位之间的矛盾，也可以协调工程施工中的一些矛盾，使矛盾和问题及时得到解决，避免对工程建设项目三大目标产生影响。工地会议是监理工程师对工程施工进度、质量、投资情况进行经常性的检查，通过对执行合同的情况和施工技术问题的讨论，及时发现问题，为监理工程师决策提供依据。工地会议还可以集思广益，对施工中出现的各种问题，采取建设性的措施。因此，工地会议是监理工程师一项重要性的工作。

9.3.2　协调的方法

协调作为项目管理的一种重要职能，在项目建设中，发挥着重要作用。协调的方法和艺术，是协调是否富有成效、发挥作用的关键。在建设项目的实践中，不少建设单位和监理工程师对协调工作进行了有益的探索，逐步形成了条块结合、多层次、全方位、全过程的协调模式和经济调控、思想工作、行政干预相结合的协调方法。这里主要介绍以下三种方法：

（1）坚持以合同契约为依据，以经济调控为手段。建筑业走向市场的一个重要特征是建设领域实行招标承包制。承发包双方通过签署具有法律效力的经济合同，明确各自在建设项目中的责、权、利关系。因此，项目实施中的一些矛盾、干扰和协作配合问题，都必须以合同契约为依据，以经济调控为主要手段，通过平等协商，协调处理好各单位、各部门、各环节之间的关系，以维护合同双方的合法权益，确保项目目标的实现。

（2）坚持思想工作领先原则。在社会主义市场经济条件下，虽然各方都带着自己的利益参加项目建设，但全面完成建设目标是各单位的共同目标。因此，在项目协调中，要坚持讲大局，兼顾国家、集体和个人三者利益的统一。从不同角度把各方的利益和项目建设的总目标结合起来，在履行经济合同的基础上，讲团结，把全体建设者的思想统一到建设项目的大局上来，一切以是否有利于建设项目为出发点判断、分析和解决问题。

（3）必要的行政干预。在当前市场经济体制还不完备的情况下，完全依靠经济手段和思想工作，还难以协调所有问题，有些较大的关系调整和工作协作超出了建设、设计、施工和监理单位的权限或能力。在这种情况下，必须采用行政手段，依靠上级政府部门，给予必要的行政干预和协调帮助，以进一步完善经济合同，理顺相互间的关系，促进各方面严格履行合同，保证项目建设快速、高效的完成。

在项目协调中，要将上述三种协调方法有机地结合起来，形成一套以经济调控为主体、思想工作为先导、行政干预为补充的综合协调方法。

9.4 工地会议

9.4.1 会议

第一次工地会议是施工单位、监理工程师进入工地后的首次会议，是建设单位、施工单位、监理工程师建立良好合作关系的一次机会。第一次工地会议的目的，在于监理工程师对工程开工前的各项准备工作进行全面检查，确保工程实施有一个良好的开端。第一次工地会议宜在正式开工前召开，并应尽早举行。会议的组织由监理工程师负责，监理工程师应事前将会议议程及有关事项通知建设单位、施工单位和有关单位，必要时可以先召开一次预备会议，使参加会议的有关方面做好资料准备。在会议进行中，如果某些问题得不到解决，形不成一致意见，可以暂时休会，待条件具备时再行复会。

9.4.1.1 第一次工地会议人员的组成

第一次工地会议由监理单位主持，建设单位、施工单位的授权代表必须出席会议，各方将要担任职务的项目负责人及指定的分包人参加会议。会议纪要由项目监理机构负责整理并经与会各方代表签认，监理单位作为资料存档。

9.4.1.2 会议的主要内容

（1）介绍人员及组织机构。建设单位或其代表应就其实施工程建设项目期间的职能机构、职责、范围及主要人员名单提出书面文件，并就有关细节进行说明。

总监理工程师向总监理工程师代表和专业监理工程师授权，并声明自己保留的权利，书面将授权书、组织机构图、职责范围及全体监理人员名单提交施工单位及建设单位。

施工单位应书面将项目经理或工地代表授权书、主要人员名单、职能机构框图、职责范围及有关人员资质材料提交监理工程师，以取得监理工程师的批准。监理工程师应在本次会议上进行审查并口头批准（或有保留地批准），会后正式予以书面确认。

（2）介绍施工进度计划。施工单位的施工进度计划应在中标通知发出后合同规定的时间内提交监理工程师。在第一次工地会议上，监理工程师就施工进度计划做出如下说明：施工进度计划可于何日批准或哪些分项已获得批准；根据批准或将要批准的施工进度计划，施工单位何日进行哪些施工，有无其他条件限制，有哪些重要的或复杂的分项工程还应单独编制进度计划提交批准。

（3）施工单位介绍施工准备情况。施工单位应就施工准备情况按如下内容提出陈述报告，监理工程师应逐项予以澄清、检查和评述。

①主要施工人员包括项目负责人、主要技术人员、主要机械操作人员是否进场或将何日进场。

②用于工程的进口材料、机械、仪器和设备、设施是否进场或将何日进场，是否会对施工产生影响，并提交进场计划和清单。

③用于工程的本地材料来源是否落实，并提交进场计划和清单。

④施工驻地及临时工程建设进展情况如何，并提交施工驻地及临时工程建设计划和分布图。

⑤工地试验室、流动试验室及设备是否准备就绪，将于何日安装，并提交试验室布置图、流动试验室分布图及仪器设备清单。

⑥施工测量的基础资料是否已经落实并通过复核，施工测量是否进行或将何日完成，并应提供施工测量计划及有关资料。

⑦履约保函和动员预付款保函和各种保险是否已办理或将何日办理完毕，提交有关已办理的手续副本。

⑧为监理工程师提供的住房、交通、通信、办公等设备和服务设施是否具备或将何日具备，并提交有关安排计划和清单。

⑨其他与开工条件有关的内容和事项。

（4）建设单位说明开工条件。建设单位代表就工程占地、临时用地、临时道路、拆迁以及其他开工条件有关的问题进行说明。监理工程师应根据批准或将要批准的施工进度计划的安排，对上述事项提出建议和要求。

（5）明确施工监理例行程序。监理工程师应沟通与施工单位之间的联系渠道，明确工作例行程序并提出有关表格及说明，一般包括：质量控制的主要程序、表格及说明；进度控制的主要程序、图表及说明；投资控制的主要程序、表格及说明；工程计量程序、报表及说明；索赔的主要程序、报表及说明；工程变更的主要程序、图表及说明；工程质量事故及安全事故的报告程序、报表及说明；函件的往来传递交接程序、报表及说明；确定施工过程中的工地会议举行时间、地点及程序；其他有关的制度规定等。

9.4.2 工地例会

9.4.2.1 工地例会的重要性

工地例会也叫例行现场会议,召开例行现场会议的主要目的是对在施工中发现的工程质量问题、工程进度延误以及承包人提出工期延长或费用索赔的申请或与上述有关的一些重要事项进行讨论,作出决定。会议每月召开1~2次,例行现场会议必须先准备一个议程,目的是使有关方面尽早准备好会议所需的资料等,以便开会时不会有任何遗漏。例行现场会议由监理工程师主持,并将会议上讨论的事项和决议记录下来,分发给各方。会议记录经监理工程师及承包人认可,就成为正式记录,对双方均具有约束力,并可能成为解决延期索赔的重要证据。会议记录必须记录会议的地点及时间,参加者的姓名及他们所代表的单位,会议的主持人,会议中发言者的姓名及所发表的内容,讨论的事项及决议。

9.4.2.2 参加例行现场会议的人员

(1)监理工程师。一般由监理工程师代表及有关的其他监理人员参加。

(2)承包人。一般由承包人的项目经理及其他有关人员参加。

(3)应邀的业主代表及有关人员。

(4)根据会议内容的需要,可另外邀请其他人士参加。

9.4.2.3 例行现场会议的议程

(1)检查上次会议决议的执行情况。

出席会议的人员应汇报执行上次会议决议情况,如哪项未执行或认为记录中有不正确或不清楚的问题,应对提出的问题进行讨论,必要时修改记录,否则应申明上次会议决议是正确的,已获得所有与会人员的同意。

(2)汇报进度情况。

审阅所有进度情况的报告及主要工程细目,特别是处于关键线路上的工程的进度。找出拖延进度的各种因素,提出解决的措施,制订出下一阶段进度计划。

(3)承包人的人员、材料和施工机械情况。

①现场人员是否如承包人计划所列的一样?工程是否因某种管理人员不足而受到影响?专业技术人员中是否有技术不能胜任的现象?如果发现任何有不称职的承包人的人员,承包人建议如何处理?

②工程材料是否已安排如期运送?是否采取步骤保证到达工地的材料的质量是合格的?

③工地使用的施工机械是否与承包人填列的一样?工程是否受到任何机械不足所影响?机械的技术完好状况是否令人满意?保养及维修设施是否足够?易损配件是否储存充足?机械的利用率如何?

(4)技术和质量方面问题。

凡施工中已经出现的有关技术和质量问题,例如工艺水平、工程缺陷、材料质量、放样误差、补充图纸等,都应分项列出,供会议研究讨论,并作出双方同意的解决方案。

(5)财务方面。

计量支付是否及时？价格调整是否合理？期中支付是否按时收到？可根据各财务细目分别进行讨论，并作出决定。

(6)合同管理事项。

①现场的移交情况；

②公用设施及周围附近的房地产主和使用者的干扰问题；

③分包与转让问题；

④工程变更问题；

⑤工程意外问题；

⑥暂时停工问题；

⑦监理工程师和承包人之间在各层次之间的联系，以及有关要求工程的检验及证书的签发等事项；

⑧其他有关合同管理事项。

(7)延期与索赔要求。

对承包人提出的延期和费用索赔问题，应做详细记录，这些记录将作为以后处理索赔的重要资料。

①承包人是否打算提出延期或索赔的要求；

②承包人已经提交的延期与索赔情况。

(8)以上议程中未提到但需讨论的问题。

(9)确定下次例行现场会议的地点及时间。

9.4.3　现场协调会

在整个建设工程施工期间，应根据具体情况，不定期地召开不同层次的施工现场协调会。现场协调会的目的在于监理工程师对日常或经常性的施工活动进行检查、协调和落实，使监理工作和施工活动密切配合。会议由监理工程师主持，施工单位派代表出席，有关监理工程师及施工技术人员酌情参加。会议只对近期建设工程施工中的问题进行证实、协调和落实，对发现的施工质量问题及时予以纠正，对其他重大问题只提出而不进行讨论，另安排专门会议或在工地例会上进行研究处理。会议的主要内容包括施工单位报告近期的施工活动，提出近期的施工计划安排，简要陈述发生或存在的问题。监理工程师就施工进度和施工质量予以简要评述，并根据施工单位提出的施工活动安排，安排监理工程师或监理人员进行旁站、巡视、平行检验、抽样试验、检测验收等监理工作，对执行施工合同有关的其他问题交换意见。

现场协调会以协调工作为主，讨论和证实有关问题并及时发现工程施工中存在的问题，一般对出现的问题不做出决议，重点对日常工作发出指令。监理工程师和施工单位通过现场协调会彼此交换意见，交流信息，使监理工程师和施工单位双方保持良好的关系，以利于工程建设活动的开展。

复习思考题

1. 简述工程建设项目组织协调的作用。
2. 简述项目系统内部协调的内容。
3. 简述项目系统外部协调的内容。
4. 简述组织协调的方法。
5. 何为第一次工地会议?
6. 简述第一次工地会议的主要内容。
7. 何为工地例会?
8. 简述例行现场会议的议程。

第10章 工程建设监理系列文件

10.1 监理大纲

10.1.1 监理大纲的作用

10.1.1.1 争取监理业务

监理大纲又称监理方案,它是监理单位投标取得监理业务而编写的监理方案性文件。监理大纲是项目监理规划编写的直接依据。建设单位在进行监理招标时,一般要求投标监理单位提交监理技术标书和监理费用标书,其中监理技术标书即监理大纲。工程监理单位要想在投标中显示自己的技术实力和监理业绩,获得建设单位的信任中标,必须写出自己以往监理的经验和能力,以及对本项目的理解和监理的指导思想、拟派驻现场的主要监理人员的资历、业绩情况等。建设单位通过对所有投标单位的监理大纲和监理费用的评比,最终评出中标监理单位。建设单位评定监理投标书的重点在监理大纲。

10.1.1.2 为编制监理规划提供依据

工程监理单位一旦中标,在签订建设工程委托监理合同后,监理单位就要求项目总监理工程师着手编制项目监理规划。而监理规划的编制必须依据工程监理单位投标时的监理大纲。因为监理大纲是建设工程委托监理合同的重要组成部分,也是工程监理单位对建设单位所提技术要求的认同和答复,所以工程监理单位必须以此编写监理规划,来进一步指导工程项目的监理工作。

10.1.2 监理大纲的编写

监理大纲的编写应表明工程监理单位与监理项目有关的经验和能力,以及对监理范围内提出的任务的理解,特别要提出自己认为能够给建设单位节约投资、缩短工期、保证工程质量的具体建议和自己承担本工程的优势,这些内容往往是工程监理单位长时间监理工作经验积累的具体体现,因此这些内容对建设单位往往具有较强的说服力。

10.1.2.1 监理大纲编写的依据

(1)国家有关建设工程方面的法律、法规。

(2)建设单位提供的勘察、设计文件。

(3)建设单位的工程监理招标文件。

(4)工程监理单位监理人员资历及资质情况。

(5)工程监理单位的质量保证体系认证资料。

(6)工程监理单位的技术装备和经营业绩。

10.1.2.2　监理大纲的内容

监理大纲的内容一般包括:监理单位根据业主所提供的和自己初步掌握的工程信息制订的监理方案(监理组织方案、各目标控制方案、合同管理方案、组织协调方案等);监理单位拟派往项目上的主要监理人员及其资质情况;明确说明将提供给业主的、反映监理阶段性成果的文件。

监理大纲的内容应当根据监理招标文件的具体要求制定,主要内容如下:

(1)项目概况。

(2)监理工作的指导思想和监理目标。

(3)拟派往项目上的主要监理人员及其资质情况。

(4)现场监理组织及其职责。

(5)各阶段监理工作目标及其措施。

(6)合同管理的任务与方法。

(7)组织协调的任务与方法。

(8)拟派驻项目监理部的技术装备。

(9)拟提供给建设单位的监理报告目录及主要监理报表格式。

(10)对本项目建设、设计、施工单位的建议。

(11)投标书要求的其他资料。

10.1.3　监理大纲示例

××××泵站更新改造工程××××年度项目监理大纲

1　项目监理实施依据(略)

2　工程剖析及项目监理控制目标

2.1　工程概况(略)

2.2　主要建设内容(略)

2.3　监理工作范围、内容

2.3.1　监理工作范围

在本工程施工监理工作中,监理单位的监理范围为:从施工准备至竣工验收阶段内所有工程项目监理工作以及保修期内相应的监理工作。以科学、诚信、公正、守法的原则,为发包人提供优质的监理服务。

2.3.2　监理工作内容(略)

2.4　监理目标

经对招标文件的充分理解和现场勘察以及监理单位的类似工程经验,拟定监理工作目标如下。

2.4.1　总目标

监理工作的总目标:以合同为依据,以项目目标控制为核心,通过及时有效的“四控制”、“两管理”、“一协调”工作,实现“监理严谨、施工精品、业主满意”。

2.4.2　进度控制目标

进度控制目标:按施工合同进度计划实施,确保在施工承包合同确定的工期内完成工程施工建设任务。

以计划总工期为目标,控制实际工期不超过合同工期,关键项目工期(里程碑工期)按期实现,计划的检查和安排具体落实到每一周,通过周进度例会协调解决,通过分阶段进度目标控制确保总进度目标的顺利实现。

2.4.3　质量控制目标

质量控制目标:工程项目各项质量指标满足国家及行业相关规范及施工承包合同要求,一次验收达到合格标准。

建立健全质量控制体系,按照有关工程建设标准和强制性条文及施工合同约定,对所有施工质量活动及与施工质量活动相关的人员、材料、工程设备和施工设备、施工工法和施工环境进行监督和控制,按照事前审批、事中监督和事后检验等监理环节控制工程施工质量,确保实现工程施工质量目标。

2.4.4　投资控制目标

投资控制目标:工程投资不超过概算价。

工程投资总体按承包合同进行控制。以发包人与承包人签署的工程承包合同价格为控制目标,坚定不移地维护发包人的利益,合理公正地对待承包人,确保工程量计量数据准确、单价合理有据、支付依法合规、变更处理及时合法,索赔处理公正合理。

2.4.5　安全监督目标

安全监督目标:确保在整个工程建设期内不发生一例责任安全事故、不发生一例重大伤亡事故,以及施工期确保安全度汛。

我公司将响应招标文件的要求,配备一名专职安全监督员。监理部在工程开工前,严格按照施工承包合同的要求,督促承包人制定安全管理制度和措施,落实安全生产责任制,监督其执行情况,确保实现安全生产目标。

2.4.6　文明施工及环境保护目标

文明施工及环境保护目标:创建文明工地,使工程建设在文明、环保的氛围中顺利实施和完成。

严格控制废水、废渣、弃土等污染源的排放堆弃,制定针对性的环保措施,严格施工现场管理,严防施工扰民,最大限度地减少施工对周边居民及企业的影响,确保实现文明施工及环境保护目标。

2.4.7　信息管理目标

做好施工现场记录与信息反馈;按照监理合同附件的要求编制监理月、年报;按期整编工程资料和工程档案;做好文件、表、单的日常管理。确保做到施工现场记录准确、信息反馈及时、整编档案资料齐全,并在期限界满时移交委托人。

2.4.8　合同管理目标

以合同管理为中心,认真定期(每月一次)或随时(突发事件)检查包括合同变更、索赔和违约等有关合同执行的情况，并及时报告委托人。积极、稳妥、有效地协调解决合同纠纷，确保各方合同顺利执行。

2.4.9　协调工作目标

做好调解和联系工作，包括监理机构与项目业主、设计单位、承包人之间的协调，以合同为依据，以现行的法规、技术标准和有关文件为准绳，主动、热情、积极、公正、实事求是地对参加工程建设各方之间的关系以及工程施工过程中出现的问题和争议进行及时、有效的调解，使大家在实现工程项目总目标上做到步调一致，达到运行一体化，确保工程建设顺利进行。

3　对本招标项目控制难点与重点的理解及相应对策

3.1　工程重点及难点（略）

3.2　影响本工程进度、投资、质量的关键问题分析（略）

3.3　针对本工程的难点、重点及关键问题的监理措施（略）

4　监理服务质量保证体系的建立

4.1　建立质量保证体系的目的

根据《水利工程施工监理规范》（SL 288—2014）的规定及本公司质量管理手册，建立××××泵站更新改造工程××××年度项目监理部，由总监理工程师领导监理部执行ISO9001质量管理体系标准，加强××××泵站更新改造工程××××年度项目的工程质量、进度控制、工程费用、安全生产和环境保护的管理，提高工程的投资效益和社会效益，使本工程施工监理工作任务明确、标准统一、程序合理。

4.2　质量保证体系的建立

4.2.1　组织保证体系（略）

4.2.2　技术保证体系（略）

5　项目监理组织机构设置、岗位职责及工作制度

5.1　监理组织机构设置及人员配备

5.1.1　监理组织机构设置（略）

5.1.2　监理人员配备计划（略）

5.2　监理人员管理

5.2.1　监理人员素质要求（略）

5.2.2　监理人员工作守则（略）

5.3　监理机构任务划分（略）

5.4　监理人员岗位职责

5.4.1　总监理工程师职责（略）

5.4.2　主任监理工程师（组长）职责（略）

5.4.3　专业监理工程师职责

（1）合同监理工程师职责（略）；

(2)水工监理工程师职责(略);

(3)地质监理工程师职责(略);

(4)测量监理工程师职责(略);

(5)造价监理工程师职责(略);

(6)现场监理员职责(略);

(7)信息员职责(略)。

5.5 监理机构工作制度

5.5.1 设计文件、图纸审查制度(略)

5.5.2 设计技术交底制度(略)

5.5.3 施工组织设计和施工方案审核批准制度(略)

5.5.4 工程开工申请、审批制度(略)

5.5.5 材料、构件检验及复验制度(略)

5.5.6 设计图纸的变更处理制度(略)

5.5.7 隐蔽工程检查制度(略)

5.5.8 技术复核、检验制度(略)

5.5.9 工程施工质量事故处理制度(略)

5.5.10 监理报告制度(略)

5.5.11 分部工程中间验收制度(略)

5.5.12 现场进度协调例会及会议纪要签发制度(略)

5.5.13 工程竣工验收制度(略)

5.5.14 工程款支付签审制度(略)

5.5.15 工程索赔签审制度(略)

5.5.16 监理工程师与承包人联席会议制度(略)

5.5.17 工程监理廉政责任制度(略)

5.5.18 安全生产与环境保护责任制度(略)

6 合同目标控制程序与措施

6.1 质量控制方案与措施

6.1.1 质量控制的目标

质量控制目标:一次验收达到合格标准。

本公司坚持以“质量求生存,管理出效益”方针,根据有关水利工程施工质量管理的规定,加强对水利工程的质量管理,严格控制外观质量,确保工程施工质量按合同规定的标准实现质量控制目标。

6.1.2 质量控制原则(略)

6.1.3 质量控制主要任务

监理单位将通过制定预控措施和加强旁站监督来保证工程施工质量。根据××××泵站更新改造工程××××年度项目的实际情况,施工质量控制的主要任务包括:

(1)导线控制点坐标及原始地面线等测量控制;

(2)基础开挖成型后鉴定;

(3)隐蔽工程各道工序验收;

(4)进场材料、中间产品、构配件等进场检测;

(5)混凝土施工;

(6)浆砌石砌筑;

(7)金属结构及设备安装。

6.1.4 旁站监理的关键部位及工序设置

6.1.4.1 关键部位及工序分析

为确保本工程施工质量,必须对工程施工过程中的关键部位和关键工序进行旁站监理,确定关键部位(或工序)的原则:工序技术要求高、施工难度大;施工条件困难,控制难度大;工序质量难稳定,质量波动大;对后续工程施工或后续工序质量和安全有重大影响;采用新技术、新工艺、新材料时缺乏经验;特殊地基、特殊结构。针对本工程项目的特点,关键部位(或工序)设置见表6.1。

表6.1 关键部位(或工序)设置表

序号	关键部位(或工序)
1	导线控制点坐标及原始地面线等测量控制
2	基础开挖成型后鉴定
3	混凝土模板安装
4	隐蔽工程各道工序
5	计算机监控系统安装、调试
6	混凝土浇筑
7	混凝土试样
8	原材料(砂、石、水泥、钢筋等)合格鉴定
9	进场材料、中间产品、购配件等进场检测
10	预埋件检查
11	机电设备安装
12	金属结构安装
13	外观检查
14	验收

6.1.4.2 旁站监理制度(略)

6.1.4.3 旁站监理工作职责(略)

6.1.5 质量控制工作内容

工程施工质量目标的实现,来源于参与工程建设各方的工作质量及施工的工序质量,必须对施工全过程进行全面的控制与管理,应树立全面质量的基本观点,对施工过程的工程施工质量进行事前控制、事中控制、事后控制,确保工程施工质量达到优良标准。项目建设施工各阶段质量控制的主要工作内容见表6.2。

表6.2 施工各阶段质量控制的主要内容

施工前质量控制	施工过程质量控制	验收阶段质量控制
1. 建立监理单位质量控制体系 2. 施工队伍技术资质的审核 3. 原材料、半成品、构配件的质量控制 4. 施工机械设备的质量控制 5. 新材料、新结构、新工艺、新技术的审核 6. 组织图纸会审及技术交底 7. 施工组织设计及施工方案的审批 8. 测量点、水准点、测量放线的复合 9. 开工报告审核	1. 工序质量控制 2. 质量资料和质量图表审核 3. 设计变更和图纸修改审核 4. 施工作业监督和检查 5. 隐蔽工程、单元工程、分部工程的检查验收 6. 组织质量信息反馈	1. 工程施工质量文件的审核 2. 单位工程、分部工程、单元工程的验收 3. 竣工图的审批 4. 组织工程项目的试运行 5. 组织竣工验收

6.1.6 质量控制的依据(略)

6.1.7 施工过程质量控制程序

6.1.7.1 施工质量控制系统

质量目标的实现,涉及参与工程建设各方的工作质量及生产的工序质量,必须对施工全过程进行全面的控制与管理。应树立全面质量的基本观点,即全面对待质量的观点,用真实数据说话的观点,真正为用户服务的观点,以预防为主、不断完善和提高的观点。施工阶段工程施工质量控制是一个事前控制、事中控制、事后控制的系统过程,监理单位将采用如下系统控制程序,确保工序质量达到优良标准。

6.1.7.2 单位工程开工申请程序

开工准备工作是否充分,对工程施工质量和施工能否顺利实施有重大影响,监理单位将严格检查承包人的开工准备工作,并按如图(略)所示的程序办理单位工程开工申报手续。

6.1.7.3 原材料(成品、半成品)质量控制程序

原材料(成品、半成品)质量控制,是施工质量事前控制的重要工作内容,监理单位制订如图(略)所示的程序,监理单位与承包人共同遵守。

6.1.7.4 施工过程质量控制基本流程

施工过程控制是质量控制工作的至关重要的工作内容,图(略)详细规定各单项工程施工过程的质量控制流程。

6.1.7.5 设备进场检验程序

永久工程设备进场,需遵循如图(略)所示的程序进行到货验收。

6.1.7.6 样品送检程序

抽样检验数据,是监理单位判断和确认各种材料和工程部位内在品质的主要依据,亦是事后工程施工质量评定的重要参考数据。无论是工地试验室或委托社会上具有相应资

质的社会试验室进行试验，均须遵循如图（略）所示的程序进行试验。

6.1.7.7　质量事故处理程序

质量问题或事故，按图（略）程序进行处理。

6.1.8　质量控制的方法（略）

6.1.9　质量控制的措施

6.1.9.1　组织措施（略）

6.1.9.2　经济措施（略）

6.1.9.3　技术措施（略）

6.1.9.4　合同措施（略）

6.1.9.5　工程物料控制（略）

6.1.9.6　严格执行质量验收程序和质量评估（略）

6.1.10　针对本项目主要工序和关键部位质量控制措施

6.1.10.1　施工测量的质量控制（略）

6.1.10.2　原材料、半成品和现场试验的质量控制（略）

6.1.10.3　基础开挖清理工程施工质量控制（略）

6.1.10.4　钢筋混凝土工程施工质量控制（略）

6.1.11　本工程的创优措施（略）

6.1.12　实施监理工作质量奖惩制度（略）

6.2　安全文明施工方法及措施（略）

6.3　文明施工、环境保护及水土保持监控（略）

6.4　投资控制的方法及措施

6.4.1　投资控制目标

投资控制目标：工程投资不突破概算价。

在施工阶段投资控制中，采取各种方法和措施，分析对项目的整体要求，做好投资、进度、质量三方面的反复协调工作，使资金和资源得到最有效的利用，使项目在满足进度和质量要求的前提下，实现投资控制目标。

6.4.2　投资控制的依据（略）

6.4.3　投资控制的原则（略）

6.4.4　投资控制的主要任务（略）

6.4.5　投资控制工作基本流程（略）

6.4.6　投资控制工作实施要点

6.4.6.1　预付款（略）

6.4.6.2　工程量计量（略）

6.4.6.3　支付（略）

6.4.6.4　进度款支付程序（略）

6.4.6.5　竣工结算（略）

6.4.6.6　工程量变更控制（略）

6.4.6.7　索赔控制（略）

6.4.7　投资控制的方法(略)

6.4.8　投资控制的措施(略)

6.4.9　针对性措施(略)

6.5　进度控制的方法及措施

6.5.1　进度控制目标

本工程进度控制的目标是:在施工承包合同规定的合同工期内完工。

进度控制是工程项目建设监理中控制目标之一,是非常重要的。总监理工程师审批承包人报送的施工总进度计划,在总进度计划安排中,应对项目实施中的各项工作做出周密安排,系统地规定项目的任务、进度和完成任务所需配置的资源。审查中,应审查其进度的系统性、周密性和合理性,防止计划出现不周、组织不当而造成工作脱节、窝工、停工待料、浪费人力、闲置设备以至拖延工期等现象,确保工程按合同工期完成。工程进度失控,必然导致资源的浪费,也会使工程建设工期增加,直接影响工程的投资效益。因此,进度控制应以工作细致周密、合理的进度计划做指导,对工程施工进行跟踪检查、分析情况、及时调整与控制。

6.5.2　进度控制的主要任务

施工进度的监控是监理工作的重中之重,进度控制的主要任务有:

(1)协助发包人编制施工总进度计划,确定阶段性进度目标。

(2)审查批准承包人提供的施工进度计划,并监督检查其执行情况。

(3)督促承包人投入足够的施工资源,实现合同的工期要求。

(4)协助发包人审批与工程进度计划相适应的供图计划,督促设计单位按照设计合同和施工图纸供应协议的要求提供设计文件和施工图纸。

(5)按照工程承包合同的规定及时发布开工令、停工令、返工令和复工令等指令。

(6)当实际施工进度与计划进度出现较大的滞后偏差时,及时督促承包人采取赶工措施,同时与发包人研究确定是否调整进度计划。

6.5.3　进度控制程序(略)

6.5.4　进度控制工作实施重点

6.5.4.1　进度审核与检查(略)

6.5.4.2　进度监测(略)

6.5.4.3　进度控制的监测方法(略)

6.5.4.4　编制进度计划(略)

6.5.4.5　更新进度计划(略)

6.5.4.6　资料收集、整理、统计和分析(略)

6.5.4.7　采取调整措施(略)

6.5.4.8　临时调整计划的实施(略)

6.5.5　进度控制方法

6.5.5.1　严格审查承包商的施工组织设计(略)

6.5.5.2　检查、督促工程进度计划的落实(略)

6.5.5.3　建立工地进度协调会议制度(略)

6.5.5.4 建立工程进度控制信息档案(略)

6.5.5.5 对影响进度的各种因素进行控制,确保合同工期如期实现(略)

6.5.6 进度控制的措施

6.5.6.1 组织措施(略)

6.5.6.2 技术措施(略)

6.5.6.3 经济措施(略)

6.5.6.4 合同措施(略)

6.5.6.5 针对性措施(略)

6.6 合同管理

6.6.1 合同管理的目标

本工程合同管理的目标是:努力排除或减少合同争议,防范索赔、风险和其他损失,使发包人在尽可能节省投资的情况下,保质、按期或提前完成工程施工任务。

施工合同管理是监理工作的中心任务,监理单位将充分熟悉本工程的所有合同文件,正确、准确地引用和解释合同文件。通过有效的事前预防、事中控制、事后处理进行投资、进度和质量控制,做好组织协调工作。合理处理合同实施中可能发生的变更、索赔、风险、违约等问题,加强安全、环境保护和文明施工的管理。

6.6.2 合同管理的主要任务

(1)熟悉合同文件,正确解析合同。弄清合同中每项内容,明确各方面的责、权、利,认真明确履行本工程的职责范围、任务,正确处理好各方的关系。

(2)工程进行中的细节的文件资料包括信件,会议纪要,发包人的规定、指示,总监的决定,承包人的请示、报告,监理的指令记录信函以及各种报表资料等,有关方一旦发生争执,监理工作以此资料和记录作为解决问题的依据。

(3)考虑问题要灵活,管理工作要做在其他工作前面。审查工程变更申请,提出处理意见,经发包人同意后下达工程变更令。

(4)审查承包人提出的索赔申请,进行索赔与反索赔调查,提出索赔处理意见。

(5)审查工程分包,经监理单位审查同意并经发包人批准后,分包队伍才能进场施工。

(6)制定以文字(文件、通知、信函)代替口头指令及传达的管理方式。进行风险分析,避免投资损失。

(7)调解合同纷争,减少矛盾和纠纷,对合同中的词义表达含糊的字句及时提出正确的解释。

6.6.3 合同管理工作流程(略)

6.6.4 合同管理的主要方法

6.6.4.1 合同分析法(略)

6.6.4.2 建立合同数据档案法(略)

6.6.4.3 跟踪调查研究法(略)

6.6.4.4 合同监督法(略)

6.6.5 合同管理的针对性措施(略)

6.6.6　合同纠纷的监控措施(略)

6.7　信息管理

6.7.1　信息管理的目标

建立信息编码系统,保证工程信息的采集准确、全面和及时,运用计算机网络技术和P3软件协助快速处理和反馈,为工程建设的目标控制提供及时、准确的信息。信息是监理工程师决策的依据,监理信息主要有内、外源两大类:外源信息主要是指各类合同、规范以及设计数据;内源信息是在项目实施过程中收集的资料,主要是施工历史记录、工程施工质量记录、工程付款记录及竣工记录等内容。

监理部将设置专职的资料员进行信息管理,利用计算机及先进的办公设备,将施工现场的信息分类、编号、存储,力求采用数字化、表格化,能直观地反映施工现场的信息,并便于检索和查询。

6.7.2　信息管理内容

6.7.2.1　监理文件的建立和发送(略)

6.7.2.2　工程施工中的信息收集(略)

6.7.2.3　监理信息

1. 监理日记

监理日记是现场施工情况的最基本的客观记载,具有监理工作备忘的作用,是解决合同纠纷及竣工验收的基本资料之一。监理单位要求各专业必须逐日、如实、详细认真记录。

监理日记的主要内容有:

(1)工程进展情况,包括当天施工的工程部位及完成的数量,该工程部位当时投入的人力和设备。

(2)当时现场检查和验收的情况。现场施工出现的各类问题事故及监理人员对问题事故处理的经过和结论意见。

(3)与发包人、承包人、设计单位工作联系情况,各种会议的主要议题、参加人员、会议结论等情况。地质、测量等专业的监理日记还应包括与本专业有关的各种技术数据、图示等情况。

(4)其他与监理有关的事项等。

(5)现场记录,包括照片及录像片等。

2. 定期与不定期报告

监理单位定期向发包人汇报工作而编写定期报告。

(1)监理周报。每周一提供上周监理周报,周报的内容主要包括上周完成的工作情况及本周的工作计划,分析上周未能完成工作的主观和客观原因,并提出改进意见。

(2)监理月报。监理月报是对本月施工情况的基本统计,其内容在"监理日记"的基础上归纳和总结,力求全面反映当月各工程项目、各专业的监理情况。监理月报由当月参加现场工作的全体监理在月末提供资料,由总监负责编写,报送发包人,并由合同信息部集中编号存档,以便查询。

监理月报的主要内容应包括:

①项目位置、项目主要特征及合同情况简介。

②大事记。

③当月工程进度与形象面貌,包括分部工程、单元工程的形象进度、开工和完工时间、完成的工程量、下月的施工计划安排等。

④资金的到位和使用情况。

⑤质量控制,包括质量评定、质量分析、质量事故处理等情况。

⑥合同执行情况,包括合同变更、索赔和违约等事项。

⑦现场会议和来往信函,包括会议记录及往来函件。

⑧监理工作,包括监理组织框图、资源投入、重要的监理活动、图纸会审发放、技术方案审查、工程需解决的问题和其他事项。

⑨承包人情况,包括承包人使用的人力和主要施工设备、施工过程中监理单位发现的主要问题和各种事故处理意见,承包人有无违反合同条款或不符合规程、规范要求及存在的问题等情况。

⑩安全和环境保护,监理单位每月将不定期地对施工现场安全环保情况进行检查,并把检查结果抄报给发包人。

⑪各承包人进度款支付情况。

⑫各项工程进展图片。

⑬监理工作的体会和建议。

⑭其他:包括水文和气象等自然情况。

⑮在监理月报中还应重点突出以下各点:地质专业,应描述当月施工工程所涉及的工程地质问题,核定各种地质参数,对各种工程地质问题的处理意见等;测量专业,应说明当月施工项目的控制网、基准点及有关高程尺寸的复核情况。

(3)不定期的监理工作报告。

①关于工程优化设计、工程变更的建议。

②投资情况分析预测及资金、资源的合理配置和投入的建议。

3. 日常监理文件

(1)监理日记及施工大事记。

(2)施工计划批复文件。

(3)施工措施批复文件。

(4)施工进度调整批复文件。

(5)进度款支付确认文件。

(6)索赔受理、调查及处理文件。

(7)监理协调会议纪要文件。

(8)其他监理业务往来文件。

文件报送份数:根据发包人文件管理的有关规定执行。

6.7.2.4　季(年)度报告

季(年)度报告是监理单位向发包人报送的阶段工作报告,报告编写的依据是监理月(季)报、各种会议纪要、专题报告及发包人、承包人、监理单位、设计人各方的来往函件。

季(年)度报告主要内容有:

(1)各工程项目形象进度描述。

(2)工程照片:反映各项工程在不同施工阶段、不同部位形象面貌。

(3)分部工程、单元工程分月完成的工程数量图表。

(4)该(季)年度各项目过程中发生的重大事件、重大事故、合同执行中出现的重大问题。

(5)各项目、各专业在施工过程中监理工作的开展情况。

(6)与发包人、设计人的工作联系情况。

(7)合同中出现的语句含糊、条款责任不清情况,索赔要求及处理意见。

(8)监理工作有关的其他情况。

6.7.2.5　工程竣工阶段的信息收集(略)

6.7.3　外部文件管理程序(略)

6.7.4　信息管理制度(略)

6.7.5　信息管理措施(略)

6.8　组织协调

6.8.1　组织协调的目标

组织协调是监理活动中最日常的工作。由于本项目的路线长,施工项目多,一项工程要分许多个标段,各承包商、各单位之间相互关系错综复杂,建设中的任何一部分工程,与其外部条件及环境之间,与其他部分工程之间,工程内部各要素之间,也都存在众多且复杂的结合部和可能的干扰点,而任何一个环节的延误都可能导致整个工程的延误。因此,综合平衡和现场协调工作显得极为重要,这是一项复杂、艰难的系统工程,其重要性和艰巨性往往超过管理中的其他业务。为此,我公司将委派一名长期从事水利建设工作、与相关的政府部门有着密切联系和沟通的同志具体负责本工程的组织协调工作,确保本工程按期、优质完成。

6.8.2　协调的原则(略)

6.8.3　组织协调的内容

(1)内部协调(略);

(2)与政府及职能部门的协调(略);

(3)与业主的协调(略);

(4)单位工程内部协调(略);

(5)三大监理目标的协调(略)。

6.8.4　组织协调的方法

6.8.4.1　现场协调法(略)

6.8.4.2　召集协调法(略)

6.8.4.3　会议协调法(略)

6.8.4.4　调解和谈判协调法(略)

6.8.4.5　下达监理指令和召见承办单位协调法(略)

6.8.4.6　访问协调法(略)

6.8.5 组织协调一般性措施

6.8.5.1 组织协调的组织措施(略)

6.8.5.2 组织协调的技术措施(略)

6.8.5.3 组织协调的经济措施(略)

6.8.5.4 组织协调的合同措施(略)

6.8.6 组织协调针对性措施

6.8.6.1 协调与政府部门的关系(略)

6.8.6.2 协调建设单位与承包人的关系(略)

6.8.6.3 协调承包人之间的关系(略)

6.8.6.4 协调与设计单位的关系(略)

6.8.6.5 协调与当地政府及居民的关系(略)

6.9 移交与验收管理

6.9.1 完工验收与移交证书的签发(略)

6.9.2 签发工程移交证书的程序

(1)成立工程移交检查组;

(2)工程移交检查组对工程移交申请报告的审查;

(3)移交检查组现场检查与评价;

(4)编写工程移交检查报告;

(5)签发证书。

6.9.3 立卷归档阶段的监理(略)

6.10 保修期阶段的监理(略)

7 监理人员进场计划

7.1 拟参加本项目监理工作的监理人员汇总表(略)

7.2 拟参加本项目监理工作的监理人员分月进场计划表(略)

8 开展监理工作所需的设施、设备配置计划(略)

9 履行本合同的优势条件和后备力量、技术支持(略)

10 合理化建议(略)

10.2 监理规划

监理规划是监理单位签订了项目监理合同之后,由项目总监理工程师主持,根据委托监理合同,在监理大纲的基础上,结合项目的具体情况,制定的指导整个项目监理组织开展监理工作的技术组织文件。监理大纲与监理规划都是围绕着整个项目监理组织所开展的监理工作来编写的,但监理规划的内容要比监理大纲翔实、全面。

总监理工程师应主持监理规划的编制工作，所有监理人员应熟悉监理规划的内容。

监理规划应在监理大纲的基础上，结合承包人报批的施工组织设计、施工总进度计划编制，并报监理单位技术负责人批准后实施。

监理规划应根据其实施情况、工程建设的重大调整或合同重大变更等对监理工作要求的改变进行修订。

10.2.1 监理规划的作用

10.2.1.1 指导项目监理组织全面开展工作

监理规划的基本作用是指导监理机构全面开展监理工作。监理规划应对项目监理的计划、组织、程序、方法等做出表述。

工程监理的中心任务是协助建设单位实现项目监理目标。而实现监理目标需要制订计划、建立组织、配备人员并进行有效的指导。在实施项目监理的过程中，监理单位要集中精力做好目标控制工作。但是，若不事先对计划、组织、人员配备、制度建立等项工作进行科学地安排，就无法实现对目标的有效控制。因此，项目监理规划需要对项目监理组织开展的各项监理工作做出全面、系统的组织和安排。它包括确定监理目标，制订监理计划，安排目标控制、合同管理、信息管理、组织协调等各项工作，并确定各项工作的方法和手段。

监理规划是在监理大纲的基础上编制的，因此应当更加明确地规定项目监理组织在工程监理实施过程中应当重点做的工作，各部门、各层次的监理人员具体工作分工，各阶段各施工部位具体监理工作等。只有全面确定了这些工作，项目监理组织才能真正开展工作，做到有条有理。

10.2.1.2 作为建设单位检查监理单位履行监理合同的重要依据

监理单位如何履行建设工程委托监理合同？如何落实建设单位委托工程监理单位所承担的各项监理服务工作？作为监理的委托方，建设单位需要而且有权了解和掌握工程监理单位执行建设工程委托监理合同的情况。而监理规划正是建设单位了解和掌握这些问题的第一手资料，也是建设单位确认工程监理单位是否履行工程委托监理合同内容的主要说明性文件。

10.2.1.3 作为建设行政管理部门对工程监理单位监督管理的主要依据

国家法律规定，建设行政管理部门依法对工程监理单位实施监督、管理和指导，对其管理水平、人员素质、监理业绩、专业配套和技术装备等进行核查和考评，以确认其资质和资质等级，同时建设行政管理部门还对工程监理单位实行资质年检制度。这些检验、考评都要针对工程监理单位已完和正在监理的工程建设项目进行，其中一项重要的内容就是通过对工程监理单位的项目监理规划和它在工程监理过程中的实施效果进行检查，来核定工程监理单位的监理资质。因此，它是建设行政管理部门监督、管理和指导工程监理单位监理活动的主要内容。

10.2.2 监理规划编写的依据

监理规划编写的依据有：工程项目自然条件、社会条件和经济条件等外部环境调查研究资料;工程建设方面的有关法律、法规;政府批准的工程建设文件;建设工程委托监理合同;项目业主的正当要求;项目监理大纲;工程实施过程中输出的有关信息。

10.2.3　监理规划编写的要求

10.2.3.1　监理规划基本内容构成应力求统一

项目监理规划基本内容包括目标规划、项目组织、监理组织、合同管理、信息管理和目标控制。要力求将监理规划的内容统一起来。监理规划统一的内容要求应在建设监理法规文件或建设工程委托监理合同中明确下来。

10.2.3.2　监理规划的具体内容应具有针对性

监理规划基本构成内容应当统一,但各项内容要有针对性。因为监理规划是指导一个特定工程项目监理工作的技术组织文件,它的具体内容要适用于这个特定的工程项目。每一个监理单位和每一位项目总监理工程师对一个具体项目在监理思想、方法和手段上都应有独到之处。

由于工程项目的实施是一个长期的过程,在这个过程中有许多难以预料的问题,工程项目的动态性,要求监理规划与工程的运行相适应,应具有可变性,只有这样才能实施对工程项目的有效监理。

10.2.4　监理规划的内容

监理规划的具体内容应根据不同工程项目的性质、规模、工作内容等情况进行编制,格式和条目可有所不同。

监理规划通常包括以下几个方面的内容。

10.2.4.1　总则

(1)工程项目基本概况。简述工程项目的名称、性质、等级、建设地点、自然条件与外部环境,工程项目建设内容及规模、特点,工程项目建设目的。

(2)工程项目主要目标。工程项目总投资及组成、计划工期(包括阶段性目标的计划开工日期和完工日期)、质量控制目标。

(3)工程项目组织。列明工程项目主管部门、质量监督机构、发包人、设计单位、承包人、监理单位、工程设备供应单位等。

(4)监理工程范围和内容。发包人委托监理的工程范围和服务内容等。

(5)监理主要依据。列出开展监理工作所依据的法律、法规、规章,国家及部门颁发的有关技术标准,批准的工程建设文件和有关合同文件、设计文件等的名称、文号等。

(6)监理组织。现场监理机构的组织形式与部门设置、部门职责、主要监理人员的配置和岗位职责等。

(7)监理工作基本程序。

(8)监理工作主要制度。包括技术文件审核与审批、会议、紧急情况处理、监理报告、工程验收等方面。

(9)监理人员守则和奖惩制度。

10.2.4.2 工程质量控制

(1)质量控制的内容。

(2)质量控制的制度。

(3)质量控制的措施。

10.2.4.3 工程进度控制

(1)进度控制的内容。

(2)进度控制的制度。

(3)进度控制的措施。

10.2.4.4 工程资金控制

(1)资金控制的内容。

(2)资金控制的制度。

(3)资金控制的措施。

10.2.4.5 施工安全及文明施工监理

(1)施工安全监理的范围和内容。

(2)施工安全监理的制度。

(3)施工安全监理的措施。

(4)文明施工监理。

10.2.4.6 合同管理的其他工作

(1)变更的处理程序和监理工作方法。

(2)违约事件的处理程序和监理工作方法。

(3)索赔的处理程序和监理工作方法。

(4)分包管理的监理工作内容。

(5)担保及保险的监理工作。

10.2.4.7 协调

(1)协调工作的主要内容。

(2)协调工作的原则与方法。

10.2.4.8 工程质量评定与验收监理工作

(1)工程质量评定。

(2)工程验收。

10.2.4.9 缺陷责任期监理工作

(1)缺陷责任期的监理内容。

(2)缺陷责任期的监理措施。

10.2.4.10 信息管理

(1)信息管理程序、制度及人员岗位职责。

(2)文档清单、编码及格式。

(3)计算机辅助信息管理系统。

(4)文件资料预立卷和档案管理。

10.2.4.11　**监理设施**

(1)制订现场监理办公和生活设施计划。

(2)制定现场交通、通信、办公和生活设施使用管理制度。

10.2.4.12　**监理实施细则编制计划**

(1)监理实施细则文件清单。

(2)监理实施细则编制工作计划。

10.2.4.13　**其他**

略。

10.2.5　监理规划示例

×××泵站更新改造工程监理规划(节选)

1　总　则

1.1　工程概况(略)

1.2　合同项目及工程量(略)

1.3　现场自然条件(略)

1.4　监理范围及工作内容(略)

1.4.1　监理工作范围(略)

1.4.2　监理工作内容

1.4.2.1　按照监理合同规定的监理范围以及业主的委托和授权,实施监理工作。

1.4.2.2　依据建设法规、监理法规、技术规范,业主与有关单位签订的施工合同,做好质量、进度、投资控制,做好合同管理、信息管理,做好施工安全监控工作。具体是:

(1)督促承包单位依照承包合同和工程施工技术标准施工。

(2)检查施工进度和施工成品的质量,对已完工的成品进行验收、评定,符合合格标准定期予以计量和签署工程款支付证书。

(3)协助业主进行工程验收准备工作。

(4)审查工程结算和决算。

1.4.2.3　积极协助业主,督促施工合同的实施,参与本工程建设各单位之间的协调,使本工程按期完成交付使用。

1.4.2.4　认真勤奋地工作,定期向业主报告工作,公正地维护各方面的合法权益。

1.5　监理规划的编制依据(略)

2　监理组织机构与各级监理人员职责

2.1　监理机构

根据监理合同,×××监理公司受建设单位委托,承担×××泵站更新改造×××年度项目施工阶段的监理任务,为此公司于合同签订后组建×××泵站更新改造工程建设监理部，监理部组织结构图如图 2.1 所示。

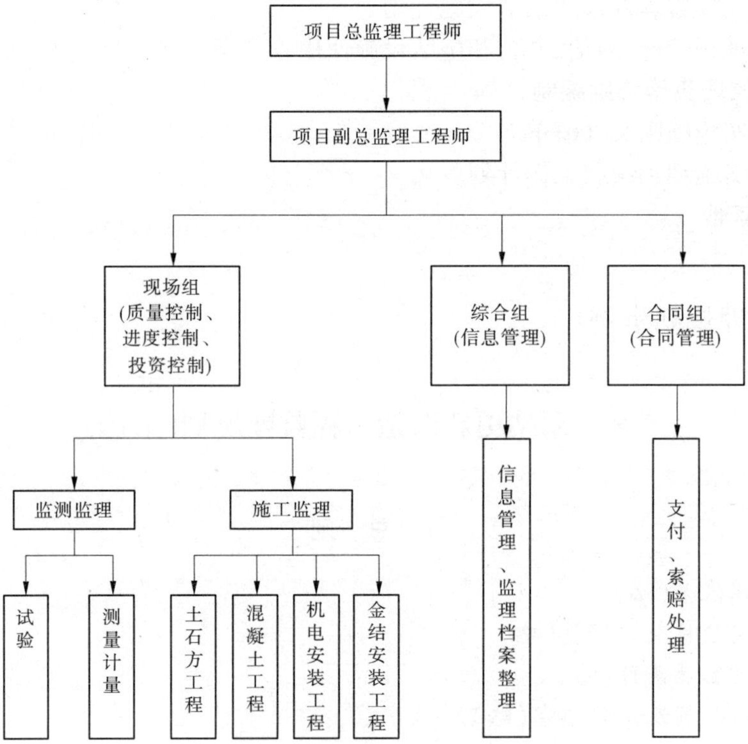

图 2.1　监理部组织结构图

2.2　监理人员

派驻的现场监理人员，均根据工程特点选派熟悉技术和管理的人员，主要监理人员均做到持证上岗，并根据工程进度为轻重缓急适时调剂或增减监理人员。本监理部监理人员总计 6 人，其中具备总监理工程师资质的有 2 人，监理工程师 3 人，监理员 1 人，详见表 2.1。

表 2.1　监理人员情况表

姓名	年龄	专业	职称	拟任职务	拟进场时间
×××	×××	水工建筑	高工	总监理工程师	合同签订后 7 日内
×××	×××	水工建筑、机电设备安装	高工	总监代表	项目开工前 3 日内
×××	×××	水工建筑	工程师	监理工程师	项目开工前 3 日内
×××	×××	机电设备安装	工程师	监理工程师	合同签订后 7 日内
×××	×××	机电设备安装	工程师	监理工程师	机电项目开工前 3 日内
×××	×××	水工建筑	助工	监理员	项目开工前 3 日内

2.3　各级监理人员岗位职责(略)

2.4　监理人员工作守则(略)

3　监理工作程序

3.1　工程监理一般工作程序

3.1.1　签订监理合同，明确监理范围、内容和责权。

3.1.2　依据监理合同，组建现场监理机构，确立监理目标，编制监理规划。

3.1.3　熟悉工程建设有关法律、法规、规章以及技术标准，熟悉工程设计文件、施工合同文件和监理合同文件。

3.1.4　进行监理交底，按工程建设进度，编制各项目监理实施细则。

3.1.5　按照各项目监理实施细则进行监理工作，随工程进度对工序进行“三检”和评定。

3.1.6　组织、主持或参与工程验收及竣工验收工作，签发工程移交证书和工程保修责任终止证书。

3.1.7　监理业务完成后，向项目法人提交建设监理档案资料和监理报告。

3.2　监理工作阶段

本工程监理工作可划分为以下几个阶段：

3.2.1　准备阶段，主要工作为组建监理机构，培训监理人员，编写监理规划，熟悉合同文件等。

3.2.2　开工阶段，编写监理细则，对承包人进场人员、机械进行审查，对其质量保证体系和施工组织设计进行审查。

3.2.3　工程施工阶段，主要进行质量、进度与投资控制，合同管理和信息管理及内部协调工作贯穿在整个监理过程中，与施工达到同步。

3.2.4　工程验收阶段，在工程部位或单位工程完成后，及时进行部位工程和单位工程的验收，并进一步为整个项目的竣工验收做好准备，整理监理档案，撰写工作总结。

3.2.5　保修阶段，在工程验收后一年之内，属于责任保修阶段。

3.3　工作流程

工程施工阶段的监理工作流程如图3.1所示。

4　监理工作方法

4.1　现场记录

监理机构认真、完整记录每月施工现场的人员、设备、天气、施工环境以及施工中出现的各种情况。

4.2　发布文件

监理机构采用通知、指示、批复、签认等文件形式进行施工全过程的控制和管理。

4.3　旁站记录

监理机构按照监理合同约定，在施工现场对工程项目的重要部位和关键工序的施工，实施连续性的全过程检查、监督与管理。

4.4　巡视检查

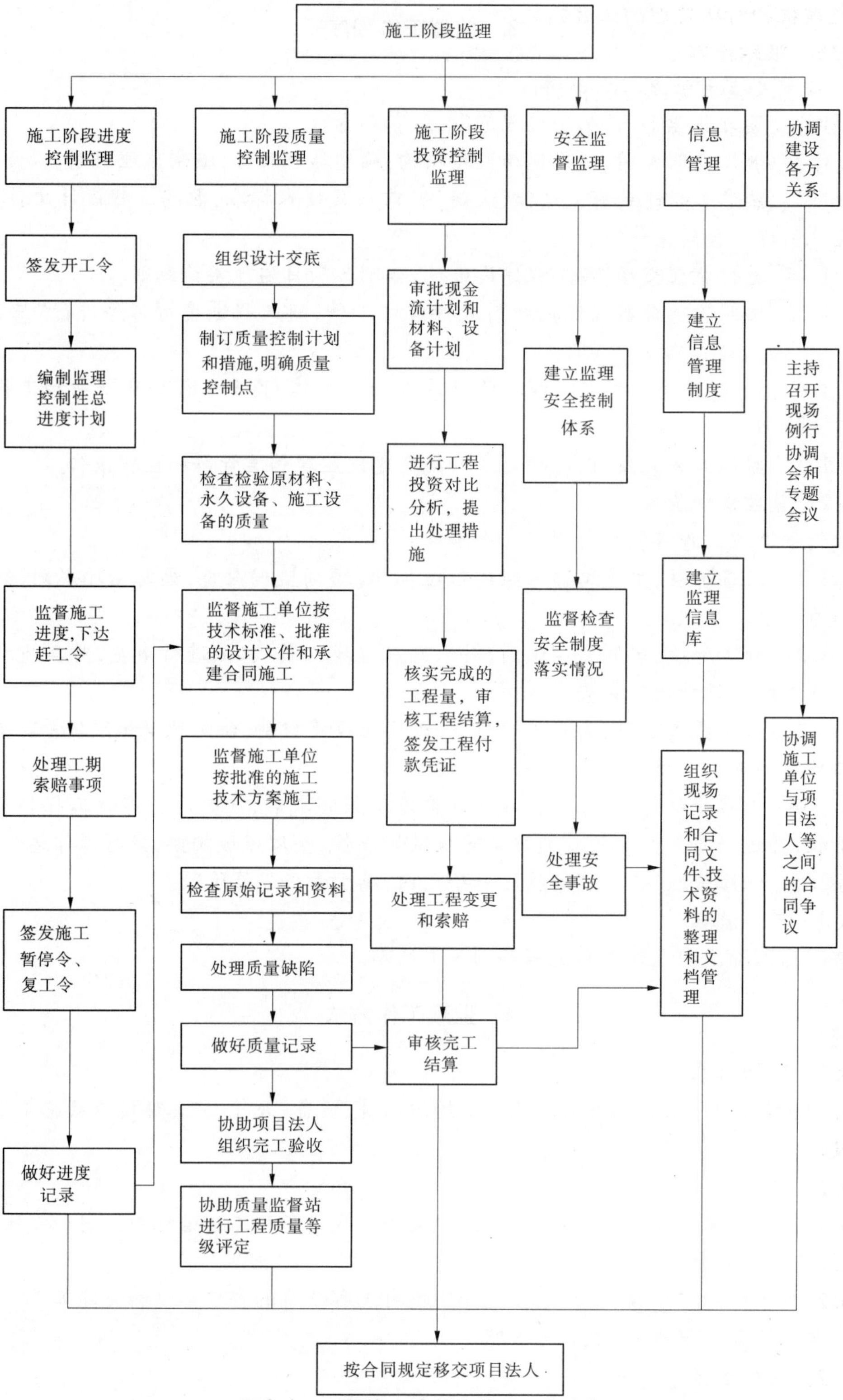

图 3.1 工程施工阶段的监理工作流程

监理机构对所监理的工程项目的定期或不定期检查、监督与管理。

4.5　跟踪检测

对承包人施工实施全过程的监督，确认其程序、方法的有效性以及检测结果的可行性，并对该结果进行确认。

4.6　协调

监理机构对参加工程建设各方之间的关系以及工程施工过程中出现的问题和争议进行调解。

5　监理工作制度

5.1　施工阶段有关制度(略)

5.2　项目监理部工作制度(略)

6　工程质量控制

6.1　质量控制任务

施工阶段施工质量的控制是监理工作重中之重的任务，所有监理人员必须高度重视，按照职责分工，切实控制好施工质量，严把巡视、旁站、检查、检测关，严把平行测量关，在整个施工过程中严格按“三不放过”的原则和“百年大计，质量第一”的方针，把住施工质量关。

6.2　施工准备阶段的质量控制

根据《水利工程质量管理规定》及有关法律、法规、规程规范，在工程施工准备阶段工程建设参建各方应做好各自的准备工作。

6.2.1　建设单位

6.2.1.1　建设单位应按要求做好工程开工前的协调工作并保障社会治安等外部条件能够满足工程开工要求。

6.2.1.2　建设单位应及时提供审批文件、各标段施工合同、施工招标文件、测量控制点等资料。

6.2.1.3　建设单位主持召开工地第一次会议，主持交底会议，并形成会议纪要，分发各参建方，以便各方抓紧落实开工准备工作。

6.2.2　施工单位

6.2.2.1　施工项目管理部成立，挂牌运作，按投标承诺，项目经理、技术负责人与八大员及其他管理人员驻进工地。

6.2.2.2　工地测量设备到位。

6.2.2.3　机械施工设备按预定时间，按投标书承诺准时到位。

6.2.2.4　测量基准点交桩后，组织基准点、基准线复测。

6.2.2.5　组织工程量复测复核，绘制断面图、计算工程量与合同文件对比，写出专题报告。

6.2.2.6　记录有关问题，写出专题报告。

6.2.2.7　质量保证体系的组织机构和人员落实情况，质量管理、技术管理、安全环保等管理制度。

6.2.2.8　向监理申报施工组织设计文件，并填报报审表。

6.2.2.9　开工申请报告。

6.2.2.10　将上述准备资料报监理站审查，审查合格后报总监审批签发开工报告并报建设单位。

6.2.3　工程监理部(站)

6.2.3.1　按照投标文件和监理合同的要求，组建项目监理机构，配备监理人员、监理设施，按时进驻工地，挂牌办公。

6.2.3.2　熟悉工程情况，协助建设单位组织技术交底会议，如受建设单位委托可代建设单位起草技术交底会议纪要，由总监签认，报建设单位。

6.2.3.3　组织监理人员审查施工方报送的施工组织设计及报审表，提出审查意见，由总监审核签认后，报建设单位。

6.2.3.4　审查施工单位开工前的各项准备工作和报审资料，由总监签署开工报告。

6.2.3.5　协助建设单位项目部落实各项开工准备工作。

6.2.3.6　在本监理规划的指导下编写监理实施细则，以后根据实际情况进行补充、修改、完善。

6.2.3.7　按监理工作程序组织监理、施工用的各种表格及其他应准备的事项。

6.2.4　施工过程质量控制要检查及签证的内容有：

6.2.4.1　施工单位质量管理机构、人员配备，质量保证体系、制度等。

6.2.4.2　机械设备及测量仪器的到位情况，检定、率定手续及使用情况等。

6.2.4.3　施工资料、报告、报表、函、质量评定材料检查、审批、签认。

6.2.4.4　监理机构对重点部位、关键工序、薄弱环节实行旁站和巡视检查、平行检测、抽检试验。

6.2.4.5　按监理合同或有关工程质量管理文件规定验证施工质量是否合格。

6.3　施工质量控制原则与方法

6.3.1　质量控制原则

6.3.1.1　以前述相应法规、规程规范、施工质量评定标准、设施标准为依据，督促施工单位全面实现施工合同约定的质量目标。

6.3.1.2　对工程项目施工全过程实施质量控制，以质量预控为重点。

6.3.1.3　对工程项目的人、机、料、法、环境等因素进行全面的质量控制，监督施工的质量保证体系落实到位。

6.3.1.4　严格坚持本工序质量不合格或未进行验收不予签证、下一道工序不得施工的制度。

6.3.2　事前控制

6.3.2.1　受项目法人委托组织技术交底工作、核转技术文件。

6.3.2.2　进行监理交底，明确监理工作的控制方法和要求。

6.3.2.3　审批施工单位报送的施工组织设计，审批内容至少包括施工布置是否合理、施工方法是否可行、质量保证措施是否可靠并具有针对性等。

6.3.2.4　核查开工条件，签署开工意见，发布开工令。

6.3.2.5　查验施工测量放线成果(包括内业资料、外业成果)，签署查验意见。

6.3.2.6　检查需要定期率定的设备、仪器的率定证明。

6.3.3　事中控制

6.3.3.1　对施工现场有目的地进行检查巡视，对施工过程的关键工序、特殊工序、重点部位和关键控制点进行旁站监理、平行检测和控制工序交接；检查施工技术措施的落实情况；发现并及时纠正施工中不符合要求的问题，签发监理通知或整改通知等。

6.3.3.2　及时核定工序质量等级，签署核定意见。

6.3.3.3　根据施工单位隐蔽工程报验单，对隐蔽工程进行现场检测、核查，签署隐蔽工程检查验收意见。对合格的准予进入下一道工序施工，对不合格的由监理工程师签发整改通知，待施工单位整改合格后，报监理工程师复验。对重要的隐蔽工程验收需建设、监理和施工等各方到场签署联合验收意见。

6.3.3.4　对施工单位报送的验收申请报告及资料进行审查，并到现场进行抽查、核查，签署质量等级评定意见，做好检查记录。对符合要求的确认质量等级，对不符合要求的由监理工程师签发整改通知，待施工单位整改合格后，报监理工程师复验。

6.3.3.5　按照水利工程质量检验评定标准，审查单位工程质量等级，方法同6.3.3.4，监理组织预验收，报建设单位准备完工验收，监理做好各项验收组织准备工作，单位工程完工验收应在所有分部工程已经完建并验收合格的基础上及时进行。

6.3.3.6　整个项目完工后进行竣工验收，本项目的竣工验收由项目法人组织监理、施工、运行管理等单位专业技术人员组成精干的验收委员会，检查工程是否按技术交底完成，及时对工程存在的缺陷提出处理要求，向项目法人移交工程，形成单位工程验收鉴定书。

6.3.3.7　有关设计变更事宜，必须报建设单位批准，并由建设单位向设计单位指示出具设计变更文件图纸，监理按其控制工程量及质量。

6.3.3.8　对施工过程中出现的事故缺陷，由专业监理工程师下达通知，令施工方整改，并检查整改结果。

6.3.3.9　监理人员发现施工中存在质量隐患，可能造成质量事故时，及时报告总监，由总监下达暂停令，指令施工方整改，问题得不到纠正不得进入下一道工序，经监理人员复查，符合规定要求后，由总监及时签署工程复工报审表，并在此过程之前及时书面报告建设单位。

6.3.3.10　一旦发生质量事故，应由总监责令施工方报送质量事故调查报告，通过建设单位请相关单位确定处理方案，监理对处理过程和结果跟踪检查、验收。由总监向建设单位和监理单位提交事故书面报告，监理部应将完整的事故处理记录整理归档。

对出现质量事故的施工单位，将执行事故原因不查清不放过、主要责任人未受到教育和吸取教训不放过、补救措施不落实不放过的原则进行处理。

6.3.4　施工测量监控

6.3.4.1　施工方施工放样测量必须以建设单位组织的交桩导线点水准点为准。其线、点必须复测无误，且复测成果已报监理审批，施工放线测量为有效，否则视为无效。由现场监理检查审批。

6.3.4.2 施工放线测量精度要符合技术文件要求。

6.3.4.3 工程量复核测量(略)。

6.3.4.4 工程竣工(完工)测量:

(1)精度不低于施工放样测量精度。

(2)工程竣工测量图纸、资料必须报监理审查确认。必要时,监理部派专业监理复测。

6.3.5 施工质量问题的处理

6.3.5.1 施工中发现的质量事故,施工方应按《水利工程质量事故处理暂行规定》(水利部令第9号)上报处理,总监书面报告建设单位和监理单位,处理程序同上。

6.3.5.2 监理工程师对质量问题和质量事故处理结果进行复查。

7 工程进度控制

7.1 进度控制的任务

进度控制的主要任务:监理站在各施工标段施工的全过程中,将施工合同承诺的计划进度和批准的施工组织设计中的进度计划与实际施工进度加以比较,发现偏差及时采取有效措施纠正,确保工期目标的实现。在实际操作中,督促施工单位编制切实可行的进度计划图表,如横道图、形象进度图、网络计划图。进度控制中要根据工程量、总工期、详细算账,制订阶段性进度计划,应充分考虑影响工期的不利因素,如工程外部协调不到位等情况,如果发生工期拖延,要及时办理审批手续和延期处理手续。

7.2 进度控制的依据

7.2.1 建设单位与各标段施工单位签订的施工合同规定的工期。

7.2.2 施工单位提交的施工组织设计中的进度计划。

7.2.3 因影响进度计划实施的不利因素而办理的补充协议、审批和手续、会议纪要,参建各方发文、函等。

7.3 进度控制的原则

7.3.1 进度控制的依据是施工合同约定工期目标或者是变更约定的协议工期目标。

7.3.2 在确保工程质量、安全的原则下控制进度。

7.3.3 采用动态控制法进行全方位主动控制。

7.4 进度控制的程序

7.4.1 检查核实施工方进度计划的合理性和可行性,监理审核进度计划意见(总进度计划在施工组织设计中已批准,本条主要指阶段进度计划)。

7.4.2 批准后督促实施,检查、评价,分析、比较;拖延时,要求施工方作出赶工安排。

7.4.3 工期进度有延误的征兆时,监理部组织进行原因分析,召开各方会议研究措施,调整计划督促实施。

进度控制的监理工作程序如图(略)所示。

7.5 进度控制的方法

7.5.1 组织措施

7.5.1.1　建立进度目标控制体系，明确工程建设进度控制人员及其职责分工。

7.5.1.2　建立进度报告制度及进度信息沟通网络。

7.5.1.3　建立进度计划审核制度和进度计划实施中的检查分析制度。

7.5.1.4　建立进度协调会制度，包括协调会举行的时间、地点，协调会的参加人员等。

7.5.1.5　建立图纸审查、工程变更和设计变更管理制度。

7.5.2　技术措施

7.5.2.1　审查承包商提交的进度计划，使承包商能在合理的状态下施工。

7.5.2.2　编制进度控制工作细则，指导监理人员实施进度控制。

7.5.2.3　采用网络计划技术及其他科学适用的计划方法，并结合电子计算机的应用，对工程进度实施动态控制。

7.5.3　经济措施

监理部各监理人员勤检查、勤检测，及时验收合格工程量，及时签认资料和表格，做到工程进度和相应资料同步；监理部向建设单位提供资金计划，以便建设单位筹措进度款，及时对经检测质量合格的工程量和进度款进行签认；加强索赔管理，公正地处理索赔；建议业主对应急赶工给予优厚的赶工费用，对于工期提前或延误分别给予奖励和处罚。

7.5.4　合同措施

7.5.4.1　加强合同管理，协调合同工期与进度计划之间的关系，保证合同中进度目标的实现。

7.5.4.2　严格控制合同变更，对各方面提出的工程变更和设计变更，监理工程师应严格审查后再补入合同文件中。

7.5.4.3　加强风险管理，在合同中应充分考虑风险因素及其对进度的影响，以及相应的处理方法。

8　工程投资控制

8.1　投资控制任务

投资控制的主要任务是：工程产品合格性审查、工程量的复核、按施工进度审查施工方填报的进度款支付申请表，并签署支付凭证，审核审定签发竣工结算文件和最终工程款支付证书等，严格按施工合同控制工程量。对因工程变更引起的工程量变化，必须经建设单位批准，并办理设计变更手续，确保投资控制总目标不被突破。

8.2　投资控制的依据

8.2.1　施工质量评定、验收规范规程。

8.2.2　监理合同规定的控制权限，按审批程序进行控制操作。

8.2.3　施工合同规定的价款和经建设方审批、认可的变更后的价款、工程量及报审程序。

8.2.4　招标投标文件中的有关规定和承诺。

8.3　投资控制的方法及措施

8.3.1　投资控制的工作流程(略)。

8.3.2 为了防范风险,监理应在事前采取以下措施,进行预防。

8.3.2.1 施工前要求监理人员、施工单位认真研究工程前期文件,掌握技术标准、质量要求、控制参数、项目功能要求、工期要求等,在技术交底时提出疑问和问题,以及需进行变更的问题等,向建设单位提出书面意见和建议。

8.3.2.2 组织建设单位到工地现场进行测量交桩,然后督促施工单位进行测量复核,进行施工测量放线,并报审测量报验表,专业监理签认。

8.3.2.3 在上述基础上,指令施工方对工程量进行测量复核并计算,其成果报专业监理审签确认。如果复核结果工程量与招标文件、施工合同中的工程量出入过大,监理部将派专业测量工程师,与现场监理、施工方重新复核,确认属实后,写专题报告报业主并重新核准实际工程量,经建设单位审定批准后,监理按其控制。

8.3.2.4 监理部按施工合同约定的工程量计算规定、进度款支付规定,进行工程计量签认,报总监签署工程款支付凭证,报建设单位审定支付。工程款的支付监理程序见图(略)。

8.3.2.5 监理部建立统计表报制度,按周、月分别统计,并对完成量与计划量进行比较分析,制定调整措施。监理部按月向建设单位报告。

8.3.2.6 未经监理质量验收合格的工程量,或不符合施工合同规定或未办理变更审批手续的工程量,监理工程师应拒绝对工程款支付申请签认。

8.3.2.7 现场监理及时收集整理有关施工和监理资料,为可能发生的索赔纠纷提供证据,一旦发生索赔,应按索赔处理程序(图略)处理。

8.3.2.8 监理部及时督促施工单位按合同有关规定,编制竣工结算文件,办理相关手续。

8.4 工程量计量控制原则、程序

8.4.1 原则

8.4.1.1 严格执行施工合同约定的计量与支付方法;

8.4.1.2 当报验资料不全、与合同约定不符,未经质量签认,有违约的情况时,不予审核和计量与支付。

8.4.2 工程量签认程序

在施工方工程进度款申报的工程量的基础上,审核并报总监签署进度款支付签证,报建设单位审定支付。

9 监理资料的整编

9.1 监理工作完工资料

9.1.1 施工合同文件及委托监理合同

9.1.2 监理实施规划

9.1.3 监理实施细则

9.1.4 施工组织设计(方案)报审表

9.1.5 工程开工/复工报审表及工程暂停令

9.1.6 测量复核资料,交桩、控制点资料

9.1.7　实际工程量复测复算资料、图表、审批文件

9.1.8　工程进度计划，批准延期协议手续

9.1.9　工程变更资料

9.1.10　隐蔽工程质量评定表、报告、验收签证

9.1.11　单位工程施工质量评定表，有关专题报告，验收鉴定书

9.1.12　各参建单位管理工作报告(包括建设单位、监理单位、质量监督单位、施工单位、运行管理单位)

9.1.13　工程结算审核意见表(包括结算表、审核意见表等)

9.1.14　工程质量评定汇总表

9.1.15　工程计量单和工程款支付证书

9.1.16　监理工程师通知单及相应单位回复函

9.1.17　监理工作联系单及相应参建单位答复函

9.1.18　施工单位报验申请表

9.1.19　会议纪要、简报(按时间顺序)

9.1.20　参建各方来往函件

9.1.21　监理日记及监理工作大事记

9.1.22　监理月报(各次按时间顺序)

9.1.23　质量缺陷与事故的处理有关各方文件

9.1.24　有关索赔文件资料(无索赔可免)

9.1.25　监理工作总结报告

9.1.26　声像照片资料

9.2　监理月报

9.2.1　本月工程概况

9.2.2　本月工程形象进度

9.2.3　本月工程进度、累计进度

9.2.3.1　本月实际完成情况与计划进度比较

9.2.3.2　进度完成情况及采取措施效果分析

9.2.4　工程质量

9.2.4.1　本月工程质量分析

9.2.4.2　本月采取的工程质量措施及效果

9.2.5　工程计量与工程款支付

9.2.5.1　工程量审核情况

9.2.5.2　工程审批情况及月支付情况

9.2.5.3　工程款支付情况分析

9.2.5.4　本月采取的措施及效果

9.2.6　合同其他事项的处理情况

9.2.6.1　工程变更

9.2.6.2　工程延期

9.2.6.3　费用索赔

9.2.7　本月监理工作小结

9.2.7.1　对本月进度、质量、工程款支付等方面情况的综合评价

9.2.7.2　本月监理工作情况

9.2.7.3　有关本月工程的建议

9.2.7.4　下月监理工作的重点

由总监理工程师组织，专业监理工程师参加编制，经总监签认后，由监理部统一报建设单位和监理公司。

9.3　监理工作报告

9.3.1　工程概况

9.3.2　监理组织机构、人员及投入的监理设施

9.3.3　监理合同履行情况

9.3.4　监理工作效果

9.3.5　施工过程中出现的问题及其处理情况和建议

9.3.6　有关工程照片、声像等资料(有必要时)

10　合同管理

10.1　合同管理任务

依据监理合同的授权，依法对建设单位与施工单位签订的施工合同双方的履行实施管理，是监理单位的职责之一，施工合同是监理实施质量、投资、工期控制的直接依据，监理工程师必须公正地维护合同双方的合法利益。

10.2　合同管理原则

监理根据工程进展过程巡视、旁站、审核资料、数据信息等活动中所掌握的情况，对合同履行状况做预测分析，对施工中的问题及时签发监理通知，督促和及时纠正施工方偏离合同约定的行为，也可在有根据、有苗头的情况时及时向建设单位和施工方提前发出预示函，防止偏离合同约定事件发生。

10.3　合同管理程序

监理部根据设计变更、工期延期、费用索赔、合同争议、违约事件处理程序的要求，现场监理勤于记录(特别是监理日志要详细)，收集资料信息，依据上述事件的事实审核、评估施工方提交的设计变更洽商费用申报表、工程延期申报表、费用索赔申请表，合同一方或双方提交的解决合同争议申请、违约申诉报告等，做到公正处理。

10.4　合同管理的方法

10.4.1　监理机构严格按监理合同开展工作，按合同授权范围认真履行职责，圆满完成监理任务。

10.4.2　管理施工合同的履行

10.4.2.1　研究合同全文，弄清全部内容，正确处理合同双方关系，公正地维护双方的合法权益。

10.4.2.2　以施工合同确定的各项目标值、实施“四控制、二管理、一协调”监控工

作。

10.4.2.3　监理部依据监理合同和施工合同的规定及职责范围签发施工过程中的各种指令、工程款支付审核签证。审查处理工程变更、合同争议和有关索赔、工期延误的处理。总监代表和专业监理工程师、监理员按合同规定及职责向监理部和总监报告工作。

10.4.2.4　组织部位工程、单位工程的质量审评与预验收。

10.5　合同工期管理

10.5.1　属于下列任何一种情况所造成的工期延误，施工方均不能提出延长工期的要求，建设单位也不为此而给予费用补偿：

10.5.1.1　由于施工单位失误或违规、违约引起的，或因此而被项目监理部指令的暂停施工。

10.5.1.2　由于现场非异常恶劣气候条件引起的正常停工。

10.5.1.3　为工程的合理施工和保证安全所必需的，或因此而被项目监理站指令的暂停施工。

10.5.1.4　施工单位未得到项目监理部批准的擅自停工。

10.5.1.5　合同中另有规定的。

监理部要严格工程暂停的管理，若发生必须暂停施工的紧急事件，应协同有关方按合同约定的原则，处理好因暂停诱发的各类问题。

10.5.2　工程施工暂停后，施工单位在妥善保护、照管工程和提供安全保障的同时，应采取有效措施，积极消除停工造成的影响，创造早日复工条件。当工程具备复工条件时，项目监理部应立即向施工单位发出复工通知，施工单位应在复工通知送达的2天内复工。

10.5.3　监理工程师对施工单位施工计划的审查和批准，并不意味着可以变更或减轻施工单位对合同工期应承担的义务和责任。

10.6　工程变更管理

10.6.1　工程变更条件与内容

工程变更包括设计变更和施工变更，是指因设计条件、施工现场条件、设计方案、施工方案发生变化，或项目法人与监理机构认为必要时，为实现合同目标而对设计文件或施工状态所作出的变更与修改。

监理部仅接受下列工程变更指示、通知或建议：

10.6.1.1　执行项目法人发出的工程变更指示。

10.6.1.2　设计单位根据施工现场条件变化所提出的工程变更建议或设计修改通知。

10.6.1.3　施工单位根据施工现场条件、施工方案或施工状态发生变化，依照合同文件规定的程序提出的施工变更建议。

10.6.2　监理部对工程变更的审查原则

10.6.2.1　变更后不降低工程的质量标准，不影响工程完建后的运行与管理。

10.6.2.2　工程变更设计技术安全可靠。

10.6.2.3　工程变更有利于施工实施，不至于因施工工艺或施工方案的变更，导致合同价格的大幅度增加。

10.6.2.4　工程变更的费用及工期经济合理，不至于导致合同价格的大幅度增加。

10.6.2.5　工程变更尽可能不对后续施工产生不良影响，不至于因此而导致合同控制性工期目标的延迟。

10.6.3　施工方接受监理部的工程变更指令后，应就下列两种情况提交明确的书面意见：

10.6.3.1　如果这种变更不符合工程承建合同文件规定，或超出合同工程项目或工作项目范围，施工单位可以提出签订补充协议与得到合理补偿或拒绝执行的要求。

10.6.3.2　如果这种变更超出施工单位所具备的施工手段与能力，或将导致施工单位造成额外费用与工期延误，施工单位可提出理由，申报项目法人或监理机构重新审议，或在执行期间提出施工索赔申报。

10.6.4　工程变更的申报、联系、要求、审查、批准、发出等过程与依据文件均必须是有效的书面文件。监理部对工程变更的审查、批准权限及审批程序，还应同时受工程建设监理合同文件规定和项目法人授权的约束，并依据工程建设监理合同文件和工程承建合同文件规定进行。

10.6.5　只要工程变更指令是按工程承建合同文件规定发出的，则这类变更不解除或减轻合同双方应承担的合同义务与责任。

10.7　合同管理执行中可能的风险分析

10.7.1　合同中的疏漏：未能将施工过程中可能出现的事项完全涵盖，以致处理施工时实际发生又必须有明确定论的事宜时，合同中无具体条款可依。

10.7.2　合同条款含糊不清，容易产生歧义。

10.7.3　合同双方对合同条款有不同的理解和解释。

11　信息管理

11.1　信息管理的任务

施工阶段各种信息是监理实施“四控制”的基础，是参建各责任方进行有效管理的决策依据，是监理进行参建各方内部关系协调的媒介，是工程建设项目的重要存档资料。因此，对施工全过程中的各种信息、资料收集、整理、分析、处理及时反馈及保存，是监理工作质量的成果体现，信息管理好坏与否直接影响监理“四控制”、合同管理、组织协调等监理工作的有效进行，故信息管理是施工阶段监理工作的重要工作之一。

11.2　信息管理的方法

11.2.1　监理部及各施工单位设专职资料管理员，负责各自的资料、信息的收集整理和保管，监理部负责监理单位对本工程施工阶段各种汇总资料信息的分析处理和宏观管理，不单独形成完(竣)工资料；监理部负责各单位工程(标段)资料，信息的收集、整理、分析、处理及时反馈监理部和总监，并保存原件，最后按标段汇总成监理资料；各标段监理工程师负责本标段各种资料信息的收集、整理、分析、处理、反馈及保存，形成监理单位工程完(竣)工资料。

11.2.2　建立信息收集、保管制度。

11.2.3 填写监理日志。

11.2.4 注意收集有利于解决各种索赔(费用、工期等)的证据。

11.2.5 建立必要的会议制度,做好记录、复核、签字,形成会议纪要。

11.2.6 工程完(竣)工时,按监理工作资料要求及技术档案规定,汇编成册(包括施工单位的信息资料,监理必须审查签认),工程竣工验收后移交给建设单位。

12 安全管理

12.1 项目监理部根据施工合同文件的有关约定,协助发包人进行施工安全的检查、监督。

12.2 项目监理部督促承包人建立健全施工安全保障体系和安全管理规章制度,对施工组织设计中的施工安全措施进行审查。

12.3 项目监理部对承包人执行施工安全法律、法规和工程建设强制性标准以及施工安全措施的情况进行监督,发现存在重大安全隐患时,应立即指示承包人停工,做好防患措施,并及时向发包人报告。

12.4 当发生施工安全事故时,项目监理部应协助发包人进行安全事故的调查和处理工作。

13 缺陷责任期监理工作

13.1 缺陷责任期

13.1.1 监理工程师根据合同规定计算竣工工程的缺陷责任期(一般为一年),起算日期必须以监理工程师签发的工程交接证书日期为准。

13.1.2 对于有一个以上竣工日期的工程,缺陷责任期应分别从各自不同的竣工日期起算。

13.2 缺陷责任期监理的工作内容

13.2.1 检查承包商剩余工程计划。定期检查承包商剩余工程计划的实施,并视工程具体情况,建议承包商对剩余工程计划进行调整。

13.2.2 检查已完成工程。监理工程师应经常检查已完成工程,对工程交付时存在的缺陷及签发交接证书之后发生的工程缺陷情况进行记录,并指示承包商进行修复。

13.2.3 确定缺陷责任及修复费用。对工程缺陷发生的原因及责任进行调查,对非承包商原因造成由承包商进行修复的工程质量缺陷,监理工程师对修复工作做出费用估价,向业主签发为承包商追加费用的证明。

13.2.4 督促承包商按合同规定完成竣工资料。

14 组织协调工作

14.1 组织协调任务

施工阶段组织协调工作贯穿于工程建设全过程,渗透到工程建设每个环节中,需要不同层次的机构、政府部门、单位和相应人员进行协调。

监理机构牵头的协调工作,主要是合同有关方面参加的业务层次之间的协调,按照公正、实事求是的原则，通过协商、沟通、调度、联合所有力量，使工程建设各项活动衔接有序地正常进行，以实现项目总目标。

14.2　协调的依据

14.2.1　国家、政府有关部门颁发的法令、法规、规范、标准。

14.2.2　国家发改委、主管部门、地方政府对本工程项目建设的各种批文、指示。

14.2.3　本工程的设计文件和施工图纸。

14.2.4　各次会议纪要。

14.2.5　参建各方相互签订的具有法律效力的合同和协议。

14.3　协调工作原则

14.3.1　实事求是，平等协商。

14.3.2　公正合理，兼顾合同双方的利益。

14.3.3　坚持国家利益和工程项目建设大局，以全面实现项目建设目标为协调工作的出发点和归宿点。

14.3.4　充分调动各方的积极性，使各方关系融洽，以利于后续工程的进行。

14.4　参建各方内部关系协调

建设、设计、施工、监理、质监等单位作为参建项目组织系统的子系统，各单位都有实现任务目标的组织机构，按其协调原则，对在工程建设过程中发生的情况和存在的问题进行协调，促成问题的解决。施工阶段的协调，主要是围绕工程进度、质量、支付、合同变更、设计变更、索赔、施工干扰等方面开展，确保工程建设总目标的实现。

14.5　协调工作程序

协调各方收集情况—发现问题—例会协商—形成文件或纪要或简报—分发各方执行—监理督促检查执行情况。

14.6　协调方法

主要是条块结合，多层次、全方位、全过程的协调，采用经济调控、思想工作和行政干预相结合的方法进行，具体方法是：

14.6.1　坚持以合同、协议为依据，以经济调控为主要手段。

14.6.2　坚持政治思想领先的原则。

14.6.3　必要的行政干预。

14.6.4　协调过程形成的资料归档备查。

10.3　监理实施细则

项目监理细则又称项目监理（工作）实施细则。监理细则是在项目监理规划基础上，由项目监理组织的各有关部门，根据监理规划的要求，在部门负责人主持下，针对所分担的具体监理任务和工作，结合项目具体情况和掌握的工程信息制定的指导具体监理业务实施的文件。

项目监理细则在编写时间上总是滞后于项目监理规划。编写主持人一般是项目监理组织的某个部门的负责人。其内容具有局部性，是围绕着某个部门的主要工作来编写的。

它的作用是指导具体监理业务的开展。项目监理大纲、监理规划、监理细则是相互关联的，它们都是构成项目监理规划系列文件的组成部分，它们之间存在着明显的依据性关系。在编写项目监理规划时，一定要严格根据监理大纲的有关内容来编写；在制定项目监理细则时，一定要在监理规划的指导下进行。

10.3.1 监理实施细则的作用

项目监理实施细则是在监理规划的基础上，根据项目实际情况对各项监理工作的具体实施和操作要求的具体化、详细化。它根据工程建设项目特点，由项目总监理工程师组织各专业监理工程师编制，并经总监理工程师批准后执行。监理实施细则一般应重点写明控制目标、关键工序、特殊工序、重点部位、质量控制点及相应的控制措施等。对于技术资料不全或新的施工工艺、新材料应用等，应在充分调查基础上，单独列出章节予以细化明确。监理实施细则对工程建设项目的监理工作具有以下几个作用。

10.3.1.1 作为项目监理工作实施的技术依据

在项目监理工作实施过程中，由于工程建设项目的单件性和一次性及周围内外环境条件变化，即使同一施工工序，在不同的项目上也存在影响工程质量、投资、进度的各种因素。因此，为了做到防患于未然，专业监理工程师必须依据相关的标准、规范、规程及施工检评标准，对可能出现偏差的工序写出监理实施细则，以便做到事前控制，防止可能出现偏差。

10.3.1.2 落实实施项目计划，规范项目施工行为

在项目施工过程中，不同专业间有不同的施工方案。作为专业监理工程师，要想使各项施工工序做到规范化、标准化，如果没有一个详细的监督实施方案，想要达到预期的监理规划目标是困难的。因此，对于较复杂和大型工程，专业监理工程师必须编制各专业的监理实施细则，以规范专业施工过程。

10.3.1.3 明确专业分工和职责，协调各类施工过程中的矛盾

对于专业工种较多的工程建设项目，各个专业间相互影响的问题往往在施工过程中逐渐出现，如施工面相互交叉、施工顺序相互影响等，产生这些问题当然是在所难免的，但若专业监理工程师在编制监理实施细则时就考虑到可能影响不同专业工种间的各种问题，那么在施工中就会尽可能减少或避免，使各项施工活动能够连续不断地进行，减少停工、窝工等事情的发生。

10.3.2 监理实施细则的编写依据

(1)国家有关的法律、法规。

(2)勘察、设计等技术文件。

(3)合同文件。

(4)已批准的监理规划。

(5)施工组织设计。

(6)专业施工验收规范及检验评定标准。

10.3.3 监理实施细则编制要点

(1)在施工措施计划批准后、专业工程(或作业交叉特别复杂的专项工程)施工前或专业工作开始前,负责相应工作的监理工程师应组织相关专业监理人员编制监理实施细则,并报总监理工程师批准。

(2)监理实施细则应符合监理规划的基本要求,充分体现工程特点和监理合同约定的要求,结合工程项目的施工方法和专业特点,明确具体的控制措施、方法和要求,使其具有针对性、可行性和可操作性。

(3)监理实施细则应针对不同情况制定相应的对策和措施,突出监理工作的事前审批、事中监督和事后检验。

(4)监理实施细则可根据实际情况按进度、分阶段编制,但应注意前后的连续性、一致性。

(5)总监理工程师在审核监理实施细则时,应注意各专业监理实施细则间的衔接与配套,以组成系统、完整的监理实施细则体系。

(6)在监理实施细则条文中,应具体写明引用的规程、规范、标准及设计文件的名称、文号。

(7)在监理工作实施过程中,监理实施细则应根据实际情况进行补充、修改和完善。

10.3.4 监理实施细则的主要内容

监理实施细则的编写应突出专业监理工作的特点和目标控制的重点,其主要内容有监理项目的特点、监理工作的流程、监理工作控制的要点及目标值、监理工作的方法及措施。具体到各个阶段的监理实施细则的编制,应有各自的侧重点。监理实施细则的具体内容可根据工程特点和监理工作需要进行调整。

10.3.4.1 专业工程监理实施细则

专业工程主要指施工导(截)流工程、土石方明挖、地下洞室开挖、支护工程、钻孔和灌浆工程、地基及基础处理工程、土石方填筑工程、混凝土工程、砌体工程、疏浚及吹填工程、屋面和地面建筑工程、压力钢管制造和安装、钢结构的制作和安装、钢闸门及启闭机安装、预埋件埋设、机电设备安装、工程安全监测等,专业工程监理实施细则的编制应包括下列内容:

(1)适用范围。

(2)编制依据。

(3)专业工程特点。

(4)专业工程开工条件检查。

(5)现场监理工作内容、程序和控制要点。

(6)检查和检验项目、标准和工作要求。一般应包括:巡视、检查要点;旁站监理的范围(包括部位和工序)、内容、控制要点和记录;检测项目、标准和检测要求,跟踪检测和平行检测的数量和要求。

(7)资料和质量评定工作要求。

(8)采用的表式清单。

10.3.4.2　专业工作监理实施细则

专业工作主要指测量、地质、试验、检测(跟踪检测和平行检测)、施工图纸核查与签发、工程验收、计量支付、信息管理等工作,可根据专业工作特点单独编制。根据监理工作需要,也可增加有关专业工作的监理实施细则,如进度控制、变更、索赔等。专业工作监理实施细则的编制应包括下列内容:

(1)适用范围。

(2)编制依据。

(3)专业工作特点和控制要点。

(4)监理工作内容、技术要求和程序。

(5)采用的表式清单。

10.3.4.3　安全监理实施细则

施工现场临时用电和达到一定规模的基坑支护与降水工程、土方和石方开挖工程、模板工程、起重吊装工程、脚手架工程、爆破工程、围堰工程和其他危险性较大的工程应编制安全监理实施细则,安全监理实施细则应包括下列内容:

(1)适用范围。

(2)编制依据。

(3)施工安全特点。

(4)安全监理工作内容和控制要点。

(5)安全监理的方法和措施。

(6)安全检查记录和报表格式。

10.3.4.4　原材料、中间产品和工程设备进场核验和验收监理实施细则

原材料、中间产品和工程设备进场核验和验收监理实施细则,可根据各类原材料、中间产品和工程设备的各自特点单独编制,一般应包括下列内容:

(1)适用范围。

(2)编制依据。

(3)检查、检测、验收的特点。

(4)进场报验程序。

(5)原材料、中间产品检验的内容、技术指标、检验方法与要求。包括:原材料、中间产品的进场检验内容和要求;检测项目、标准和检测要求;跟踪检测和平行检测的数量要求。

(6)工程设备交货验收的内容和要求。

(7)检验资料和报告。

(8)采用的表式清单。

10.3.5 监理实施细则示例一

×××泵站更新改造工程监理实施细则(节选)

1 总 则

1.1 工程概况(略)

1.2 编制依据(略)

1.3 适用范围

实施以质量为重点的施工“质量、进度、投资”三控制,对隐蔽工程、重点部位、关键工序进行旁站监理;审查工程设备、施工计划;检查各工序施工质量;审检、签证已完成工程数量和付款申请;组织、参与工程验收和质量评定。

1.4 监理人员与职责分工

针对该项目的特征,组建适应本项目的监理班子,并根据现场工程的进展情况,随时进行适当的补充和调整。

总监理工程师:×××

监理人员:×××、×××、×××、×××、×××

2 质量控制

2.1 事前控制

2.1.1 审查施工组织设计,确认合理的施工方案和进度计划。

2.1.2 检查、落实开工前的各项准备工作:确认工程施工放样基线和高程基准点的交桩测量成果;审查、确认工程施工放样成果;检查测量标志;组织设计交底和图纸会审;检查施工机械、运输设备的配备和进场情况;检查施工队伍技术素质和人员进场情况;按施工组织设计,检查和督促落实施工质量保证体系和施工管理体系。

2.1.3 审查和签发工程开工报告。待一切准备工作就绪,施工条件具备后,要求施工单位向现场监理提交开工申请报告,监理工程师报总监理工程师审核,签发开工申请报告,完善开工审批手续。

2.1.4 严格执行材料进场检验制度,把好工程原材料进场质量关。未经检验和检验不合格材料,不准使用。凡进场材料,必须有产品合格证,并进行必要的抽样检验。

2.2 事中控制

2.2.1 单位工程开工前,要求施工单位填写合同项目开工申请表,符合开工条件的,才可签发同意开工,监理签发合同项目开工令。

2.2.2 工程施工过程中,施工单位应根据报经批准的施工组织设计按章作业,文明施工、安全施工,注意环境保护并提交污泥堆放场所的“协议”(指与当地所签协议),加强质量和技术管理,做好原始资料的记录、整理和工程总结工作,如需修订施工组织设计,应报经监理站批准后才能执行。

2.2.3 对施工现场进行检查巡视，对施工过程的关键工序、重点部位进行旁站监理，检查施工技术措施的落实情况，发现问题及时纠正，不符合要求的问题签发监理通知或整改通知等。

2.2.4 规定施工方进入下一道工序之前，必须对上一道工序进行验收，验收合格才能进入下一道工序。上一道工序经检查不合格的，必须返工。

2.2.5 规定施工方在每一单元工程完工后，填写单元工程工序质量评定表上报监理工程师。监理工程师汇总检查单元工程中每道工序的工序质量评定表，对该单元工程进行全面检查。经检查，若质量不合格，则要求施工方予以返工；若质量合格，则签认单元工程质量评定表，作为最后工程验收及计量支付的条件。

2.2.6 依据设计文件和质量评定的有关规范，及时认真核定工序、单元工程质量等级，签署核定意见。

2.2.7 根据施工单位隐蔽工程报验单，对隐蔽工程进行现场检测、核查，签署隐蔽工程检查验收意见，并对有关原始实测断面予以记录备案。

2.2.8 及时向业主汇报施工情况，请业主协助解决疑难问题的协调与处理工作。

2.2.9 主要工程事中质量控制重点

2.2.9.1 加强安装前与土建工程的配合

监理工程师应组织设计、土建施工单位和安装单位做好下列工作：

(1)主要设备基础及建筑物基础的验收记录；

(2)建筑物设备基础上的基准线、基准点和水准标高点；

(3)安装前设备基础混凝土达到设计强度的70%以上。

2.2.9.2 土方开挖工程

根据开挖部位的工程地质条件和施工条件，其主要质量控制的内容如下：

(1)组织好技术交底工作，搞清开挖部位及周边地质资料和设计意图，明确各项(或工序)质量控制标准和要求。

(2)严格审批承包人提出的开挖施工各分部的施工程序、方法及工艺措施。

(3)落实控制网实测方案及现场复测检查。

(4)落实施工期及永久观测实施方案。

(5)认真审查施工设备、人员投入情况。

(6)根据开挖揭露的地质情况，及时提请设计调整支护参数；对不良地质段开挖进行安全监测。

(7)加强现场巡视，重视工序验收。

(8)加强质量验收、评定工作。

开挖过程中，应及时进行边坡的安全监测，并根据边坡安全状况布置施工安全监测，及时对监测数据进行整理分析，了解边坡变形状况和及时发现边坡异常变形情况，以便对边坡采取针对性的加强支护措施，保证边坡安全。

2.2.9.3 土方填筑工程

(1)组织好技术交底工作，核查填筑部位及周边地质资料和设计意图，明确各项(或工序)质量控制标准和要求。

(2)严格审批承包人提出的施工程序、方法及工艺措施。

(3)落实控制网实测方案及现场复测检查。

(4)严格控制土料的质量,在料场配备熟悉土料质量的人员监督装料。

(5)认真做好碾压试验,确定合理的碾压参数。

(6)控制好填筑质量,严格旁站监理,督促承包人按设计及压实试验确定的各部位的堆土含水率、分层厚度、压实度进行施工。

(7)加强检测。对各项数据及时检查,监理部配备一定的检测仪器进行相关检测;杜绝出现“弹簧土”、层间光面、层间中空、松土层或剪切破坏现象。

(8)加强质量验收、评定工作。

2.2.9.4 钢筋混凝土浇筑工程

(1)组织好技术交底工作,搞清设计意图,明确各项(或工序)质量控制标准和要求;

(2)严格审批承包人提出的各分部分项工程的施工程序、方法及工艺措施,特别是分层分块浇筑图、审查承包人提交仓内工艺设计;

(3)落实控制网实测方案及现场复测检查;

(4)认真审查混凝土及砂浆配合比,严格控制原材料及半成品质量,施工用原材料应与试验及已检验的原材料一致;

(5)重视模板制作安装质量,确保模板的刚度、强度,支撑稳定,放样、定位正确,脱模后混凝土外观美观,表面平顺;

(6)钢筋的根数和间距应符合设计要求,并应绑扎牢固,其位置偏差应符合规范要求;

(7)钢筋安装时,应严格控制保护层厚度,钢筋下面或钢筋与模板之间,应设置数量足够、强度高于构件设计强度、质量合格的混凝土块或砂浆块,侧面使用的垫块应用扎丝与钢筋扎紧;

(8)严格控制钢筋替换,现场认真检查钢筋规格、焊接、支撑、保护层等;

(9)控制混凝土的运输、入仓手段,防止混凝土离析、漏浆、过多的坍落度损失;

(10)混凝土浇筑时要求摊铺均匀,振捣密实,对止水、观测设施注意保护;

(11)严格按规定要求拆模,拆模后及时检查混凝土的外观质量,及时处理质量问题;

(12)混凝土浇筑后应及时进行养护,将湿润状态保持到养护期满;

(13)加强现场巡视,重视工序验收,特别是仓面验收,对混凝土浇筑进行全过程旁站监理;

(14)加强质量验收、评定工作。

2.2.9.5 浆砌石工程

(1)严格控制石材质量和砂浆配合比。不得使用有尖角或薄边的石料,石料的最小尺寸不得小于20 cm。

(2)督促施工单位建立浆砌石工程质量保证体系,加强施工现场的监理。砌石应垫稳填实,与周边砌石靠紧,严禁架空。严禁出现通缝、叠砌和浮塞;不得在外露面用块石砌筑,而中间以小石填心;不得在砌层面以小石、片石找平。

(3)督促施工单位对砌石工人进行岗前培训,增强砌石工人的质量意识。

(4)对不符合要求的浆砌石应及时进行返工处理,并给予适当的经济处罚。

(5)实行浆砌石施工全过程旁站监理。

2.2.9.6　金属结构安装工程

(1)加强对施工工艺的审查,包括吊装方案、焊接工艺、现场布置、设备保护方案、调试和试验大纲;加强对承包人质量保证体系的实施监督,审查施工准备的机械设备及人员,要求满足现场需要和施工工艺。

(2)严格按照监理细则执行工序质量控制,加强旁站监理,做好过程控制;监督承包人实行三检制,即自检、互检、专检。

(3)执行设备出库制度,对于待装设备由监理工程师组织承包人清点数量、规格,检查设备状况是否具备安装条件,否则应处理后经监理工程师同意方可运至现场安装。

(4)监督承包人是否严格按审批的施工工艺组织施工,施工工艺变更必须书面报告监理工程师,批准后方可实施。

(5)测量、检测用的工具必须在校准合格期内,且应接受监理工程师的检查;特种作业人员的操作资格证需经监理工程师审查,严禁无证上岗。

(6)严格执行质量缺陷和质量事故报告制度,调试和试验做好原始记录及质检记录;加强安装完毕的设备的保护工作。

(7)加强和制造厂家代表的沟通工作,明确制造厂家代表的质量监督指导职责,并实施监造监理和运输监管。

2.2.9.7　埋件安装质量控制点

(1)闸门底侧:高程、行程、倾斜度、跨距、焊缝外观;

(2)闸门轨道:高程、行程、垂直度、跨距、焊前检测、焊缝外观;

(3)门楣:高程、行程、止水底板平面度、直线度;

(4)其他埋设件:高程、行程、相对间距、相对高差、平面度。

2.2.9.8　闸门(拦污栅)安装质量控制点

(1)拼装:外形尺寸,焊缝坡口的间隙、错位、清理,附件安装基座的平面度、错位;

(2)焊接:焊接工艺,焊后外观检查咬边、焊渣、焊瘤、飞溅,无损检测;

(3)闸门止水安装:止水螺栓紧固、止水平度、止水胶合、透光检查;

(4)其他附件的相对位置差、高度差;

(5)单吊点平面闸门静平衡试验、防腐。

2.3　事后控制

2.3.1　工程施工结束后,要求施工单位对建筑物表面、施工场地进行全面清理,并组织自检,发现不符合设计要求的质量缺陷,及时进行修补和返工处理,直至监理、业主满意为止。

2.3.2　督促施工单位按招标文件和验收规范编制工程完(竣)工验收资料。

3　进度控制

3.1　进度目标控制

3.1.1　进度控制的依据是合同约定的工期目标,总工期为180天。

3.1.2　在确保质量和安全的原则下,控制工程进度。

3.1.3　采用动态的控制方法,加大对工程进度的主动控制。

3.1.4　根据合同工期、设计文件、技术规范、现场自然条件及施工单位施工水平,认真审核施工单位提交的施工总进度计划,分析可行性,审核后实施。及时对比计划量与实际完成量的差别,改进总进度计划。

3.2　施工进度计划的申报

3.2.1　要求施工单位必须在每周四前,将下周施工实施进度计划报项目监理站。进度计划应包括以下内容:

(1)各类主要施工设备投入计划;

(2)施工现场各类人员数量和劳动力安排计划;

(3)累计合同价款结算情况以及下期预计完成的合同支付额;

(4)施工进度计划控制措施。

3.2.2　要求施工单位必须于每月28日前,向项目监理站递交当月施工进度实施报告,报告中应附有适当的文字说明、形象进度示意图和图片。实施报告至少应包括下述内容:

(1)完成的分部工程工程量和累计完成工程量。

(2)主要施工机械设备进场情况,以及现有施工机械设备维护和使用情况。

(3)施工现场人员的数量及已完成工程的形象进度。

(4)记述已经延误或可能延误施工进度的影响因素,以及为克服这些因素重新达到原计划进度拟采取的措施。

(5)记述意外事故,如质量问题、安全事故、停工及复工等情况。

(6)其他必须申报说明的事项。

3.3　施工进度的过程控制

3.3.1　施工单位应按报经批准的施工措施计划和施工实施进度计划,做好施工准备,合理安排资源投入,做到安全生产、均衡生产、按章作业、文明施工。

3.3.2　由于各种合理的或不合理的原因,致使施工实施进度计划在执行中必须进行实质性的修改,施工单位应提出修改的详细说明,并须在修改计划实施的前7天提出修改的进度计划报送项目监理站批准。必要时,项目监理站也可以按承建合同文件规定直接向施工单位提出修改指示,由施工单位调整进度计划,报送项目监理站批准。

3.3.3　工程施工暂停后,施工单位在妥善保护、照管工程和提供安全保障的同时,应采取有效措施,积极消除停工因素的影响,创造早日复工条件。当工程具备复工条件时,项目监理站立即向施工单位发出复工通知,施工单位应在复工通知送达的2天内复工。

3.3.4　监理工程师对施工单位施工计划的审查和批准,并不意味着可以变更或减轻施工单位对合同工期应承担的义务和责任。

4　投资控制

4.1　投资控制体系(略)

4.2　合同工程计量及支付依据(略)

4.3　工程项目计量与支付控制

4.3.1　严格执行施工合同约定的计量与支付方法。

4.3.2　对报验资料不全、与合同约定不符,未经质量签认,有违约的情况时不予审核和计量与支付。

4.3.3　预付、中间支付和最终支付依据合同中有关支付的条款和安装单位执行合同的实际进度进行。

5　施工安全和环境保护监理

5.1　安全与环境控制方法

5.1.1　在工程整个施工期内,为了保证工程现场施工安全,维护工地正常生产、生活秩序,在工程开工前,制定一套完整有效的安全防护措施。本工程机械施工作业,每班检查机械运行状况,不合格机械严禁使用;对机械操作员进行安全教育,签订安全责任书。

对于危险作业,加强安全检查,建立专门监督岗,并在危险操作区附近设置醒目标志,以引起工作人员的注意。

5.1.2　工程开工前,要求承建单位按承建合同文件规定,建立施工安全管理机构和施工安全保障体系。设立专职安全管理人员,及时向监理站、建设单位反馈施工作业中的安全事项。

5.1.3　监理站与安全监督:加强对施工安全作业的检查、指导和监督。

5.1.4　施工安全措施计划审批:审查施工组织设计中的施工安全措施,要求各承建单位对工作人员进行安全操作规程的培训及安全教育。

5.1.5　施工环境保护:制定环保措施,加强施工弃渣、弃土、弃水、噪声的管理,加强进场材料、设备、土地周围通道和环境的管理。

5.2　安全生产措施

5.2.1　督促施工单位成立以项目经理为首的安全生产领导小组,设立专职安全员,各生产班组设兼职安全员。

5.2.2　在各分项工程开工前、施工中督促施工单位建立健全以下制度:

(1)落实《施工现场安全生产奖罚细则》等各项制度。

(2)项目经理与各级管理人员及施工作业队签订纵向管理合同,把安全生产作为考核指标。

(3)落实入场人员必须进行三级安全教育的制度。

(4)落实定期、分项进行安全技术交底的管理制度。

(5)落实安全检查制度,定期、不限期组织检查现场安全生产情况。

(6)落实安全生产责任制、项目经理为第一责任人,坚持“管生产必须管安全”的原则。

(7)落实特种作业人员持证上岗的管理制度。

5.2.3　安全生产技术保证措施

(1)电动工具须有良好的保护接地和接零,传动部分的防护罩必须完好。

(2)手电钻等手持电动工具都必须安装灵敏有效的漏电保护装置,安装完毕要办理验收单。

(3)每一分部分项工程施工前必须由专业工长下达书面安全技术交底,班组履行签字手续后才能施工。

(4)应遵守国家劳动生产安全的有关规定。

(5)防止高空坠落。

(6)防止高空落物伤人。

5.2.4 施工现场防火措施

(1)实行一机一闸,闸刀熔丝不得用其他金属丝代替。

(2)现场采用“三相五线制”,按现场临时供电图进行架设,禁止使用破损或绝缘性能不良的电线,严禁电线随地走。

(3)设置明显的防火标志。

(4)现场按有关要求在明显易取处配置灭火器。

(5)施工现场严禁使用电炉。

5.3 文明施工措施

严格执行文明施工管理规定,对施工现场的场容及环境管理措施强调以下几个方面。

5.3.1 场容管理

(1)施工现场材料应堆放整齐。

(2)施工现场出口应设置统一样式的标牌。

5.3.2 环境卫生管理

(1)要遵守本地、本工地有关环卫、市容、场容管理的有关规定,施工现场应经常保持整洁、卫生。

(2)生活区室内处应保持整洁有序,无污物、污水,垃圾集中堆放,及时清理。

(3)做好现场排水系统,防止污水乱排,污染环境。

(4)建筑施工垃圾必须采用容器装走,严禁随意堆放,施工垃圾及时清运,适量洒水。

6 工程验收与移交

6.1 工程质量的认证

依据工程施工承建合同、技术规范等进行。

6.2 阶段验收

6.2.1 当分部工程完工,监理机构应提请项目法人组织进行阶段验收。

6.2.2 阶段验收以分部工程验收为基础,检查验收拟投入使用的工程是否具备运行条件并对其投入运行做出验收结论。

6.2.3 进行阶段验收前,项目监理机构按竣工验收标准准备下列文件和资料:分部工程质量等级评定表、隐蔽工程联合验收记录、质量事故(缺陷)处理结果验收单或分部工程验收资料、监理过程中与项目法人、设计、施工等单位有关的文件资料等。

6.2.4 督促、指导、检查施工单位按时完成阶段验收的《工程施工管理工作报告》编写和备查资料整理工作及已完建报验的工程项目清单。

6.2.5 派出总监理工程师和相应专业技术人员参加阶段验收,对验收委员会在现场和验收会议上提出的问题予以解答。

6.3　单位工程验收

6.3.1　所有分部工程已按合同文件规定的内容全部建成并验收合格,或在竣工验收前,项目监理机构提请项目法人组织进行单位工程验收。

6.3.2　单位工程验收以部位工程验收为基础。在单位工程验收前,项目监理机构按竣工验收标准准备下列文件和资料:

(1)工程建设监理工作报告;

(2)工程建设监理资料(分部工程验收全部资料和监理过程中与设计单位、项目法人、施工单位有关的文件资料等)。

6.3.3　督促、指导、检查施工单位按时完成单位工程验收的《工程施工管理工作报告》编写和备查资料整理工作及已完建报验的工程项目清单。

6.3.4　派出总监理工程师和主要技术负责人参加单位工程验收,对验收委员会在现场和验收会议上提出的问题予以解答。

6.3.5　督促施工单位按验收遗留问题处理意见要求,完成对遗留问题的处理工作。受验收委员会委托时,对处理结果组织验收、评价。

6.3.6　单位工程监理资料验收后,移交给项目法人并办理移交手续。

6.4　竣工验收

6.4.1　竣工验收应在全部工程完建后3个月内进行。竣工验收前应进行初步验收(不进行初步验收必须经过竣工验收主持单位批准)。

6.4.2　初步验收由初步验收工作组负责。初步验收工作组由项目法人主持,由设计、施工、监理、质量监督、运行管理、有关上级主管单位代表(技术人员)以及有关专家组成。

6.4.3　初步验收以单位工程验收为基础。在初步验收前,项目监理机构应按要求准备文件和资料。报告和资料的内容还应包括:工程质量的检查鉴定意见;工程项目施工质量评定表,历次验收中遗留问题处理情况和已投入使用的单位工程在运行中所发现问题的处理情况;尾工情况和清单;对重大技术问题的处理建议;工程档案资料准备检查情况等。

6.4.4　督促、指导、检查施工单位按时完成竣工验收的《工程施工管理工作报告》编写和备查资料整理工作及已完建报验的工程项目清单。

6.4.5　派出总监理工程师和主要技术负责人参加初步验收,对验收委员会在现场和验收会议上提出的问题予以解答。

6.4.6　列席竣工验收会并接受验收委员会的检查验收。

6.4.7　受项目法人委托,督促施工单位对遗留问题进行处理,并对处理结果组织验收。

6.5　工程档案验收和移交

应执行《水利基本建设项目(工程)档案资料管理规定》(水利部水办〔1997〕275号)和监理合同有关规定。

7　施工监理专项监理实施细则

7.1　施工进度计划监理实施细则(略)

7.2　工程价款支付监理实施细则(略)

7.3　混凝土工程施工监理实施细则(略)

7.4　砌石工程监理实施细则(略)

7.5　土石方明(槽)挖工程施工监理实施细则(略)

7.6　闸门及启闭机工程监理实施细则(略)

7.7　泵房主机泵安装工程监理实施细则(略)

7.8　单元工程(工序)质量等级评定和开工(仓)签证实施细则(略)

7.9　工程质量检测试验监理工作规程(略)

7.10　工程验收监理工作实施细则(略)

10.3.6　监理实施细则示例二

×××泵站工程旁站监理实施细则

1　旁站监理目的

保证关键部位、重要工序的施工质量得到有效监控,确保关键部位、重要工序的施工质量符合设计图纸及有关规范和规程的要求。

2　旁站监理的规定

2.1　本旁站监理方案适用于本工程。

2.2　旁站监理由专业监理工程师组织,在旁站点施工前落实安排旁站人员,做好旁站方案的技术交底。

2.3　旁站监理人员配备到位,人员职责分工清晰,对施工全过程实施监督管理。

2.4　旁站监理应配备合格的检验、检测工具,测量手段科学合理,测量数据真实可信。

2.5　旁站监理人员应认真履行职责,及时发现和处理旁站监理过程中出现的问题,如实准确地做好旁站记录。

2.6　旁站监理人员实施旁站监理时,发现承包商有违反工程建设强制性条文的行为,有权责令承包商立即整改;发现其施工活动已经或者可能危及工程质量或人身、设备安全时,应当及时向专业监理工程师或总监理工程师汇报,由总监理工程师下达暂停施工的指令。

2.7　在旁站监理发现问题或总监理工程师下达暂停施工指令时,旁站监理人员应指令承包商积极采取应急措施,避免对工程质量或安全影响的扩大,协助承包商及时消除质量缺陷或安全隐患,争取尽早复工。

2.8　旁站记录是监理单位对重要工序、关键部位实施监理活动的主要依据，旁站记录由旁站监理人员填写，承包商质检人员签字认可，凡需旁站的部位未实施旁站监理或无旁站记录的，专业监理工程师或总监理工程师不得在相应文件上签字。

2.9　旁站记录项目监理部应统一保管，在工程竣工后移交公司档案部门归档备查。

2.10　旁站记录不能代替隐蔽工程签证记录。

2.11　监理旁站方案应当抄送建设单位和施工单位各一份，并上报质量监督站备案，施工单位应根据监理旁站方案，在需旁站监理的部位施工前24 h通知项目监理部。

3　旁站监理内容

3.1　对关键部位、重要工序实行全方位的现场跟班监督，确保关键部位、重要工序的施工质量。

3.2　检查施工单位现场质检人员到位情况、劳动力组织符合施工要求情况、质量保证体系运行情况、技术安全交底记录等。

3.3　检查施工现场是否满足关键部位、重要工序的施工要求。

3.4　核查施工机械、工器具及施工材料的准备情况，检查施工机械的完好性及是否满足施工要求。

3.5　检查特殊工种人员持证上岗情况。

3.6　检查用于施工的原材料质量检验报告及其使用单位的抽检报告和外观质量检查记录，对有试验要求的原材料核查试验报告。

3.7　检查施工中的试验方法是否合理，对试验数据进行确认。

3.8　核查用于施工的试验、检验、测量仪器的检验合格证和确认其有效性。

3.9　检查施工单位是否按其提交的施工方案组织施工，施工顺序和施工方法是否符合工艺和施工规范、规程的要求。

3.10　检查旁站点施工的组织措施、技术措施、安全措施的落实情况。

3.11　对旁站点的施工质量进行检查确认，对出现的质量问题提出整改意见，重大质量问题及时汇报总监理工程师。

3.12　对旁站点施工过程中的安全进行检查和控制，发现安全问题及时提出整改意见，重大安全问题应报请总监理工程师下达停工指令。

3.13　形成旁站记录，会同相关各方签证，对旁站点施工过程进行确认。

4　旁站点的设置

4.1　土建工程

4.1.1　混凝土施工（略）

4.1.2　浆砌石工程（略）

4.2　电气安装工程（略）

4.3　线路工程（略）

4.4　配网工程（略）

5 对旁站人员的要求

5.1 旁站人员应熟悉旁站点的施工工艺和施工特点，明确理解质量要求和掌握质量检查方法。

5.2 旁站人员应熟悉旁站点施工的安全控制要点。

5.3 旁站人员应事先熟悉施工图纸、相关文件资料和规程规范。

5.4 旁站人员需经过安全技术交底。

6 旁站监理人员职责

6.1 旁站监理人员职责

6.1.1 检查承包商现场质检员、安全员到岗情况，特殊工种人员持证上岗情况以及施工机械、施工材料准备情况；

6.1.2 在现场跟班监督关键部位、重要工序的施工执行施工方案以及工程建设强制性标准情况；

6.1.3 核查进场的建筑材料、建筑构配件、设备和商品混凝土的质量检验报告等，并可在现场监督施工企业进行检验或者委托具有资格的第三方进行复验；

6.1.4 核查承包商用于施工的测量仪器、仪表的有效性和检验状态；

6.1.5 检查试验、调试项目是否符合规范和试验方案要求，确认试验数据；

6.1.6 做好旁站记录和监理日志，保存旁站监理资料；

6.1.7 在职权范围内处理旁站过程中出现的安全和质量问题，重大问题及时向总监理工程师汇报；

6.1.8 负责旁站点的隐蔽工程验收和签证。

6.2 总监理工程师职责

6.2.1 确定旁站监理工作的分工；

6.2.2 及时处理监理工程师汇报的问题，对施工中出现的重大问题下达停工令，并及时向建设单位和质量监督站汇报；

6.2.3 检查旁站记录并检查旁站监理工作成效，负责更换不称职的监理人员。

7 旁站监理程序

7.1 旁站监理方案经总监理工程师批准后抄送建设单位和施工承包商各1份，并抄送工程所在地的建设行政主管或其委托的工程质量监督机构。

7.2 施工承包商根据监理单位制订的旁站监理方案，在需要实施旁站监理的关键部位、重要工序施工前24 h，应当书面通知项目监理部。

7.3 项目监理部收到施工承包商关于旁站点施工的书面通知后，应安排相关旁站监理人员，并组织对其进行安全和技术交底。

7.4 旁站监理人员按约定时间到达施工现场，检查确认旁站点的施工条件是否具备，具备条件后同意开始施工。

7.5 从旁站点施工开始至施工结束，旁站监理人员对整个施工过程进行全过程的监督管理。

7.6 对施工过程中出现的问题，旁站监理人员应立即提出整改要求并督促施工进行整改,整改完成后方可继续施工。

7.7 对出现严重影响质量和安全的问题,旁站监理人员可先行提出停工要求,但需立即向总监理工程师汇报,经总监理工程师核准后签发停工令。

7.8 旁站点施工暂停后,旁站监理人员应积极督促和协助施工单位做好应急措施。

7.9 旁站点施工复工条件具备后,由施工单位提交复工报告,经监理人员复核同意,总监理工程师签署复工通知后恢复施工。

7.10 旁站点施工结束后,由旁站监理人员填写旁站记录,施工单位在旁站记录上进行会签。

8 旁站记录填写要求

旁站记录是质量过程控制的重要依据,因此旁站记录的填写应字迹清楚,内容完整,真实地反映施工过程。旁站记录由旁站人员填写,填写完成后由专业(总)监理工程师负责审核。填写旁站记录的具体要求如下:

8.1 旁站记录编号要求:BT－×××(BT——土建专业,×××——三位流水号)。

8.2 天气情况的记录要求:包括阴、晴、雨、雪、温度变化(最高气温、最低气温)、风力。准确的天气情况,可以使监理人员判断旁站部位是否具备作业的天气条件或根据天气情况要求施工单位采取相应的作业措施。

8.3 施工情况的填写要求

应记录施工单位质量管理人员到位情况(包括现场指挥、技术、质检人员到岗、特殊工种人员持证上岗情况),施工机械、测量仪器的投入情况(数量、型号、是否在有效期内),施工过程情况(工程完成部位及工程量情况,施工方法、施工工艺是否满足规范及经审批的施工方案的要求,采取的安全措施是否满足要求,若工程因意外停工,应写清停工原因及施工单位所做的处理),试验与检验情况(主要是指旁站过程中所做有关的试验与检验情况,如坍落度测试、试块取样、原材料计量、钢筋焊接取样等)。

8.4 监理情况的填写要求

应记录以下内容:监理过程中的检查情况和检查项目;检查原材料情况,型号、厂家、使用数量及其与施工单位报验并经监理工程师审批材料是否一致;检查施工;本次施工涉及强制性条文的执行情况;检查或抽查施工单位安全技术交底执行情况;记录监理过程中平行检测的数据;对本次旁站施工质量、安全的结论意见。

8.5 发现问题

记录旁站过程中发现的质量、安全及影响环境的问题。整改情况在备注栏中反映。

8.6 处理意见的填写要求

旁站过程中监理人员发出的指令,施工单位提出的问题及监理人员的回复,旁站过程中存在问题处理过程和处理结果。

8.7 旁站记录中应主要记录的数据

每次旁站施工过程中完成工程量的准确数值。

8.8 各方指示包括业主、总监或专业监理工程师对旁站监理人员的指示都要认真记录在案。

旁站监理值班记录见表8.1。

表 8.1　旁站监理值班记录

（监理[　]旁站　　号）

合同名称：　　　　　　　　　　　　　　　　　　　　　　　　　合同编号：

<table>
<tr><td>工程部位</td><td colspan="3"></td><td>日期</td><td></td></tr>
<tr><td>时间</td><td></td><td>天气</td><td></td><td>温度</td><td></td></tr>
<tr><td rowspan="5">人员情况</td><td colspan="5">施工技术员：________　施工班组长：________
质检员：________</td></tr>
<tr><td colspan="5">现场人员数量及分类人员数量</td></tr>
<tr><td>管理人员</td><td>______人</td><td colspan="2">技术人员</td><td>______人</td></tr>
<tr><td>特种作业人员</td><td>______人</td><td colspan="2">普通作业人员</td><td>______人</td></tr>
<tr><td>其他辅助人员</td><td>______人</td><td colspan="2">合计</td><td>______人</td></tr>
<tr><td>主要施工设备及运转情况</td><td colspan="5"></td></tr>
<tr><td>主要材料使用情况</td><td colspan="5"></td></tr>
<tr><td>施工过程描述</td><td colspan="5"></td></tr>
<tr><td>监理现场检查、检测情况</td><td colspan="5"></td></tr>
<tr><td>承包人提出的问题</td><td colspan="5"></td></tr>
<tr><td>监理人答复或指示</td><td colspan="5"></td></tr>
<tr><td colspan="6">当班监理员：（签名）________　施工技术员：（签名）________</td></tr>
</table>

说明：本表单独汇编成册。

9　附　录（略）

10.4　监理记录

10.4.1　监理记录的作用

监理记录是监理工作的各项活动、决定、问题及环境条件的全面记载，是监理过程中的重要基础工作，在很大程度上反映出监理工作的质量。

监理记录可以用来在任何时间对工程进行评估或作为判断依据，解决各种纠纷和索赔，给施工单位定出公平的报酬，还有助于为设计人员及工程验收人员提供翔实的资料。总之，监理记录既是项目监理部门行政管理、内部管理的工具，又是监督施工单位按合同要求施工的重要依据。

如果监理记录不足或不准确，就是监理工程师对总监理工程师和建设单位的失职。

10.4.2　监理记录的种类

监理记录可分为以下四大类。

10.4.2.1　历史性记录

根据工程计划及实际完成的工程，逐步说明工程的进度及其相关事项，例如：

(1)气象记录与天气报告。

(2)工程量计划与完成情况。

(3)所使用的人力、材料与机械设备。

(4)工程事项的讨论与决议记录。

(5)影响工程进展的其他事项。

10.4.2.2　工程计量及工程款支付记录

工程计量及工程款支付记录包括所有计量及付款资料，如计量结果、变更工程的计量、价格调整、索赔、计日工、月付款等方面的表格及基础资料。

10.4.2.3　质量记录

质量记录包括材料检验的记录、施工记录、工序验收记录、试验记录、隐蔽工程检查记录等。

10.4.2.4　竣工记录

竣工记录包括工程所有部分的验收资料和竣工图，绘出其完成时的状态，按实际说明其原有状态和有关操作的指示。

10.4.3　监理记录的内容

10.4.3.1　历史性记录

历史性记录主要有以下几类。

1. 会议记录

会议记录是各类会议的记录，如第一次工地会议、经常工地会议、每日工地协调会、工地碰头会及其他非例行会议的记录。

2. 监理员日报表

监理员日报表应报告每天的监理情况，包括：当天的施工内容；当天参加施工的人员（工种、数量、施工单位等）；当天施工用的机械的名称和数量等；当天发现的施工质量问题；当天的施工进度和计划进度的比较，若发生进度拖延，应说明原因；当天天气综合评语；其他说明及应注意的事项等。监理员日报表应采用标准表格进行填写上报，并依次编号。监理员日报表应交给监理工程师一份。

监理员要做好现场记录，现场记录通常记录以下内容：

(1)现场监理人员对所监理工程范围内的机械、劳力的配备和使用情况做详细记录。如承包人现场人员和设备的配备是否同计划所列的一致；工程质量和进度是否因人员或设备不足而受到影响，受到影响的程度如何；是否缺乏专业施工人员或专业施工设备，承包商有无替代方案；承包商施工机械完好率和使用率是否令人满意；维修车间及设施如何，是否储存有足够的备件等。

(2)记录天气及水文情况：记录每天的最高、最低气温，降雨和降雪量，风力，河流水位；记录有预报的雨、雪、台风及洪水到来之前对永久性或临时性工程所采取的保护措施；记录天气、水文的变化影响施工及造成损失的细节，如停工时间、救灾的措施和财产的损失等。

(3)记录承包商每天工作范围，完成工程数量，以及开始和完成工作的时间；记录出现的技术问题，采取了怎样的措施进行处理，效果如何，能否达到技术规范的要求等。

(4)对工程施工中每步工序完成后的情况作简单描述，如此工序是否已被认可，对缺陷的补救措施或变更情况等作详细记录。监理人员在现场对隐蔽工程应特别注意记录。

(5)记录现场材料供应和储备情况。每一批材料的到达时间、来源、数量、质量、储存方式和材料的抽样检查情况等。

(6)对于一些必须在现场进行的试验，现场监理人员进行记录并分类保存。

3. 监理工程师日志

监理工程师日志是监理工程师的个人笔记，应记录每天作业的重大决定、对施工单位的指示、发生的纠纷及解决的办法、与工程有关的特殊问题、参观工地及有关细节、与施工单位的口头协议、工程师的指示或商协、对下级的指示、工程主要进度或问题。

4. 监理日志

监理日志是项目监理部日常记录，能动态地反映出监理工程的实际施工全貌和监理部工作成效。监理日志填写前就要做好相关信息的收集，将全部工作内容草拟后整理入册。填写时，用词要简洁达意，书写清楚工整。监理日志填写时要注意：

(1)天气方面。主要包括当日最高、最低气温，当日降雨(雪)量，当天的风力，因天气原因损失的施工工时。在天气方面，既要根据当地气象预报，又要做现场测定，如现场设置温度计进行实地测量。天气条件不仅影响工程进度，而且也影响工程质量(如同条件养护试块检测评定)，因此监理人员一定不要小看天气条件的记录情况。

(2)进度方面。主要包括当日的施工内容、部位、进度，施工人员(工种、数量)，施工投入使用的机械设备(数量、名称)以及当日实际施工进度与计划施工进度的比较等。若发生施工延期或暂停施工应说明原因，如停电、停水、不利天气条件等。一般情况下，即使施工单位再有详细的进度计划也都是纸上谈兵,因为在每日的施工过程中都存在不同的干扰因素,对进度计划的实施造成影响。监理工程师要深入施工现场对每天的进度计划进行跟踪检查,检查施工单位各项资源的投入和施工组织情况并详细记录进监理日志。

(3)当日进场的原材料名称、数量、产地、拟用部位及见证取样情况。对进场的原材料应根据其外包装标识,对照产品合格证、使用说明书、质保书等核实无误后,登记入监理日志。在数量方面,必要时进行复核;需要进行见证取样的,应及时取样送检,并将取样数量、部位及取样送检人记录清楚。该部分内容应与材料/设备/构配件报验单吻合。

(4)混凝土、砂浆试块的留置、数量、取样部位,配合比检查结果。混凝土的养护情况,混凝土、砂浆试块涉及结构安全性能,因此试块制取工作必须在监理方见证下进行,该部分内容记录务必真实、详细;混凝土试块取样要记录清楚取样部位、组数、取样人;在记录时要强调监理日志中的试块取样日期、部位,必须做到与旁站记录、平行检测和试验报告单吻合。

(5)分部、分项检验批验收情况。要记录清楚验收参加人员、验收时间及结果。及时记录验收、巡视中发现的问题,以及处理意见和处理结果。工序验收情况是监理日志中可记载内容最丰富的部分;分部工程记录参验的建设、勘察、设计、施工、监理各方人员到位情况及验收结论;分项、检验批工程验收应记录监理方、施工方参加人员及验收中发现的问题。对于发现的问题无论是下达了口头通知还是书面通知都应记录进日志,并应与监理通知单(回复单)吻合。

(6)记录当日签发的工程报验表、监理工作联系单、监理通知等,汇总概括收发文情况。

(7)记录当日处理设计变更、费用索赔、工程款支付内容。设计变更可以由工程参建方任一方提出,经设计方认可后必须由总监理工程师签发至施工方执行;对索赔处理记录、索赔事件发生时间及原因、施工方提出索赔意向和索赔报告的时间和概要内容及监理部作出的答复都要记录进监理日志。

(8)监理例会、专题会议的主要议题摘要。

(9)施工现场安全施工检查情况以及对安全隐患的处理意见。

(10)有关口头洽商、指示,包括监理方与建设单位的洽商意见。对施工方的口头指示,以及项目总监对监理部人员的指示等。

监理日志在记录中要注意时效性,每日完成的监理工作要在当日记录,不能拖延。有些人把日志变成周记、月记,那样的日志就无法反映实际施工监理情况,更谈不上能全面到位。监理日志记录还要注意不能空洞、泛泛而谈,如记录中有些只记砌筑墙体,而未记录砌筑部位、施工质量、试块制取等。监理人员要对当日实际完成的内容作全面记载。在填写日志时,还要注意闭合问题,日志的内容不仅与监理通知、旁站记录、平行检测记录及相关报验资料等闭合,日志本身还要自身闭合。以日志为核心结点可以放射延伸到监理资料的方方面面。

监理日志应力求客观真实,由专人每日填写,总监理工程师每日阅示。妥善保管日志,待工程竣工后统一装订存档。

5. 监理月(季)报表

本表是监理工程师为总监理工程师(和建设单位)准备的工程报告。

月(季)报表应包括工程进度情况、工程价款及支付情况、工程延误及主要原因、遇到的重要问题或困难、重要纠纷和争议、异常天气情况等内容。

6. 监理工程师巡视记录

本表记录工程师巡视工程现场时发现的主要问题及处理意见。

7. 天气记录

本表记录每天的温度变化、风力、雨雪情况及其他特殊天气情况,还应记录因天气变化而损失的工作时间。

如果工地范围较大,则应多选择几个有代表性的施工单位进行天气情况的观察记录。

8. 对施工单位的指示

监理工程师或总监理工程师对施工单位的指示应以正式函件表达为主。此外,工地指示和口头指示也较为常用,均应做好记录,同时应记录口头指示得到正式确认的方式和时间。还有许多指示体现在各种监理表格中,对此也要留意。

口头指示必须得到书面确认方才有效。

9. 给施工单位的图纸

经审核的图纸和补充图纸的发送均应全面记录,以免遗漏而延误工程和施工单位提出索赔。

10. 施工单位的报告或通知

施工单位除正式例行报告和报表外,日常工作中的各种正式函件、口头通知、报告均应作记录。

10.4.3.2 工程量记录及工程款支付记录

1. 工程量记录

工程量记录是为了核对财务支出数额,因而必须以计量结果为标准,根据计量结果进行统计和分析。

工程量记录往往表现在系列计量表格中,这些表格可以参照标准表格格式。

工程量记录的数值必须是工程师和施工单位双方同意认可的数据。

归档的工程量记录可以另编表格累计,也可以直接复制有关的计量单和计量汇总表。

2. 工程款支付记录

工程款支付记录主要记录工程款支付情况,包括每月净支付数额以及各类款项的支出额,这些数据都体现在月付款证书中,当然月付款证书也可以事后由工程师修改,应予以注意。计日工、设计变更、洽商、索赔、材料预付款等项目都可以单独编制统计表。

工程款记录可以单独成册归档,有些项目还需编制专门的工程款支付月报。记录与报表应分类编号后归档。

10.4.4 质量记录

质量记录可以分为:

(1)试件、试样、样品抽样记录。

(2)试验、检验结果与分析记录。

(3)各种质量验收记录:可以将各种工序验收单分类归档。

试件、试样、样品抽样记录,是指对试件、试样与样品所作的检验与试验记录。其目的是保证试验工作能严格进行,并为复验、复核创造有利条件。

试验、检验结果与分析记录,应对每一工作阶段分别建立档案。在通常情况下,其应包括土工试验、地下勘探、材料试验、骨料试验、混凝土试验。

应对每一个结构物进行登记,包括下列各项的核对表:

(1)规定必须进行的试验。

(2)实际已进行的试验。

(3)试验已得到认可或被拒绝的记录。

(4)遗漏的试验及已采取的措施。

保持完整的试验结果记录,有助于工程师对工程质量做到心中有数。

各种质量验收记录具体内容如下:

(1)工作内容的简单叙述。如进行了哪些试验,结果如何等。

(2)承包商试验人员配备情况。试验人员配备与承包商计划所列是否一致,数量和素质是否满足工作需要,增减或更换试验人员的建议。

(3)对承包商试验仪器、设备配备、使用和调动情况记录,需增加新设备的建议。

(4)监理试验室与承包商试验室做同一试验,其结果有无重大差异,原因如何。

10.4.5　竣工记录

竣工记录既有助于施工过程的控制,也有利于最后的竣工验收工作。如果验收工作包含在质量控制的每一个环节中,每一个环节都按要求完成了,则竣工验收就有了基本的保障,并且工作量会大为减少。有许多工作必须在施工期间及时把好验收关,如确定埋于地下的管道和基础的位置、高度、几何形状等。

竣工记录应包括施工过程中的验收记录和竣工验收阶段的记录两部分。竣工验收阶段的记录应包括验收检查、验收试验、验收评定及验收资料各方面的内容。

施工单位负责完成竣工图绘制,竣工图应包括修正的施工图,加上在现场绘制的其他有关图件。

10.5　监理报告

10.5.1　监理报告的编制要求

(1)在施工监理实施过程中,由监理机构提交的监理报告包括监理月报、监理专题报告、监理工作报告。

(2)监理月报应全面反映当月的监理工作情况,编制周期与支付周期宜同步,在约定时间前报送发包人和监理单位。

(3)监理专题报告应针对施工监理中某项特定的专题编制。专题事件持续时间较长时,监理机构可提交关于该专题事件的中期报告。

(4)在各类工程验收时,监理机构应按规定提交相应的监理工作报告。监理工作报告应在验收工作开始前完成。

(5)总监理工程师应负责组织编制监理报告,审核后签字盖章。

(6)监理报告应真实反映工程或事件状况、监理工作情况,做到内容全面、重点突出、语言简练、数据准确,并附必要的图表和照片。

10.5.2 监理月报的主要内容

(1)本月工程施工概况。

(2)工程质量控制情况。

(3)工程进度控制情况。

(4)工程资金控制情况。

(5)施工安全监理情况。

(6)文明施工监理情况。

(7)合同管理的其他工作情况。

(8)监理机构运行情况。

(9)监理工作小结。

(10)存在问题及有关建议。

(11)下月工作安排。

(12)监理大事记。

(13)附表。表格宜采用规范中施工监理工作常用表格格式。

10.5.3 监理专题报告的主要内容

10.5.3.1 用于汇报专题事件实施情况的监理专题报告

主要包括下列内容:

(1)事件描述。

(2)事件分析:

①事件发生的原因及责任分析。

②事件对工程质量影响分析。

③事件对施工进度影响分析。

④事件对工程资金影响分析。

⑤事件对工程安全影响分析。

(3)事件处理:

①承包人对事件处理的意见。

②发包人对事件处理的意见。

③设代机构对事件处理的意见。

④其他单位或部门对事件处理的意见。

⑤监理机构对事件处理的意见。

⑥事件最后处理方案和结果(如果为中期报告,应描述截至目前事件处理的现状)。

(4)对策与措施。为避免此类事件再次发生或其他影响合同目标实现事件的发生,监理机构提出的意见和建议。

(5)其他应提交的资料和说明事项等。

10.5.3.2　用于汇报专题事件情况并建议解决的监理专题报告

主要包括下列内容:

(1)事件描述。

(2)事件分析:

①事件发生的原因及责任分析。

②事件对工程质量影响分析。

③事件对施工进度影响分析。

④事件对工程资金影响分析。

⑤事件对工程安全影响分析。

(3)事件处理建议。

(4)其他应提交的资料和说明事项等。

10.5.4　监理工作报告的主要内容

(1)工程概况。

(2)监理规划。

(3)监理过程。

(4)监理效果。

①质量控制监理工作成效。

②进度控制监理工作成效。

③资金控制监理工作成效。

④施工安全监理工作成效。

⑤文明施工监理工作成效。

(5)工程评价。

(6)经验与建议。

(7)附件:

①监理机构的设置与主要工作人员情况表。

②工程建设监理大事记。

10.6　监理工作总结

在监理工作结束时,监理单位应向建设单位提交一份反映监理单位履行委托监理合同,反映监理实际效果和业绩的总结性材料——监理工作总结。监理工作总结应包括以下内容:

(1)工程概况。

(2)监理组织机构、监理人员和投入的监理设施。

(3)监理合同履行情况。

(4)监理工作成效。

(5)施工过程中出现的问题及其处理情况和建议。

(6)工程照片。

复习思考题

1. 工程项目监理的文件一般包括哪些?

2. 监理大纲的作用有哪些?

3. 监理规划的作用有哪些?监理规划包括哪些主要内容?

4. 监理实施细则有何作用?其重点应放在哪些方面?

5. 监理大纲、监理规划、监理实施细则有何联系和区别?

6. 监理月报的主要内容有哪些?

第 11 章　工程建设监理招标与投标

11.1　监理招标概述

11.1.1　工程建设监理的范围

水利工程是指防洪、排涝、灌溉、水力发电、引(供)水、滩涂治理、水土保持、水资源保护等各类工程(包括新建、扩建、改建、加固、修复、拆除等项目)及其配套和附属工程。

水利工程建设监理,是指具有相应资质的水利工程建设监理单位(简称监理单位),受项目法人(也称建设单位)委托,按照监理合同对水利工程建设项目实施中的质量、进度、资金、安全生产、环境保护等进行的管理活动,包括水利工程施工监理、水土保持工程施工监理、机电及金属结构设备制造监理、水利工程建设环境保护监理。

总投资 200 万元以上且符合下列条件之一的水利工程建设项目,必须实行建设监理:

(1)关系社会公共利益或者公共安全的;

(2)使用国有资金投资或者国家融资的;

(3)使用外国政府或者国际组织贷款、援助资金的。

11.1.2　项目监理招标应当具备的条件

项目监理招标应当具备下列条件:

(1)项目可行性研究报告或者初步设计已经批复;

(2)监理所需资金已经落实;

(3)项目已列入年度计划。

项目监理招标宜在相应的工程勘察、设计、施工、设备和材料招标活动开始前完成。

11.1.3　招标方式

项目监理招标分为公开招标和邀请招标。项目监理招标的招标人是该项目的项目法人。招标人自行办理项目监理招标事宜时,应当按有关规定履行核准手续。招标人委托招标代理机构办理招标事宜时,受委托的招标代理机构应符合水利工程建设项目招标代理有关规定的要求。

(1)公开招标。这是一种无限竞争性招标,招标单位可以通过报刊、网络或其他方式发布招标公告。

(2)邀请招标。这是一种有限竞争性招标,由招标单位发出招标邀请书,邀请三个以上(含三个)有能力承担相应监理业务的单位参加投标。

对监理业务服务费不足 50 万元,有保密性要求或者有特殊专业性、技术性要求,不宜采用公开招标和邀请招标的工程项目,经管理该工程招标的建设行政主管部门负责人批准,可以进行比选确定。

11.1.4 监理的招标、投标程序

招标是招标人选择中标人并与其签订合同的过程,而投标则是投标人力争获得实施合同的竞争过程,招标人和投标人均需遵循招标投标法律和法规的规定进行招标投标活动。监理招标应按下列程序进行:

(1)招标单位自行办理招标事宜的,到当地招标办办理备案手续;

(2)编制招标文件;

(3)发布招标公告或发出邀标通知书;

(4)向投标单位发出投标资格预审通知书,对投标单位进行资格预审;

(5)向投标单位发出招标文件;

(6)组织必要的答疑、现场勘察、解答投标单位提出的问题,编写答疑文件或补充投标文件等;

(7)接受投标书;

(8)组织开标、评标、决标;

(9)招标单位自确定中标单位之日起 15 日内向当地招标办提交招标投标情况的书面报告。

(10)向投标单位发出中标或未中标通知书;

(11)与中标单位订立书面委托监理合同。

11.2 监理招标文件

根据《中华人民共和国招标投标法》第十九条的规定,招标人应当根据招标项目的特点和需要编制招标文件。

为进一步规范水利工程建设监理市场秩序,促进水利工程建设项目施工监理招标投标依法、科学、有序,体现公开、公平、公正和诚实信用的原则,维护招标人、投标人双方的合法权益,依据《中华人民共和国招标投标法》等法律法规和水利工程建设监理有关规定,结合现阶段我国水利工程建设监理实际,水利部组织起草了《水利工程施工监理招标文件示范文本》(简称《监理招标文本》),以指导各地开展水利工程施工监理招标活动。

《监理招标文本》由投标邀请书、投标须知、合同文件、投标文件格式、附件共 5 部分组成,供发包人开展水利工程施工监理招标使用。《监理招标文本》适用于通过招标选择水利工程施工监理承担单位的水利工程建设项目,各地使用时可结合项目实际情况进行修改补充。

11.2.1 监理的工作范围

11.2.1.1 监理服务的工作范围

监理委托合同的标的,是监理单位为发包人提供的监理服务。《工程建设监理规定》

中明确规定:工程建设监理的主要内容是控制工程建设的投资、建设工期和工程质量,进行工程建设合同管理,协调有关单位间的工作关系。

按照这一规定,委托监理业务的范围非常广泛,从工程建设各阶段来说,可以包括项目前期立项咨询、设计阶段监理、施工阶段监理、保修阶段监理。在每一阶段内,又可以进行投资、质量、工期的三大控制,以及合同管理和信息管理。

1. 按照工作性质划分的委托工作

(1)工程技术咨询服务,如进行可行性研究,各种方案的成本效益分析,编制特殊工程的建筑设计标准,准备技术规范,提出质量保证措施。

(2)协助发包人选择承包商,组织设计、施工、设备采购招标等。

(3)技术监督和检查,包括检查工程设计、材料和设备质量,对操作或施工质量进行监理和检查等。

(4)施工管理,包括质量控制、成本控制、计划和进度控制、施工安全控制等。

2. 项目建设不同阶段的委托监理工作

(1)建设前期阶段的工作。

①对项目的投资机会研究,包括确定投资的优先性和部门方针。

②建设项目的可行性研究,确定项目的基本特征及其可行性。

③为了顺利实施开发计划和投资项目,并充分发挥其作用,提出经营管理和机构方面所需的变更和改进意见。

④参与设计任务书的编制。

(2)设计阶段的工作。

①提出设计要求,参与评选方案。

②参与选择勘察、设计单位,协助发包人签订勘察、设计合同。

③监督初步设计和施工图设计工作的执行,控制设计质量,并对设计成果进行审核。

④控制设计进度以满足进度要求,并监督设计单位实施。

⑤审核概(预)算,实施或协助实施投资控制。

⑥参与工程主要设备选型。

3. 施工招标阶段的工作

(1)编制招标文件和评标文件。

(2)协助评审投标书,提出决标评估意见。

(3)协助发包人与承建单位签订承包合同。

4. 施工阶段的工作

(1)协助发包人编写开工报告。

(2)审查承建单位各项施工准备工作,发布开工通知。

(3)督促承建单位建立健全施工管理制度和质量保证体系,并监督其实施。

(4)审查承建单位提交的施工组织设计、施工技术方案和施工进度计划,并督促其实施。

(5)组织设计交底及图纸会审,审查设计变更。

(6)审核和确认承建单位提出的分包工程项目及选择的分包单位。

(7)复核已完工程量,签署工程付款证书,审核竣工结算报告。

(8)检查工程使用的原材料、半成品、成品、构配件和设备的质量,并进行必要的测试和监控。

(9)监督承建单位严格按技术标准和设计文件施工,控制工程质量。重要工程要督促承建单位实施预控措施。

(10)监督工程施工质量,对隐蔽工程进行检验签证,参与工程质量事故的分析及处理。

(11)分阶段进行进度控制,及时提出调整意见。

(12)调解合同纠纷和处理索赔事宜。

(13)督促检查安全生产、文明施工。

(14)组织工程阶段验收及竣工验收,并对工程施工质量提出评估意见。

5. 保修期阶段的工作

(1)协助组织和参与检查项目正式运行前的各项准备工作。

(2)对保修期间发现的工程质量问题,参与调查研究,弄清情况,鉴定工程质量问题的责任,并监督保修工作。

11.2.1.2 依据项目的特点委托工作任务

监理招标发包的工作内容和范围,可以是整个工程项目的全过程,也可以只监理招标人与其他人签订的一个或几个合同的履行。划分合同工作范围时,通常考虑以下因素。

1. 工程规模

中、小型工程项目,有条件时可将全部监理工作委托给一个单位;大型或复杂工程,则应按设计、施工等不同阶段及监理工作的专业性质分别委托给几家单位。

2. 工程项目的专业特点

不同的施工内容对监理人员的素质、专业技能和管理水平的要求不同,应充分考虑专业特点的要求。如将土建和安装工程的监理工作分开招标,甚至有特殊基础处理时可将该部分从土建中分离出去单独招标。

3. 被监理合同的难易程度

工程项目建设期间,招标人与第三人签订的合同较多,对易于履行合同的监理工作可并入相关工作的委托监理内容之中。如将采购通用建筑材料购销合同的监理工作并入施工监理的范围之内,而设备制造合同的监理工作则需委托专门的监理单位。

11.2.2 招标文件的主要内容

(1)投标邀请书。

投标邀请书具体格式由招标人确定,内容一般包括:招标单位名称;建设项目资金来源;工程项目概况和本次招标工作范围的简要介绍;购买资格预审文件的地点、时间和价格;投标单位考察现场的时间;投标截止时间;投标文件递送时间;开标时间、开标地点等有关事项。

(2)投标须知。

投标须知应当包括招标项目概况,监理范围、内容和监理服务期,招标人提供的现场工作及生活条件(包括交通、通信、住宿等)和试验检测条件,对投标人和现场监理人员的要求,投标人应当提供的有关资格和资信证明文件,投标文件的编制要求,提交投标文件的方式、地点和截止时间,开标日程安排,投标有效期等。

(3)书面合同书格式。

大、中型项目的监理合同书应当使用《监理招标文本》,小型项目可参照使用。合同的标准条件部分不得改动,结合委托监理任务的工程特点和项目地域特点,双方可针对标准条件中的要求予以补充、细化或修改。在编制招标文件时,为了能使投标人明确义务和责任,专用条件的相应条款内容均应写明。然而招标文件专用条款的内容只是编写投标书的依据,如果通过投标、评标和合同谈判发包人同意接受投标书中的某些建议,双方协商达成一致修改专用条款的约定后再签订合同。

(4)投标报价书、投标保证金和授权委托书、协议书和履约保函的格式。

(5)工程技术文件。

工程技术文件是投标人完成委托监理任务的依据,应包括以下内容:

①工程项目建议书。

②工程项目批复文件。

③可行性研究报告及审批文件。

④应遵守的有关技术规定。

⑤必要的设计文件、图纸和有关资料。

⑥投标报价要求及其计算方式。

⑦评标标准与方法。

⑧投标文件格式,包括投标文件格式、监理大纲的主要内容要求、投标单位对投标负责人的授权书格式、履约保函格式。

⑨其他辅助资料。拟用于本工程监理工作的主要人员汇总表,拟用于本工程的主要监理人员简历表,拟用于本工程的办公、检测设备及仪器清单。

11.3 监理投标人的资格审查

国家对投标人资格条件或者招标文件对投标人资格条件是有规定的,投标人应当具备规定的资格条件,对于一些大型建设项目,要求供应商或承包商有一定的资质要求,如水利、交通等行业主管部门对承揽重大建设项目都有一系列的规定,对于参加国家重点建设项目的投标人,必须达到甲级资质。当投标人参加这类招标时,必须满足相应的资质要求。

资格审查应主要审查潜在投标人或者投标人是否符合下列条件:

(1)具有独立合同签署及履行的权利;

(2)具有履行合同的能力,包括专业、技术资格和能力,资金、设备和其他物资设施能力,管理能力,类似工程经验、信誉状况等;

(3)没有处于被责令停业,投标资格被取消,财产被接管、冻结等;

(4)在最近3年内没有骗取中标和严重违约及重大质量问题。

资格审查时,招标人不得以不合理的条件限制、排斥潜在投标人或者投标人,不得对潜在投标人或者投标人实行歧视待遇。任何单位和个人不得以行政手段或者其他不合理方式限制投标人的数量。

11.3.1 资格审查文件

不论是公开招标,还是邀请招标进行资格审查比较,都要考察投标人的资格条件、经验条件、资源条件、公司信誉和承接新项目的监理能力等。

11.3.1.1 资格条件

(1)资质等级证书。

(2)营业执照、注册范围。

(3)隶属关系。

(4)公司的组成形式,以及总公司和分公司的所在地。

(5)法人条件和公司章程。

11.3.1.2 经验条件

(1)已监理过的工程项目。

(2)已监理过与招标工程类似的工程项目。

11.3.1.3 现有的资源条件

(1)公司人员。

(2)开展正常监理工作可采用的检测方法和手段。

(3)使用计算机软件管理能力。

11.3.1.4 公司信誉

(1)监理单位在专业方面的名望、地位。

(2)在以往服务的工程项目中的信誉。

(3)是否能全心全意地与发包人和承包人合作。

11.3.1.5 承接新项目的监理能力

(1)正在进行监理工作工程项目的数量、规模。

(2)正在进行监理工作各项目的开工和预计竣工时间。

11.3.2 资格审查的方法和分类

11.3.2.1 资格审查的方法

监理招标对投标人的资格审查方法与其他招标的资格预审方法是有所区别的,施工和供货招标是发出资格预审表格,由投标人填写后进行审查比较,而监理招标可以首先以会谈的形式对监理单位的主要负责人或拟派驻的总监理工程师进行考察,然后再让其报送相应的资格材料。

招标前,招标人可以分别邀请每一家公司来进行委托监理任务的意向性洽谈。首先向对方介绍拟建项目的简单情况,监理服务的要求、工作范围、拟委托的权限和要求达到的目的等情况,并听取对方就该公司业务情况的介绍,然后针对所提供的该监理公司资质证明文件中的有关内容,请其作进一步的说明。这种做法,一方面是由于初选名单范围较宽，没有必要让监理单位作更多的准备工作，以便节约时间和费用；另一方面，通过当面洽谈，有助于更全面详细地了解对方的资质情况，以及听取他们对完成该项目监理工作的建议。与初选各家公司会谈后，再对各家的资质进行评审和比较，确定邀请投标的监理公司名单。

初选审查还只限于对邀请对象的资质、能力是否与拟实施项目特点相适应的总体考查，而不是评定其准备实施该项目监理工作的建议是否可行、适用。为了能够对监理单位有较深入全面的了解，应通过以下方法收集有关信息：索取监理公司的情况介绍资料；向其已监理过工程的发包人咨询；考查其已监理过的工程项目。

11.3.2.2　资格审查的分类

资格审查分资格预审和资格后审。资格预审是指在投标前对潜在投标人进行的资格审查；资格后审是指在开标后，招标人对投标人进行资格审查，提出资格审查报告，经参审人员签字由招标人存档备查，同时交评标委员会参考。目前采用较多的是资格预审。

资格预审一般按照下列原则进行：

(1)招标人组建的资格预审工作组负责资格预审；

(2)资格预审工作组按照资格预审文件中规定的资格评审条件，对所有潜在投标人提交的资格预审文件进行评审；

(3)资格预审完成后，资格预审工作组应提交由资格预审工作组成员签字的资格预审报告，并由招标人存档备查；

(4)经资格预审后，招标人应当向资格预审合格的潜在投标人发出资格预审合格通知书，告知获取招标文件的时间、地点和方法，并同时向资格预审不合格的潜在投标人告知资格预审结果。

11.4　监理投标文件的编制

11.4.1　监理投标文件的组成

投标文件一般包括下列内容：

(1)投标报价书。

(2)授权委托书。

(3)联合体共同投标协议。

(4)联合体授权委托书。

(5)投标担保。

(6)资格文件：

①投标人基本情况表；

②业绩证明材料；

③财务状况；

④单位信誉及诉讼情况说明；

⑤质量管理体系认证说明；

⑥监理机构组建。

(7)监理大纲。

(8)投标报价计算书:

①报价组成;

②投标报价汇总;

③报价组成计算。

11.4.2 监理投标文件的编制

根据《中华人民共和国招标投标法》第二十七条的规定,投标人应当按照招标文件的要求编制投标文件。投标人要到指定的地点购买招标文件,并准备投标文件。投标人在编制投标文件时,必须按照招标文件的要求编写。投标人应认真研究、正确理解招标文件的全部内容,并按要求编制投标文件。投标文件应当对招标文件提出的实质性要求和条件作出响应。"实质性要求和条件"是指招标文件中有关招标项目的价格、项目的计划、技术规范、合同的主要条款等,投标文件必须对这些条款作出响应。这就要求投标人必须严格按照招标文件填报,不得对招标文件进行修改,不得遗漏或者回避招标文件中的问题,更不能提出任何附带条件。投标文件通常可分为技术标(技术建议书)和商务标两大部分。这两部分可以分别考虑,也可以同时综合考虑,采用哪种方法要根据委托监理工作的项目特点和工作范围要求的内容等因素来决定。技术建议书主要分为监理单位的经验、拟完成委托监理任务的实施方案(监理大纲)和人员配备方案 3 个主要方面;商务标则主要是报价的合理性。

监理投标文件的编制内容有以下几个方面。

11.4.2.1 监理经验

监理单位经验有以下两个方面。

1. 监理一般经验

投标人提供的最近几年所承担的工作项目一览表,内容包括数量、规模、专业性质、监理工作内容、监理效果等。

2. 特殊工程项目经验

对此应根据工程项目的专业特点,看其是否具有所要求的监理经验。一方面,看其所监理过的工程是否有与本工程同类的项目;另一方面,要根据本工程特殊的专业特点,如复杂地基的处理、特殊施工工艺要求(特殊焊接工艺、大型专业设备安装)等,看其监理经验是否能满足要求。

11.4.2.2 监理实施方案(监理大纲)

监理实施方案(监理大纲)包括以下几方面内容。

1. 监理工作的指导思想和工作目标

理解发包人对该项目的建设意图,工作目标在内容上包括了全部委托的工作任务,监理目标与投资目标和建设意图一致。

2. 项目监理班子的组织结构

组织形式、管理模式等方面合理,结合了项目实施的具体特点,与发包人的组织关系和承包人的组织关系相协调等。

3. 工作计划

在工程进展中各个阶段的工作实施计划合理、可行,在每个阶段如何控制项目目标,以及组织协调的方法。

4. 对工期、质量、投资进行控制的方法

应用经济、合同、技术、组织措施保证目标的实现,方法科学、合理、有效。

5. 计算机的管理软件

所拥有和准备使用的管理软件类型、功能满足项目监理工作的需要。

11.4.2.3 派驻人员计划

1. 项目监理机构的人员结构

项目监理机构应具有合理的人员结构,包括以下两方面的内容:

(1)合理的专业结构。项目监理机构应由与监理工程的性质(民用项目、专业性强的生产项目)及业主对工程监理的要求(全过程监理或是某一阶段如设计或施工阶段的监理,是投资、质量、进度的多目标控制或某一目标的控制)相适应的各专业人员组成,也就是各专业人员要配套。应根据项目特点和准备委托监理任务的工作范围,考虑土建工程师、机械工程师、造价工程师等是否能够满足开展监理工作的需要,专业是否覆盖了项目实施过程中的各种专业,以及高、中级职称和年龄结构组成的合理性。

一般来说,项目监理机构应具备与所承担的监理任务相适应的专业人员。但是,当监理工程局部有某些特殊性,或业主提出某些特殊的监理要求而需要采用某种特殊的监理手段时,如局部的钢结构、网架、罐体等质量监控需采用无损探伤、X光及超声探测仪,水下及地下混凝土桩基需要用遥测器探测等,此时,将这些局部的专业性的监控工作另行委托给有相应资质的咨询机构来承担,也应视为保证了人员合理的专业机构。

(2)合理的技术职务、职称结构。为了提高管理效率和经济性,项目监理机构的监理人员应根据建设工程的特点和建设工程监理工作的需要确定其技术职称、职务结构。合理的技术职称结构表现为高级职称、中级职称和初级职称有与监理工作要求相称的比例。

①总监理工程师。在工程项目建设监理中,我国实行的是总监理工程师负责制。因此,总监理工程师人选是否合适,是执行监理任务成败的关键。主要根据项目本身的特点,看其学历、专业、现任职务、年龄、健康状况、以往的工作成就等一般条件是否符合要求。除此之外,看其在以往所监理工程中担任的职务,与本项目类似工程的工作经验,对项目的理解和熟悉程度,应变与决策能力,对项目实施监理的具体设想、专业水平和管理能力、责任心,以及是否与发包人顺利交流及是否善于与被监理单位交往等。

②从事监理工作的其他人员。参与监理工作的人员除总监理工程师外,还包括专业监理工程师和其他监理人员。从投标书中所提供的拟派驻项目人员名单中,了解主要监理人员的学历、专业成就、职称或职务,参与过哪些工程的监理工作。

2. 项目监理机构监理人员数量的确定

根据工程建设强度、建设工程复杂程度、监理单位的业务水平等配备具体的监理人员。专业类别较多的工程,派驻人员数量可适当增加。项目监理机构的监理人员数量和专业配备应随工程施工进展情况作相应的调整,从而满足不同阶段监理工作的需要。

3. 将提供给业主的监理阶段性文件

在监理大纲中，监理单位还应该明确未来工程监理工作中向业主提供的阶段性的监理文件，这将有助于满足业主掌握工程建设过程的需要，有利于监理单位顺利承揽该建设工程的监理业务。

11.4.2.4 监理服务费计价方式

监理服务费的计算，按招标文件提供的格式、计算方法确定。监理服务费的计算方法如前所述。

11.5 评标、定标和签订合同

11.5.1 评标

11.5.1.1 评标工作程序

评标工作一般按照以下程序进行：

（1）招标人从评标专家库中抽选评标专家与业主代表组成评标委员会，由评标委员会成员推荐产生评标委员会主任；

（2）在评标委员会主任的主持下，根据需要，讨论通过成立有关专业组和工作组；

（3）熟悉招标文件；

（4）组织评标人员学习评标标准与方法；

（5）评标委员会对投标文件进行符合性和响应性评定；

（6）评标委员会对投标文件中的算术错误进行更正；

（7）评标委员会根据招标文件规定的评标标准与方法对有效投标文件进行评审；

（8）评标委员会听取项目总监理工程师陈述；

（9）经评标委员会讨论，并经 1/2 以上成员同意，提出需投标人澄清的问题，并以书面形式送达投标人；

（10）投标人对需书面澄清的问题，经法定代表人或者授权代表人签字后，作为投标文件的组成部分，在规定的时间内送达评标委员会；

（11）评标委员会依据招标文件确定的评标标准与方法，对投标文件进行横向比较，确定中标候选人推荐顺序；

（12）在评标委员会 2/3 以上成员同意并在全体成员签字的情况下，通过评标报告。评标委员会成员必须在评标报告上签字。若有不同意见，应明确记载并由其本人签字，方可作为评标报告附件。

11.5.1.2 评审内容

评标委员会对各投标书进行审查评阅，主要考察以下几方面的合理性：

（1）投标人的资质，包括资质等级、批准的监理业务范围、主管部门或股东单位、人员综合情况等；

（2）监理大纲；

（3）拟派项目的主要监理人员（重点审查总监理工程师和主要专业监理工程师）；

(4)人员派驻计划和监理人员的素质(通过人员的学历证书、职称证书和上岗证书反映);

(5)监理单位提供用于工程的检测设备和仪器,或委托有关单位检测的协议;

(6)近几年监理单位的业绩及奖惩情况;

(7)监理费报价和费用组成。

(8)招标文件要求的其他情况。

在审查过程中对投标书不明确之处可采用澄清问题和方式请投标人予以说明,并可通过与总监理工程师的会谈,考察其风险意识、对业主建设意图的理解、应变能力、管理目标的设定等的素质高低。

11.5.1.3　评标标准

监理评标的量化比较通常采用综合评分法对各投标人的综合能力进行对比。依据招标项目的特点设置评分内容和分值的权重。招标文件中说明的评标原则和预先确定的计分标准开标后不得更改,作为评标委员的打分依据。

评标标准包括投标人的业绩和资信、项目总监理工程师的素质和能力、资源配置、监理大纲以及投标报价等五个方面。按其重要程度可分别考虑为 20%、25%、25%、20%、10% 的权重,也可根据项目具体情况确定。

1. 业绩和资信

(1)有关资质证书、营业执照等情况;

(2)人力、物力与财力资源;

(3)近 3 ~5 年完成或者正在实施的项目情况及监理效果;

(4)投标人以往的履约情况;

(5)近 5 年受到的表彰或者不良业绩记录情况;

(6)有关方面对投标人的评价意见等。

2. 项目总监理工程师的素质和能力

(1)项目总监理工程师的简历、监理资格;

(2)项目总监理工程师主持或者参与监理的类似工程项目及监理业绩;

(3)有关方面对项目总监理工程师的评价意见;

(4)项目总监理工程师月驻现场工作时间;

(5)项目总监理工程师的陈述情况等。

3. 资源配置

(1)项目副总监理工程师、部门负责人的简历及监理资格;

(2)项目相关专业人员和管理人员的数量、来源、职称、监理资格、年龄结构、人员进场计划;

(3)主要监理人员的月驻现场工作时间;

(4)主要监理人员从事类似工程的相关经验;

(5)拟为工程项目配置的检测及办公设备;

(6)随时可调用的后备资源等。

4. 监理大纲

(1)监理范围与目标;

(2)对影响项目工期、质量和投资的关键问题的理解程度;

(3)项目监理组织机构与管理的实效性;

(4)质量、进度、投资控制和合同、信息管理的方法与措施的针对性;

(5)拟定的监理质量体系文件等;

(6)工程安全监督措施的有效性。

5. 投标报价

(1)监理服务范围、时限;

(2)监理服务费用结构、总价及所包含的项目;

(3)人员进场计划;

(4)监理服务费用报价取费原则是否合理。

11.5.1.4 评标

项目监理评标标准和方法应当体现根据监理服务质量选择中标人的原则。评标标准和方法应当在招标文件中载明,在评标时不得另行制定或者修改、补充任何评标标准和方法。

项目监理招标不宜设置标底。

评标方法主要为综合评分法、两阶段评标法和综合比选法,可根据工程规模和技术难易程度选择采用。大、中型项目或者技术复杂的项目宜采用综合评分法或者两阶段评标法,规模小或者技术简单的项目可采用综合比选法。

1. 综合评分法

根据评标标准设置详细的评价指标和评分标准, 经评标委员会集体评审后,评标委员会分别对所有投标文件的各项评价指标进行评分,去掉最高分和最低分后,其余评委评分的算术和即为投标人的总得分。评标委员会根据投标人总得分的高低排序选择中标候选人 1~3 名。若候选人出现分值相同情况,则对分值相同的投标人改为投票法,以少数服从多数的方式,也可根据总监理工程师、监理大纲的得分高低决定次序选择中标候选人。

2. 两阶段评标法

对投标文件的评审分为两阶段进行。首先进行技术评审,然后进行商务评审。有关评审方法可采用综合评分法或综合比选法。评标委员会在技术评审结束之前,不得接触投标文件中商务部分的内容。

评标委员会根据确定的评审标准选出技术评审排序的前几名投标人,而后对其进行商务评审。根据规定的技术和商务权重,对这些投标人进行综合评价和比较, 确定中标候选人 1~3 名。

3. 综合比选法

根据评标标准设置详细的评价指标,评标委员会成员对各个投标人进行定性比较分析,综合评比,采用投票表决的形式,以少数服从多数的方式, 排序推荐中标候选人 1~3 名。

11.5.2　定标

获得最佳综合评价的投标人中标,中标人的投标应当符合下列条件之一:

(1)能够最大限度地满足招标文件中规定的各项综合评价标准;

(2)能够满足招标文件的实质性要求,并且投标价格较低。

招标单位根据评标委员会提出的书面评标报告和推荐的中标候选单位中确定中标单位,招标单位也可以授权评标委员会直接确定中标单位。评标委员会经过评审可以否决所有投标单位,所有投标被否决的,招标单位应当依照有关规定重新组织招标。评标决标工作一般应在开标会议后 15 日内完成。中标单位确定后,招标单位应当向中标单位发出中标通知书,并同时将中标结果通知所有未中标的投标单位。

11.5.3　签订合同

招标单位和中标单位应当自中标通知书发出之日起 30 日内按照招标文件和中标单位的投标文件订立书面委托监理合同(可采用建设工程委托监理合同示范合同文本),招标单位和中标单位不得再行订立背离合同实质性内容的其他协议。

所订立的合同应向当地建设主管部门备案。

建设工程委托监理合同的主要内容包括第一部分建设工程委托监理合同、第二部分标准条件、第三部分专用条件。

复习思考题

1. 建设工程必须实行监理的项目有哪些?
2. 监理招标的特点有哪些?
3. 监理招标投标的程序是什么?
4. 投标人必须满足的资格条件有哪些?
5. 什么是资格预审、资格后审?
6. 监理资格审查有哪些主要内容?
7. 施工阶段监理服务有哪些主要内容?
8. 招标文件的主要内容是什么?
9. 如何编制监理投标文件?
10. 影响项目监理机构人员数量的主要因素有哪些?
11. 监理大纲的作用是什么?
12. 评标的工作程序是什么?
13. 监理评标的特点是什么?
14. 投标文件编制的主要内容是什么?

附录 《水利工程施工监理规范》(SL 288—2014)附表

施工监理工作常用表格

1 表格说明

1.1 表格可分为以下两种类型：

1 承包人用表。以 CB××表示。

2 监理机构用表。以 JL××表示。

1.2 表的标题(表名)应采用如下格式：

CB11	施工放样报验单
	(承包[ ]放样 号)

注 1："CB11"——表格类型及序号。

注 2："施工放样报验单"——表格名称。

注 3："承包[ ]放样 号"——表格编号。其中①"承包"：指该表以承包人为填表人，当填表人为监理机构时，即以"监理"代之；②当监理工程范围包括两个以上承包人时，为区分不同承包人的用表，"承包"可用其简称表示；③[ ]：年份，如[2003]表示 2003 年的表格；④"放样"：表格的使用性质，即用于"放样"工作。⑤" 号"：一般为 3 位数的流水号。

2 表格使用说明

2.1 监理机构可根据施工项目的规模和复杂程度，采用其中的部分或全部表格；若表格不能满足工程实际需要时，可调整或增加表格。

2.2 各表格脚注中所列单位和份数为基本单位和推荐份数，工作中应根据具体情况和要求予以具体明确各类表格的报送单位和份数。

2.3 相关单位都应明确文件的签收人。

2.4 "CB01 施工技术方案申报表"可用于承包人向监理机构申报关于施工组织设计、施工措施计划、专项施工方案、度汛方案、灾害应急预案、施工工艺试验方案、专项检测试验方案、工程测量施测方案、工程放样计划和方案、变更实施方案等需报请监理机构批准的方案。

2.5 承包人的施工质量检验月汇总表、工程事故月报表除作为施工月报附表外，还应按有关要求另行单独填报。

2.6 表格中凡属部门负责人签名的，项目经理都可签署；凡属监理工程师签名的，总监理工程师都可签署。表格中签名栏为“总监理工程师/副总监理工程师”、“总监理工程师/监理工程师”和“项目经理/技术负责人”的可根据工程特点和管理要求视具体授权情况由相应人员签署。

2.7 监理用表中的合同名称和合同编号指所监理的施工合同名称和编号。

3 施工监理工作常用表格目录

3.1 承包人常用表格目录见表3.1。

表3.1 承包人常用表格目录

序号	表格名称	表格类型	表格编号
1	施工技术方案申报表	CB01	承包[ ]技案 号
2	施工进度计划申报表	CB02	承包[ ]进度 号
3	施工图用图计划报告	CB03	承包[ ]图计 号
4	资金流计划申报表	CB04	承包[ ]资金 号
5	施工分包申报表	CB05	承包[ ]分包 号
6	现场组织机构及主要人员报审表	CB06	承包[ ]机构 号
7	原材料/中间产品进场报验单	CB07	承包[ ]报验 号
8	施工设备进场报验单	CB08	承包[ ]设备 号
9	工程预付款申报表	CB09	承包[ ]工预付 号
10	材料预付款报审表	CB10	承包[ ]材预付 号
11	施工放样报验单	CB11	承包[ ]放样 号
12	联合测量通知单	CB12	承包[ ]联测 号
13	施工测量成果报验单	CB13	承包[ ]测量 号
14	合同工程开工申请表	CB14	承包[ ]合开工 号
15	分部工程开工申请表	CB15	承包[ ]分开工 号
	施工安全交底记录	CB15 附件1	承包[ ]安交 号
	施工技术交底记录	CB15 附件2	承包[ ]技交 号
16	工程设备采购计划申报表	CB16	承包[ ]设采 号
17	混凝土浇筑开仓报审表	CB17	承包[ ]开仓 号
18	____工序/单元工程质量报验单	CB18	承包[ ]质报 号
19	施工质量缺陷处理方案报审表	CB19	承包[ ]缺方 号
20	施工质量缺陷处理措施计划报审表	CB20	承包[ ]缺陷 号
21	事故报告单	CB21	承包[ ]事故 号
22	暂停施工报审表	CB22	承包[ ]暂停 号
23	复工申请表	CB23	承包[ ]复工 号
24	变更申请表	CB24	承包[ ]变更 号
25	施工进度计划调整申报表	CB25	承包[ ]进调 号
26	延长工期申报表	CB26	承包[ ]延期 号

续表 3.1

序号	表格名称	表格类型	表格编号
27	变更项目价格申报表	CB27	承包[　]变价　　号
28	索赔意向通知	CB28	承包[　]赔通　　号
29	索赔申请报告	CB29	承包[　]赔报　　号
30	工程计量报验单	CB30	承包[　]计报　　号
31	计日工单价报审表	CB31	承包[　]计审　　号
32	计日工工程量签证单	CB32	承包[　]计签　　号
33	工程进度付款申请单	CB33	承包[　]进度付　　号
34	工程进度付款汇总表	CB33 附表 1	承包[　]进度总　　号
35	已完工程量汇总表	CB33 附表 2	承包[　]量总　　号
36	合同分类分项项目进度付款明细表	CB33 附表 3	承包[　]分类付　　号
37	合同措施项目进度付款明细表	CB33 附表 4	承包[　]措施付　　号
38	变更项目进度付款明细表	CB33 附表 5	承包[　]变更付　　号
39	计日工项目进度付款明细表	CB33 附表 6	承包[　]计付　　号
40	施工月报表(　年　月)	CB34	承包[　]月报　　号
41	原材料/中间产品使用情况月报表	CB34 附表 1	承包[　]材料月　　号
42	原材料/中间产品检验月报表	CB34 附表 2	承包[　]材检月　　号
43	主要施工设备情况月报表	CB34 附表 3	承包[　]设备月　　号
44	现场人员情况月报表	CB34 附表 4	承包[　]人员月　　号
45	施工质量检测月汇总表	CB34 附表 5	承包[　]质检月　　号
46	施工质量缺陷月报表	CB34 附表 6	承包[　]缺陷月　　号
47	工程事故月报表	CB34 附表 7	承包[　]事故月　　号
48	合同完成额月汇总表	CB34 附表 8	承包[　]完成额　　号
49	(一级项目)合同完成额月汇总表	CB34 附表 8-_	承包[　]完成额月　　号
50	主要实物工程量月汇总表	CB34 附表 9	承包[　]实物月　　号
51	验收申请报告	CB35	承包[　]验报　　号
52	报告单	CB36	承包[　]报告　　号
53	回复单	CB37	承包[　]回复　　号
54	确认单	CB38	承包[　]确认　　号
55	完工付款/最终结清申请表	CB39	承包[　]付结　　号
56	工程交接申请表	CB40	承包[　]交接　　号
57	质量保证金退还申请表	CB41	承包[　]保退　　号

3.2 监理机构常用表格目录见表3.2。

表3.2 监理机构常用表格目录

序号	表格名称	表格类型	表格编号
1	合同工程开工通知	JL01	监理[ ]开工 号
2	合同工程开工批复	JL02	监理[ ]合开工 号
3	分部工程开工批复	JL03	监理[ ]分开工 号
4	工程预付款支付证书	JL04	监理[ ]工预付 号
5	批复表	JL05	监理[ ]批复 号
6	监理通知	JL06	监理[ ]通知 号
7	监理报告	JL07	监理[ ]报告 号
8	计日工工作通知	JL08	监理[ ]计通 号
9	工程现场书面通知	JL09	监理[ ]现通 号
10	警告通知	JL10	监理[ ]警告 号
11	整改通知	JL11	监理[ ]整改 号
12	变更指示	JL12	监理[ ]变指 号
13	变更项目价格审核表	JL13	监理[ ]变价审 号
14	变更项目价格/工期确认单	JL14	监理[ ]变确 号
15	暂停施工指示	JL15	监理[ ]停工 号
16	复工通知	JL16	监理[ ]复工 号
17	索赔审核表	JL17	监理[ ]索赔审 号
18	索赔确认单	JL18	监理[ ]索赔确 号
19	工程进度付款证书	JL19	监理[ ]进度付 号
20	工程进度付款审核汇总表	JL19 附表 1	监理[ ]付款审 号
21	合同解除付款核查报告	JL20	监理[ ]解付 号
22	完工付款/最终结清证书	JL21	监理[ ]付结 号
23	质量保证金退还证书	JL22	监理[ ]保退 号

续表 3.2

序号	表格名称	表格类型	表格编号
24	施工图纸核查意见单	JL23	监理[ ]图核 号
25	施工图纸签发表	JL24	监理[ ]图发 号
26	监理月报	JL25	监理[ ]月报 号
27	合同完成额月统计表	JL25 附表 1	监理[ ]完成统 号
28	工程质量评定月统计表	JL25 附表 2	监理[ ]评定统 号
29	工程质量平行检测试验月统计表	JL25 附表 3	监理[ ]平行统 号
30	变更月统计表	JL25 附表 4	监理[ ]变更统 号
31	监理发文月统计表	JL25 附表 5	监理[ ]发文统 号
32	监理收文月统计表	JL25 附表 6	监理[ ]收文统 号
33	旁站监理值班记录	JL26	监理[ ]旁站 号
34	监理巡视记录	JL27	监理[ ]巡视 号
35	工程质量平行检测记录	JL28	监理[ ]平行 号
36	工程质量跟踪检测记录	JL29	监理[ ]跟踪 号
37	见证取样跟踪记录	JL30	监理[ ]见证 号
38	安全检查记录	JL31	监理[ ]安检 号
39	工程设备进场开箱验收单	JL32	监理[ ]设备 号
40	监理日记	JL33	监理[ ]日记 号
41	监理日志	JL34	监理[ ]日志 号
42	监理机构内部会签单	JL35	监理[ ]内签 号
43	监理发文登记表	JL36	监理[ ]监发 号
44	监理收文登记表	JL37	监理[ ]监收 号
45	会议纪要	JL38	监理[ ]纪要 号
46	监理机构联系单	JL39	监理[ ]联系 号
47	监理机构备忘录	JL40	监理[ ]备忘 号

4 监理机构常用表格推荐格式(节选)

JL01

合同工程开工通知

(监理[ ]开工 号)

合同名称: 合同编号:

致(承包人): 根据施工合同约定,现签发________________合同工程开工通知。贵方在接到该通知后,及时调遣人员和施工设备、材料进场,完成各项施工准备工作,尽快提交《合同工程开工申请表》。 该合同工程的开工日期为____年____月____日。 监理机构:(名称及盖章) 总监理工程师:(签名) 日 期: 年 月 日
今已收到合同工程开工通知。 承包人:(现场机构名称及盖章) 签收人:(签名) 日 期: 年 月 日

说明:本表一式__份,由监理机构填写。承包人签收后,发包人____份、设代机构____份、监理机构____份、承包人____份。

JL02

合同工程开工批复

（监理[　]合开工　号）

合同名称：　　　　　　　　　　　　　　　　　　　　合同编号：

致（承包人现场机构）： 贵方____年____月____日报送的__________________工程合同开工申请（承包[　]合开工　号）已经通过审核，同意贵方按施工进度计划组织施工。 批复意见：（可附页） 监理机构：（名称及盖章） 总监理工程师：（签名） 日　期：　年　月　日
今已收到合同工程的开工批复。 承包人：（现场机构名称及盖章） 签收人：（签名） 日　期：　年　月　日

说明：本表一式____份，由监理机构填写。承包人签收后，发包人____份、设代机构____份，监理机构____份、承包人____份。

JL03

分部工程开工批复

(监理[ ]分开工 号)

合同名称： 合同编号：

致(承包人现场机构)： 贵方______年______月______日报送的□分部工程/□分部工程部分工作开工申请表(承包[ ]分开工 号)已经通过审核,同意开工。 批复意见:(可附页) 监理机构:(名称及盖章) 总监理工程师/监理工程师:(签名) 日 期: 年 月 日
今已收到□分部工程/□分部工程部分工作的开工批复。 承包人:(现场机构名称及盖章) 项目经理:(签名) 日 期: 年 月 日

说明:本表一式____份,由监理机构填写。承包人签收后,发包人____份、设代机构____份、监理机构____份、承包人____份。

JL04

工程预付款支付证书

（监理[ ]工预付 号）

合同名称： 合同编号：

致（发包人）： 鉴于□工程预付款担保已获得贵方确认/□合同约定的第__________次工程预付款条件已具备。根据施工合同约定，贵方应向承包人支付第______次工程预付款，金额为（大写）____________________元（小写____________________元）。 监理机构：（名称及盖章） 总监理工程师：（签名） 日　期：　年　月　日
发包人审批意见： 发包人：（名称及盖章） 项目经理：（签名） 日　期：　年　月　日

说明：本证书一式____份，由监理机构填写。发包人____份，监理机构____份、承包人____份。

JL05

批复表

(监理[ ]批复 号)

合同名称: 合同编号:

致(承包人现场机构): 贵方于____年____月____日报送的____________________(文号____________________),经监理机构审核,批复意见如下: 监理机构:(名称及盖章) 总监理工程师/监理工程师:(签名) 日 期: 年 月 日
今已收到监理[ ]批复 号。   承包人:(现场机构名称及盖章) 签收人:(签名) 日 期: 年 月 日

说明:1. 本表一式____份,由监理机构填写。承包人签收后,发包人____份、监理机构____份、承包人____份。

2. 一般批复由监理工程师签发,重要批复由总监理工程师签发。

JL06

监理通知

（监理[ ]通知 号）

合同名称： 合同编号：

<table>
<tr><td>致（承包人现场机构）：
事由：

通知内容：

附件：1.
2.

监理机构：（名称及盖章）
总监理工程师/监理工程师：（签名）
日 期： 年 月 日</td></tr>
<tr><td>承包人：（现场机构名称及盖章）
签收人：（签名）
日 期： 年 月 日</td></tr>
</table>

说明：本通知一式____份，由监理机构填写。发包人____份、监理机构____份、承包人____份。

JL07

监理报告

(监理[ ]报告 号)

合同名称: 合同编号:

<table>
<tr><td>致(发包人):
事由:

报告内容:

监理机构:(名称及盖章)
总监理工程师:(签名)
日 期: 年 月 日</td></tr>
<tr><td>就贵方报告事宜答复如下:

发包人:(名称及盖章)
负责人:(签名)
日 期: 年 月 日</td></tr>
</table>

说明:1. 本表一式____份,由监理机构填写。发包人批复后留____份,退回监理机构____份。

2. 本表可用于监理机构认为需报请发包人批示的各项事宜。

JL08

计日工工作通知

（监理[ ]计通 号）

合同名称： 合同编号：

致（承包人现场机构）：

依据合同约定，经发包人批准，现决定对下列工作按计日工予以安排，请据以执行。

序号	工作项目或内容	计划工作时间	计价及付款方式	备注
1				
2				
3				
4				
5				

附件：

监理机构：（名称及盖章）

总监理工程师/监理工程师：（签名）

日 期： 年 月 日

我方将按通知执行。

承包人：（现场机构名称及盖章）

项目经理：（签名）

日 期： 年 月 日

说明：1. 本表一式____份，由监理机构填写。承包人签署后，发包人____份，监理机构____份、承包人____份。

2. 本表计价及付款方式栏填写“按合同计日工单价支付”或“双方协商”。

JL09

工程现场书面通知

（监理[ ]现通 号）

合同名称： 合同编号：

致(承包人现场机构)： 事由： 通知内容： 监理机构：(名称及盖章) 监理工程师/监理员：(签名) 日 期： 年 月 日
承包人意见： 承包人：(现场机构名称及盖章) 现场负责人：(签名) 日 期： 年 月 日

说明：1. 本表一式____份，由监理机构填写。承包人签署意见后，监理机构____份、承包人____份。

2. 本表一般情况下应由监理工程师签发；对现场发现的施工人员违反操作规程的行为，监理员可以签发。

JL10

警告通知

（监理[ ]警告 号）

合同名称： 合同编号：

致（承包人现场机构）： 鉴于你方在履行合同时发生了下列所述的违约行为，依据合同约定，特发此警告通知。你方应立即采取措施，纠正违约行为后报我方确认。 违约行为情况描述： 合同的相关约定： 监理机构要求： 监理机构：（名称及盖章） 监理工程师：（签名） 日 期： 年 月 日
承包人：（现场机构名称及盖章） 签收人：（签名） 日 期： 年 月 日

说明：本表一式____份，由监理机构填写。承包人签收后，发包人____份、监理机构____份、承包人____份。

JL11

整改通知

(监理[ ]整改 号)

合同名称: 合同编号:

致(承包人现场机构): 由于本通知所述原因,通知你方对____________________工程项目应按下述要求进行整改,并于______年______月______日前提交整改措施报告,按要求进行整改。 整改原因: 整改要求: 监理机构:(名称及盖章) 总监理工程师:(签名) 日 期: 年 月 日
承包人:(现场机构名称及盖章) 项目经理:(签名) 日 期: 年 月 日

说明:本表一式____份,由监理机构填写。承包人签收后,发包人____份、监理机构____份、承包人____份。

JL12

变更指示

（监理[　]变指　　号）

合同名称：　　　　　　　　　　　　　　　　　合同编号：

致（承包人现场机构）： 现决定对如下项目进行变更，贵方应根据本指示于____年____月____日前提交相应的施工措施计划和变更报价。 变更项目名称： 变更内容简述： 变更工程量估计： 变更技术要求： 变更进度要求： 附件：1. 变更项目清单（含估算工程量）及说明。 2. 设计文件、施工图纸（若有）。 3. 其他变更依据。
监理机构：（名称及盖章） 监理工程师：（签名） 日　期：　年　月　日 承包人：（现场机构名称及盖章） 项目经理：（签名） 日　期：　年　月　日

说明：本表一式____份，由监理机构填写。承包人签收后，发包人____份、设代机构____份、监理机构____份、承包人____份。

JL13

变更项目价格审核表

(监理[ ]变价审 号)

合同名称: 合同编号:

致(发包人):

根据有关规定和施工合同约定,承包人提出的变更项目价格申报表(承包[ ]变价 号),经我方审核,变更项目价格如下,请贵方审核。

序号	项目名称	单位	承包人申报价格 (单价或合价)	监理审核价格 (单价或合价)	备注
1					
2					
3					
4					
5					
6					
7					
8					

附件:1. 变更项目价格申报表。

2. 监理变更单价审核说明。

3. 监理变更单价分析表。

4. 变更项目价格变化汇总表。

监理机构:(名称及盖章)

总监理工程师:(签名)

日 期: 年 月 日

发包人(名称及盖章):

负责人(签名):

日 期: 年 月 日

说明:本表一式____份,由监理机构填写。发包人签署后,发包人____份、监理机构____份、承包人____份。

JL14

变更项目价格/工期确认单

（监理[ ]变确　号）

合同名称：　　　　　　　　　　　　　　　　　　　合同编号：

根据有关规定和施工合同约定，发包人和承包人就变更项目价格协商如下，同时变更项目工期协商意见：□不延期/□延期______天/□另行协商。

	序号	项目名称	单位	确认价格（单价或合价）	备注
双方协商一致的	1				
	2				
	3				
	4				
双方未协商一致的	序号	项目名称	单位	总监理工程师确定的暂定价格（单价或合价）	备注
	1				
	2				
	3				

发包人（名称及盖章）： 负责人（签名）： 日　期：　年　月　日	承包人：（现场机构名称及盖章） 项目经理：（签名） 日　期：　年　月　日

合同双方就上述协商一致的变更项目价格、工期，按确认的意见执行；合同双方未协商一致的，按监理工程师确定的暂定价格随工程进度付款暂定支付。后续事宜按合同约定执行。

监理机构：（名称及盖章）

总监理工程师：（签名）

日　　期：　年　月　日

说明：本表一式____份，由监理机构填写。各方签字后，发包人____份、监理机构____份、承包人____份，办理结算时使用。

JL15

暂停施工指示

(监理[ ]停工 号)

合同名称： 合同编号：

<table>
<tr><td>致(承包人现场机构)：
由于下述原因，现通知你方于________年________月________日________时对________工程项目暂停施工。

暂停施工范围说明：

暂停施工原因：

引用合同条款或法规依据：

暂停施工期间要求：

监理机构：(名称及盖章)
总监理工程师：(签名)
日　期：　年　月　日</td></tr>
<tr><td>

承包人：(现场机构名称及盖章)
项目经理：(签名)
日　期：　年　月　日</td></tr>
</table>

说明：本表一式____份，由监理机构填写。承包人签收后，发包人____份、设代机构____份、监理机构____份、承包人____份。

JL16

复工通知

（监理[ ]复工 号）

合同名称： 合同编号：

致（承包人现场机构）： 鉴于暂停施工指示（监理[ ]停工 号）所述原因已经□全部/□部分消除，你方可于______年______月______日______时起对__________________工程下列范围恢复施工。 复工范围：□监理[ ]停工 号指示的全部暂停施工项目。 □监理[ ]停工 号指示的下列暂停施工项目： 监理机构：（名称及盖章） 总监理工程师：（签名） 日 期： 年 月 日
承包人：（现场机构名称及盖章） 签收人：（签名） 日 期： 年 月 日

说明：本表一式____份，由监理机构填写。承包人签收后，发包人____份、设代机构____份、监理机构____份、承包人____份。

JL17

索赔审核表

(监理[ ]索赔审 号)

合同名称: 合同编号:

<table>
<tr><td>致(发包人):
根据有关规定和施工合同约定,承包人提出的索赔申请报告(承包[ ]赔报 号),索赔金额(大写)____________元(小写____________元),索赔工期________天,经我方审核:
□不同意此项索赔。
□同意此项索赔,核准索赔金额为(大写)____________元(小写____________元),工期顺延________天。

附件:索赔审核意见。

监理机构:(名称及盖章)
总监理工程师:(签名)
日 期: 年 月 日</td></tr>
<tr><td>发包人:(名称及盖章)
负责人:(签名)
日 期: 年 月 日</td></tr>
</table>

说明:本表一式____份,由监理机构填写。发包人签署后,发包人____份、监理机构____份、承包人____份。

JL18

索赔确认单

（监理[ ]索赔确 号）

合同名称： 合同编号：

<table>
<tr><td colspan="2">根据有关规定和施工合同约定，经友好协商，发包人、承包人同意________（承包[ ]赔报号）的最终核定索赔金额为（大写）____________元（小写____________元），顺延工期________天。</td></tr>
<tr><td>发包人：（名称及盖章）
负责人：（签名）
日 期： 年 月 日</td><td>承包人：（现场机构名称及盖章）
项目经理：（签名）
日 期： 年 月 日</td></tr>
<tr><td colspan="2">监理机构：（名称及盖章）
总监理工程师：（签名）
日 期： 年 月 日</td></tr>
</table>

说明：本表一式____份，由监理机构填写。各方签字后，发包人____份、监理机构____份，承包人____份，办理结算时使用。

JL19

工程进度付款证书

（监理[ ]进度付 号）

合同名称： 合同编号：

致(发包人)： 经审核承包人的工程进度付款申请单(承包[ ]进度付 号)，本月应支付给承包人的工程价款金额共计为(大写)___________________元(小写___________________元)。 根据施工合同约定，请贵方在收到此证书后的______天之内完成审批，将上述工程价款支付给承包人。 附件：1. 工程进度付款审核汇总表。 2. 其他。 监理机构：(名称及盖章) 总监理工程师：(签名) 日 期： 年 月 日
发包人审批意见： 发包人：(名称及盖章) 负责人：(签名) 日 期： 年 月 日

说明：本证书一式____份，由监理机构填写。发包人审批后，发包人____份、监理机构____份、承包人____份，办理结算时使用。

JL19 附表 1

工程进度付款审核汇总表

（监理[ ]付款审 号）

合同名称： 合同编号：

项目		截至上期末累计完成额（元）	本期承包人申请金额（元）	本期监理人审核金额（元）	截至本期末累计完成额（元）	备注
应付款金额	合同分类分项项目					
	合同措施项目					
	变更项目					
	计日工项目					
	索赔项目					
	小计					
	工程预付款					
	材料预付款					
	小计					
	价格调整					
	延期付款利息					
	小计					
	其他					
应付款金额合计						
扣除金额	工程预付款					
	材料预付款					
	小计					
	质量保证金					
	违约赔偿					
	其他					
扣除金额合计						
本期工程进度付款总金额						
本期工程进度付款总金额： 仟 佰 拾 万 仟 佰 拾 元						
监理机构：（名称及盖章） 总监理工程师：（签名） 日 期： 年 月 日						

说明：本表一式____份，由监理机构填写。发包人____份、监理机构____份、承包人____份，作为月报及工程进度付款证书的附件。

JL20

合同解除付款核查报告

(监理[ ]解付 号)

合同名称: 合同编号:

致(发包人): 根据施工合同约定,经核查,合同解除后承包人应获得工程付款总金额为(大写)__________元(小写__________元),已得到各项付款总金额为(大写)__________元(小写__________元),现应□支付/□退还的工程款金额为(大写)__________元(小写__________元)。 附件:1. 合同解除相关文件。 2. 计算资料。 3. 证明文件(含承包人已得到各项付款的证明文件)。 监理机构:(名称及盖章) 总监理工程师:(签名) 日 期: 年 月 日
发包人:(名称及盖章) 负责人:(签名) 日 期: 年 月 日

说明:本证书一式____份,由监理机构填写。发包人____份、监理机构____份、承包人____份。

JL21

完工付款/最终结清证书

（监理[　]付结　号）

合同名称：　　　　　　　　　　　　　　　　　　　　　　合同编号：

致（发包人）： 经审核承包人的 □ 完工付款申请/□最终结清申请/□临时付款申请（承包[　　]付结　　号），应支付给承包人的金额共计（大写）____________元（小写____________元）。 请贵方在收到□ 完工付款证书/□最终结清证书/□临时付款证书后按合同约定完成审批，并将上述工程金额支付给承包人。 附件：1. 完工付款/最终结清申请单。 2. 审核计算资料。 监理机构：（名称及盖章） 总监理工程师：（签名） 日　期：　年　月　日
发包人审批意见： 发包人：（名称及盖章） 负责人：（签名） 日　期：　年　月　日

说明：本证书一式____份，由监理机构填写。发包人____份、监理机构____份、承包人____份。

JL22

质量保证金退还证书

(监理[ ]保退 号)

合同名称: 合同编号:

<table>
<tr><td colspan="3">致(发包人):
经审核承包人的质量保证金退还申请表(承包[ ]保退 号),本次应退还给承包人的质量保证金金额为(大写)________元(小写________元)。
请贵方在收到该质量保证金退还证书后按合同约定完成审批,并将上述质量保证金退还给承包人。</td></tr>
<tr><td>退还质量保证金已具备的条件</td><td colspan="2">□于____年____月____日签发合同工程完工证书
□于____年____月____日签发缺陷责任期终止证书
□</td></tr>
<tr><td rowspan="4">质量保证金退还金额</td><td>质量保证金总金额</td><td>仟 佰 拾 万 仟 佰 拾 元</td></tr>
<tr><td>已退还金额</td><td>仟 佰 拾 万 仟 佰 拾 元</td></tr>
<tr><td>尚应扣留的金额</td><td>仟 佰 拾 万 仟 佰 拾 元
扣留的原因:
□ 施工合同约定
□ 遗留问题
□</td></tr>
<tr><td>本次应退还金额</td><td>仟 佰 拾 万 仟 佰 拾 元</td></tr>
<tr><td colspan="3">监理机构:(名称及盖章)
总监理工程师:(签名)
日 期: 年 月 日</td></tr>
<tr><td colspan="3">发包人审批意见:

发包人:(名称及盖章)
负责人:(签名)
日 期: 年 月 日</td></tr>
</table>

说明:本证书一式____份,由监理机构填写。监理机构、发包人签发后,发包人____份、监理机构____份、承包人____份。

JL23

施工图纸核查意见单

（监理[　]图核　　号）

合同名称：　　　　　　　　　　　　　　　　　　合同编号：

经对以下图纸(共____张)核查意见如下：

序号	施工图纸名称	图号	核查人员	备注
1				
2				
3				
4				
5				
6				
7				
8				
9				
10				
11				
12				

附件:施工图纸核查意见(应由核查监理人员签字)。

监理机构:(名称及盖章)
总监理工程师:(签名)
日　　期：　　年　　月　　日

说明:1. 本表一式____份,由监理机构填写并存档。
2. 各图号可以是单张号、连续号或区间号。

JL24

施工图纸签发表

（监理[ ]图发 号）

合同名称： 合同编号：

致(承包人现场机构)：

本批签发下表所列施工图纸______张，其他设计文件______份。

序号	施工图纸/其他设计文件名称	文图号	份数	备注
1				
2				
3				
4				
5				
6				
7				
8				

监理机构：(名称及盖章)
总监理工程师：(签名)
日 期： 年 月 日

今已收到经监理机构签发的施工图纸____张，其他设计文件____份

承包人：(现场机构名称及盖章)
签收人：(签名)
日 期： 年 月 日

说明：本表一式____份，由监理机构填写。发包人____份、设代机构____份、监理机构____份、承包人____份。

JL25 监理月报（略）

JL26 旁站监理值班记录

（监理[ ]旁站 号）

合同名称： 合同编号：

<table>
<tr><td>工程部位</td><td colspan="3"></td><td>日期</td><td></td></tr>
<tr><td>时间</td><td></td><td>天气</td><td></td><td>温度</td><td></td></tr>
<tr><td rowspan="5">人员情况</td><td colspan="5">施工技术员：________ 施工班组长：________
质检员：________</td></tr>
<tr><td colspan="5">现场人员数量及分类人员数量</td></tr>
<tr><td>管理人员</td><td>____人</td><td>技术人员</td><td colspan="2">____人</td></tr>
<tr><td>特种作业人员</td><td>____人</td><td>普通作业人员</td><td colspan="2">____人</td></tr>
<tr><td>其他辅助人员</td><td>____人</td><td>合计</td><td colspan="2">____人</td></tr>
<tr><td>主要施工设备及运转情况</td><td colspan="5"></td></tr>
<tr><td>主要材料使用情况</td><td colspan="5"></td></tr>
<tr><td>施工过程描述</td><td colspan="5"></td></tr>
<tr><td>监理现场检查、检测情况</td><td colspan="5"></td></tr>
<tr><td>承包人提出的问题</td><td colspan="5"></td></tr>
<tr><td>监理人的答复或指示</td><td colspan="5"></td></tr>
<tr><td colspan="6">当班监理员：（签名）________ 施工技术员：（签名）________</td></tr>
</table>

说明：本表单独汇编成册。

JL27

监理巡视记录

(监理[ ]巡视 号)

合同名称: 合同编号:

巡视范围	
巡视情况	
发现问题及处理意见	
巡视人:(签名) 日 期: 年 月 日	

说明:1. 本表可用于监理人员质量、安全、进度等的巡视记录。
2. 本表按月装订成册。

JL28

工程质量平行检测记录

（监理[　]平行　　号）

合同名称：　　　　　　　　　　　　　　　　　　　　　　　　合同编号：

单位工程名称及编号	
承包人	

序号	检测项目	对应单元工程编号	取样部位		代表数量	组数	取样人	送样人	送样时间	检测机构	检测结果	检测报告编号
			桩号	高程								
1												
2												
3												
4												
5												
6												
7												
8												
9												
10												
11												
12												
13												
14												
15												
16												
17												
18												
19												
20												

备注：委托单、平行检测送样台账、平行检测报告台账要相互对应。

JL29

工程质量跟踪检测记录

（监理[ ]跟踪 号）

合同名称： 合同编号：

单位工程名称及编号													
承包人													
序号	检测项目	对应单元工程编号	取样部位		代表数量	组数	取样人	送样人	送样时间	检测机构	检测结果	检测报告编号	跟踪监理人员
			桩号	高程									
1													
2													
3													
4													
5													
6													
7													
8													
9													
10													
11													
12													
13													
14													
15													
16													
17													
18													
19													
20													

说明：本表按月装订成册。

JL30

见证取样跟踪记录

（监理[ ]见证 号）

合同名称： 合同编号：

单位工程名称及编号	
承包人	

序号	检测项目	对应单元工程编号	取样部位		代表数量	组数	取样人	送样人	送样时间	检测机构	检测结果	检测报告编号	跟踪（见证）监理人员
			桩号	高程									
1													
2													
3													
4													
5													
6													
7													
8													
9													
10													
11													
12													
13													
14													
15													
16													
17													
18													
19													
20													

说明：本表按月装订成册。

JL31

安全检查记录

(监理[ ]安检 号)

合同名称: 合同编号:

日期		检查人			
时间		天气		温度	
检查部位					
人员、设备、施工作业及环境和条件等					
危险品及危险源安全情况					
发现的安全隐患及消除隐患的监理指示					
承包人的安全措施及隐患消除情况(安全隐患未消除的,检查人必须上报)					
检查人:(签名) 日 期: 年 月 日					

说明:1. 本表可用于监理人员安全检查的记录。

2. 本表单独汇编成册。

JL32

工程设备进场开箱验收单

（监理[　]设备　　号）

合同名称：　　　　　　　　　　　　　　　　　　　　合同编号：

________设备于______年____月____日到达__________施工现场，设备材料数量及开箱验收情况如下											
序号	名称	规格/型号	单位/数量	检查							开箱日期
				外包装情况（是否完好）	开箱后设备外观质量（有无磨损、撞击）	备品备件情况	设备合格证	产品检验证	产品说明书	备注	
1											
2											
3											
4											
5											
6											
7											
8											
9											
10											
备注：经发包人、监理机构、承包人和供货单位四方现场开箱，进行设备的数量及外观检查，符合设备移交条件，自开箱验收之日起移交承包人保管。											

承包人：（现场机构名称及盖章）	供货单位：（名称及盖章）	监理机构：（名称及盖章）	发包人：（名称及盖章）
代表：	代表：	代表：	代表：
日期：　年　月　日	日期：　年　月　日	日期：　年　月　日	日期：　年　月　日

说明：本表一式____份，由监理机构填写。发包人____份、监理机构____份、承包人____份、供货单位____份。

JL33

监理日记

（监理[ ]日记 号）

合同名称： 合同编号：

天气		气温		风力		风向	
施工部位、施工内容（包括隐蔽部位施工时的地质编录情况）、施工形象及资源投入情况							
承包人质量检验和安全作业情况							
监理机构的检查、巡视、检验情况							
施工作业存在的问题，现场监理人员提出的处理意见以及承包人对处理意见的落实情况							
汇报事项和监理机构指示							
其他事项							
监理人员： 日 期： 年 月 日							

说明：本表由现场监理人员填写，按月装订成册。

JL34 监理日志(略)

JL35 监理机构内部会签单

（监理[ ]内签 号）

合同名称： 合同编号：

事由			
会签内容			
依据、参考文件			
会签部门	部门意见	负责人签名	日期
会签意见： 总监理工程师：(签名) 日 期： 年 月 日			

说明：在监理机构作出决定之前需内部会签时，可用此表。

JL36

监理发文登记表

（监理[ ]监发 号）

合同名称： 合同编号：

序号	文号	文件名称	发送单位	抄送单位	发文时间	收文时间	签收人
1							
2							
3							
4							
5							
6							
7							
8							
9							
10							
11							
12							
13							
14							
15							
16							
17							
18							
19							
20							

说明：本表应妥善保存。

JL37

监理收文登记表

（监理[ ]监收 号）

合同名称： 合同编号：

序号	文号	文件名称	发件单位	发文时间	收文时间	签收人	处理记录			
							文号	回文时间	处理内容	文件处理责任人
1										
2										
3										
4										
5										
6										
7										
8										
9										
10										
11										
12										
13										
14										
15										
16										
17										
18										
19										
20										

说明：本表应妥善保存。

JL38

会议纪要

(监理[ ]纪要 号)

合同名称: 合同编号:

会议名称			
会议主要议题			
会议时间		会议地点	
会议组织单位		会议主持人	
会议主要内容及结论	(可附页) 监理机构:(名称及盖章) 会议主持人:(签名) 日 期: 年 月 日		
附件:会议签到表。			

说明:1. 本表由监理机构填写,会议主持人签字后送达参会各方。

2. 参会各方收到本会议纪要后,持不同意见者应于3日内书面回复监理机构;超过3日未书面回复意见的,视为同意本会议纪要。

参考文献

[1] 钟汉华,赵旭升. 工程建设监理[M]. 2 版. 郑州:黄河水利出版社,2009.
[2] 崔武文. 工程建设监理[M]. 北京:中国建材工业出版社, 2009.
[3] 曲学杰. 监理员[M]. 武汉:华中科技大学出版社, 2010.
[4] 中国建设监理协会. 建设工程监理概论[M]. 北京:中国建筑工业出版社, 2014.
[5] 中国建设监理协会. 建设工程合同管理[M]. 北京:中国建筑工业出版社, 2014.
[6] 中国建设监理协会. 建设工程质量控制[M]. 北京:中国建筑工业出版社, 2014.
[7] 中国建设监理协会. 建设工程投资控制[M]. 北京:中国建筑工业出版社, 2014.
[8] 中国建设监理协会. 建设工程进度控制[M]. 北京:中国建筑工业出版社, 2014.
[9] 中国建设监理协会. 建设工程监理案例分析[M]. 北京:中国建筑工业出版社, 2014.
[10] 中国建设监理协会. 建设工程监理相关法规文件汇编[M]. 北京:中国建筑工业出版社, 2014.
[11] 马远荣,唐葭. 工程建设监理[M]. 北京:中国电力出版社,2010.
[12] 孙加保,刘春峰,孙滨. 工程建设监理实务[M]. 2 版. 北京:化学工业出版社,2013.
[13] 钟汉华. 建筑工程安全管理[M]. 2 版. 北京:中国电力出版社,2014.